电气工程、自动化专业规划教材

可编程控制器教程
（基础篇）
（第2版）

胡学林　主编

电子工业出版社
Publishing House of Electronics Industry
北京·BEIJING

内 容 简 介

本书从工程应用的角度出发，以我国目前广泛应用的德国西门子（SIEMENS）公司的 SIMATIC 系列的 S7-200 系列 PLC 为样机，突出应用性和实践性，重点讲述了小型 PLC 的结构、工作原理和编程规则，详细介绍了系统的指令系统、组态配置、网络通信及性能指标，并通过大量的、有针对性的工程实例，对工程上常用的 PLC 控制系统的设计思想、设计步骤、设计方法，进行了详尽的介绍。每章后附有习题。

本书可作为高等院校电气工程及其自动化、自动化专业的教材，也可作为电气技术、机电一体化、计算机应用等相关专业的教学用书，亦可作为电大、职大相近专业的教材。对于广大的电气工程技术人员，则是一本有价值的参考书和技术手册。

图书在版编目（CIP）数据

可编程控制器教程. 基础篇 / 胡学林主编. — 2 版. — 北京：电子工业出版社，2014.7
电气工程、自动化专业规划教材
ISBN 978-7-121-23771-3

Ⅰ. ①可… Ⅱ. ①胡… Ⅲ. ①可编程序控制器－高等学校－教材 Ⅳ. ①TM571.6

中国版本图书馆 CIP 数据核字(2014)第 150058 号

策划编辑：凌　毅　　责任编辑：凌　毅
印　　刷：北京虎彩文化传播有限公司
装　　订：北京虎彩文化传播有限公司
出版发行：电子工业出版社
　　　　　北京市海淀区万寿路 173 信箱　邮编　100036
开　　本：787×1092　1/16　印张：17.25　字数：442 千字
版　　次：2003 年 11 月第 1 版
　　　　　2014 年 7 月第 2 版
印　　次：2021 年 11 月第 9 次印刷
定　　价：36.00 元

凡所购买电子工业出版社图书有缺损问题，请向购买书店调换。若书店售缺，请与本社发行部联系。联系及邮购电话：(010)88254888，88258888。

质量投诉请发邮件至 zlts@phei.com.cn，盗版侵权举报请发邮件至 dbqq@phei.com.cn。

本书咨询联系方式：(010)88254528，lingyi@phei.com.cn。

再 版 前 言

　　可编程控制器教程（基础篇）自 2003 年出版以来，承蒙读者的厚爱，畅销至今。本次再版，仍然保持原来的编写体系及风格。

　　从 2003 年到现在，PLC 的应用正以前所未有的速度，在各行各业得到更加广泛的普及和应用。西门子的小型 PLC——SIMATIC S7-200 系列，更是以其可靠性高、功能强、性价比高的优势，在国内市场称雄。

　　这些年，虽然 SIMATIC S7-200 系列 PLC 在硬件上很少更新，只是推出了 CPU224XP（自带 AI/AO），以及 S7-200 SMART。但是在应用领域却更加深入，尤其是在网络通信上。

　　本次再版，充分考虑了这些变化，增删了部分内容，特别是在网络通信方面，增加了 S7-200 的 PPI 通信、PROFINET 通信及 MODBUS 通信。

　　本书可作为高等院校电气工程及其自动化、自动化专业的教材，也可作为电气技术、机电一体化、计算机应用等相关专业的教学用书，亦可作为电大、职大相近专业的教材。对于广大的电气工程技术人员，则是一本有价值的参考书和技术手册。

　　本书由胡学林主编。书中部分内容的编写参照了有关文献，恕不一一列举，谨对书后所有参考文献的作者表示感谢。

　　由于编者水平所限，错误和不妥之处在所难免，敬请专家、同仁、读者批评指正。

编　者

2014 年 5 月

目　录

第1章 可编程控制器概述

可编程控制器（Programmable Controller，简称 PLC 或 PC），是随着现代社会生产的发展和技术进步，现代工业生产自动化水平的日益提高及微电子技术的飞速发展，在继电器控制的基础上产生的一种新型的工业控制装置，是将 3C（Computer，Control，Communication）技术，即微型计算机技术、控制技术及通信技术融为一体，应用到工业控制领域的一种高可靠性控制器，是当代工业生产自动化的重要支柱。

在本章中，主要介绍以下内容：

- PLC 的产生、定义、分类及应用现状；
- PLC 的一般特点；
- PLC 与继电器逻辑控制系统的比较；
- PLC 与其他通用控制器（DCS、PID、工业 PC）的比较；
- PLC 的主要功能；
- PLC 的编程语言；
- PLC 的性能指标；
- PLC 的发展趋势。

本章的重点是掌握 PLC 的特点和主要功能，梯形图与继电器控制线路图的联系和差别，PLC 与其他通用控制器的异同及适用范围，理解评价 PLC 性能的主要指标，了解 PLC 的发展趋势。

1.1 PLC 的产生、定义、分类及应用现状

1.1.1 PLC 的产生

一种新型的控制装置，一项先进的应用技术，总是根据工业生产的实际需要而产生的。

在可编程控制器产生以前，以各种继电器为主要元件的电气控制线路，承担着生产过程自动控制的艰巨任务，可能由成百上千个各种继电器构成复杂的控制系统，需要用成千上万根导线连接起来，安装这些继电器需要大量的继电器控制柜，且占据大量的空间。当这些继电器运行时，又产生大量的噪声，消耗大量的电能。为保证控制系统的正常运行，需安排大量的电气技术人员进行维护，有时某个继电器的损坏，甚至某个继电器的触点接触不良，都会影响整个系统的正常运行。如果系统出现故障，要进行检查和排除故障又是非常困难的，全靠现场电气技术人员长期积累的经验。尤其是在生产工艺发生变化时，可能需要增加很多的继电器或继电器控制柜，重新接线或改线的工作量极大，甚至可能需要重新设计控制系统。尽管如此，这种控制系统的功能也仅仅局限在能实现具有粗略定时、计数功能的顺序逻辑控制。因此，人们迫切需要一种新的工业控制装置来取代传统的继电器控制系统，使电气控制系统工作更可靠、更容易维修、更能适应经常变化的生产工艺要求。

1968 年，美国最大的汽车制造商——通用汽车公司（GM）为满足市场需求，适应汽车生

产工艺不断更新的需要，将汽车的生产方式由大批量、少品种转变为小批量、多品种。为此要解决因汽车不断改型而重新设计汽车装配线上各种继电器的控制线路问题，要寻求一种比继电器更可靠，响应速度更快、功能更强大的通用工业控制器。GM 公司提出了著名的十条技术指标在社会上招标，要求控制设备制造商为其装配线提供一种新型的通用工业控制器，它应具有以下特点：

① 编程简单，可在现场方便地编辑及修改程序。
② 价格便宜，其性能价格比要高于继电器控制系统。
③ 体积要明显小于继电器控制柜。
④ 可靠性要明显高于继电器控制系统。
⑤ 具有数据通信功能。
⑥ 输入可以是 AC115V。
⑦ 输出为 AC115V，2A 以上。
⑧ 硬件维护方便，最好是插件式结构。
⑨ 扩展时，原有系统只需做很小改动。
⑩ 用户程序存储器容量至少可以扩展到 4KB。

1969 年，美国数字设备公司（DEC）根据上述要求研制出世界上第一台可编程控制器，型号为 PDP-14，并在 GM 公司的汽车生产线上首次应用成功，取得了显著的经济效益。当时人们把它称为可编程序逻辑控制器（Programmable Logic Controller，简称 PLC）。

可编程控制器这一新技术的出现，受到国内外工程技术界的极大关注，纷纷投入力量研制。第一个把 PLC 商品化的是美国的哥德公司（GOULD），时间也是 1969 年。1971 年，日本从美国引进了这项新技术，研制出日本第一台可编程控制器。1973—1974 年，德国和法国也都相继研制出自己的可编程控制器，德国西门子公司（SIEMENS）于 1973 年研制出欧洲第一台 PLC。我国从 1974 年开始研制，1977 年开始工业应用。

早期的 PLC 主要由分立式电子元件和小规模集成电路组成，它采用了一些计算机的技术，指令系统简单，一般只具有逻辑运算的功能，但它简化了计算机的内部结构，使之能够很好地适应恶劣的工业现场环境。随着微电子技术的发展，20 世纪 70 年代中期以来，由于大规模集成电路（LSI）和微处理器在 PLC 中的应用，使 PLC 的功能不断增强，它不仅能执行逻辑控制、顺序控制、计时及计数控制，还增加了算术运算、数据处理、通信等功能，具有处理分支、中断、自诊断的能力，使 PLC 更多地具有了计算机的功能。目前世界上著名的电气设备制造厂商几乎都生产 PLC 系列产品，并且使 PLC 作为一个独立的工业设备成为主导的通用工业控制器。

可编程控制器从产生到现在，尽管只有四十几年的时间，由于其编程简单、可靠性高、使用方便、维护容易、价格适中等优点，使其得到了迅猛的发展，在冶金、机械、石油、化工、纺织、轻工、建筑、运输、电力等部门得到了广泛的应用。

1.1.2 PLC 的定义

1980 年，美国电气制造商协会（National Electronic Manufacture Association，简称 NEMA）将可编程控制器正式命名为 Programmable Controller，简称为 PLC 或 PC。

关于可编程控制器的定义，1980 年，NEMA 将可编程控制器定义为："可编程控制器是一种带有指令存储器，数字的或模拟的输入／输出接口，以位运算为主，能完成逻辑、顺序、定时、计数和算术运算等功能，用于控制机器或生产过程的自动控制装置。"

1985 年 1 月，国际电工委员会（International Electro-technical Commission，简称 IEC）在颁布可编程控制器标准草案第二稿时，又对 PLC 作了明确定义："可编程控制器是一种数字运算操作的电子系统，专为在工业环境下应用而设计。它采用可编程序的存储器，用来在其内部存储执行逻辑运算和顺序控制、定时、计数和算术运算等操作的指令，并通过数字的或模拟的输入和输出接口，控制各种类型的机器设备或生产过程。可编程控制器及其有关设备的设计原则是它应按易于与工业控制系统连成一个整体和具有扩充功能。"

该定义强调了可编程控制器是"数字运算操作的电子系统"，它是一种计算机，它是"专为工业环境下应用而设计"的工业控制计算机。

虽然可编程控制器的简称为 PC，但它与近年来人们熟知的个人计算机（Personal Computer，也简称为 PC）是完全不同的概念。为加以区别，国内外很多杂志，以及在工业现场的工程技术人员，仍然把可编程控制器称为 PLC。为了照顾到这种习惯，在本书中，我们仍称可编程控制器为 PLC。

1.1.3 PLC 的分类

可编程控制器具有多种分类方式，了解这些分类方式有助于 PLC 的选型及应用。

1. 根据控制规模分类

PLC 的控制规模是以所配置的输入 / 输出点数来衡量的。PLC 的输入 / 输出点数表明了 PLC 可从外部接收多少个输入信号和向外部发出多少个输出信号，实际上也就是 PLC 的输入、输出端子数。根据 I/O 点数的多少可将 PLC 分为小型机、中型机和大型机。一般来说，点数多的 PLC，功能也相应较强。

（1）小型机

I/O 点数（总数）在 256 点以下的，称为小型机，一般只具有逻辑运算、定时、计数和移位等功能，适用于小规模开关量的控制，可用它实现条件控制、顺序控制等。有些小型 PLC（例如立石的 C 系列，三菱的 F1 系列，西门子的 S5-100U，S7-200 系列等），也增加了一些算术运算和模拟量处理等功能，能适应更广泛的需要。目前的小型 PLC 一般也具有数据通信等功能。

小型机的特点是价格低，体积小，适用于控制自动化单机设备，开发机电一体化产品。

（2）中型机

I/O 点数在 256～1024 点之间的，称为中型机。它除了具备逻辑运算功能，还增加了模拟量输入 / 输出、算术运算、数据传送、数据通信等功能，可完成既有开关量又有模拟量的复杂控制。中型机的软件比小型机丰富，在已固化的程序内，一般还有 PID（比例、积分、微分）调节，整数 / 浮点运算等功能模板。

中型机的特点是功能强，配置灵活，适用于具有诸如温度、压力、流量、速度、角度、位置等模拟量控制和大量开关量控制的复杂机械，以及连续生产过程控制场合。

（3）大型机

I/O 点数在 1024 点以上的，称为大型机。大型 PLC 的功能更加完善，具有数据运算、模拟调节、联网通信、监视记录、打印等功能。大型机的内存容量超过 640KB，监控系统采用 CRT 显示，能够表示生产过程的工艺流程，各种记录曲线，PID 调节参数选择图等。能进行中断控制、智能控制、远程控制等。

大型机的特点是 I/O 点数特别多，控制规模宏大，组网能力强，可用于大规模的生产过程控制，构成分布式控制系统，或者整个工厂的集散控制系统。

2．根据结构形式分类

从结构上看，PLC 可分为整体式、模板式及分散式 3 种形式。

（1）整体式

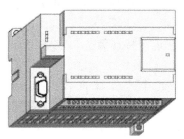

图 1-1　S7-200 外观结构图

一般的小型机多为整体式结构。这种结构 PLC 的电源，CPU, I/O 部件都集中配置在一个箱体中，有的甚至全部装在一块印制电路板上。

图 1-1 所示为 SIEMENS 公司的 S7-200 型整体式 PLC 结构。

整体式 PLC 结构紧凑，体积小，重量轻，价格低，容易装配在工业控制设备的内部，比较适合于生产机械的单机控制。整体式 PLC 的缺点是主机的 I/O 点数固定，使用不够灵活，维修也较麻烦。

（2）模板式

图 1-2 所示为 SIEMENS 公司的 S7-300 型模板式 PLC 结构。

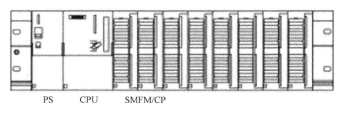

PS　　CPU　　SMFM/CP

图 1-2　S7-300 的外观结构图

这种形式的 PLC 各部分以单独的模板分开设置，如电源模板 PS、CPU 模板、输入／输出模板 SM、功能模板 FM 及通信模板 CP 等。这种 PLC 一般设有机架底板（也有的 PLC 为串行联结，没有底板），在底板上有若干插座，使用时，各种模板直接插入机架底板即可。这种结构的 PLC 配置灵活，装备方便，维修简单，易于扩展，可根据控制要求灵活配置所需模板，构成功能不同的各种控制系统。一般大、中型 PLC 均采用这种结构。

模板式 PLC 的缺点是结构较复杂，各种插件多，因而增加了造价。

（3）分散式

所谓分散式的结构就是将可编程控制器的 CPU、电源、存储器集中放置在控制室，而将各 I/O 模板分散放置在各个工作站，由通信接口进行通信连接，由 CPU 集中指挥。

以上 3 种形式的可编程控制器的外观结构示意图如图 1-3 所示。

3．根据用途分类

（1）用于顺序逻辑控制

早期的可编程控制器主要用于取代继电器控制电路，完成如顺序、联锁、定时和计数等开关量的控制，因此顺序逻辑控制是可编程控制器的最基本的控制功能，也是可编程控制器应用最多的场合。比较典型的应用如自动电梯的控制、自动化仓库的自动存取、各种管道上的电磁阀的自动开启和关闭、皮带运输机的顺序启动，或者自动化生产线的多机控制等，这些都是顺序逻辑控制。要完成这类控制，不要求可编程控制器有太多的功能，只要有足够数量的 I/O 回路即可，因此可选用低档的可编程控制器。

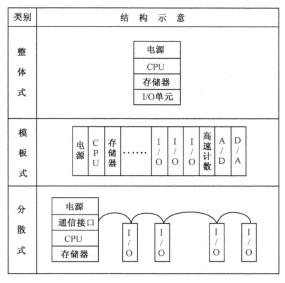

图 1-3　可编程控制器外观结构示意图

（2）用于闭环过程控制

对于闭环控制系统，除了要用开关量 I/O 点实现顺序逻辑控制外，还要有模拟量的 I/O 回路，以供采样输入和调节输出，实现过程控制中的 PID 调节，形成闭环过程控制系统。而中期的可编程控制器由于具有数值运算和处理模拟量信号的功能，可以设计出各种 PID 控制器。现在随着可编程控制器控制规模的增大，PLC 可控制的回路数已从几个增加到几十个甚至几百个，因此可实现比较复杂的闭环控制系统，实现对温度、压力、流量、位置、速度等物理量的连续调节。比较典型的应用，如连轧机的速度和位置控制、锅炉的自动给水、加热炉的温度控制等。要完成这类控制，不仅要求可编程控制器有足够数量的 I/O 点，还要有模拟量的处理能力，因此对 PLC 的功能要求高，根据能处理的模拟量的多少，至少应选用中档的可编程控制器。

（3）用于多级分布式和集散控制系统

在多级分布式和集散控制系统中，除了要求所选用的可编程控制器具有上述功能外，还要求具有较强的通信功能，以实现各工作站之间的通信、上位机与下位机的通信，最终实现全厂自动化，形成通信网络。由于近期的 PLC 都具有很强的通信和联网功能，建立一个自动化工厂已成为可能。显然，能胜任这种工作的可编程控制器为高档 PLC。

（4）用于机械加工的数字控制和机器人控制

机械加工行业也是 PLC 广泛应用的领域，可编程控制器与 CNC（Computer Number Control，计算机数值控制）技术有机地结合起来，可以进行数值控制。由于 PLC 的处理速度不断提高和存储器容量的不断扩大，使 CNC 的软件不断丰富，用户对机械加工的程序编制越来越方便。随着人工视觉等高科技技术的不断完善，各种性能的机器人相继问世，很多机器人制造公司也选用 PLC 作为机器人的控制器，因此 PLC 在这个领域的应用也将越来越多。在这类应用中，除了要有足够的开关量 I/O、模拟量 I/O 外，还要有一些特殊功能的模板，如速度控制、运动控制、位置控制、步进电机控制、伺服电机控制、单轴控制、多轴控制等特殊功能模板，以适应特殊工作需要。

4．根据生产厂家分类

PLC 的生产厂家很多，每个厂家生产的 PLC，其点数、容量、功能各有差异，但都自成系列，指令及外设向上兼容，因此在选择 PLC 时若选择同一系列的产品，则可以使系统构成容易、操作人员使用方便，备品配件的通用性及兼容性好。比较有代表性的有：日本立石（OMRON）公司的 C 系列，三菱（MITSUBISHI）公司的 F 系列，东芝（TOSHIBA）公司的 EX 系列，美国哥德（GOULD）公司的 M84 系列，美国通用电气（GE）公司的 GE 系列，美国 A-B 公司的 PLC-5 系列，德国西门子（SIEMENS）公司的 S5 系列、S7 系列等。

1.1.4 可编程控制器的应用现状

1．可编程控制器的市场状况

可编程控制器是"专为工业环境下应用而设计的"工业控制计算机，由于其具有很强的抗干扰能力，很高的可靠性，能在恶劣环境下工作的大量的 I/O 接口，因此，伴随着新产品、新技术的不断涌现，始终保持着旺盛的市场生命力。

（1）国际市场

目前世界上 PLC 产品可按地域分成三大流派：一个流派是美国产品，一个流派是欧洲产品，一个流派是日本产品。美国和欧洲的 PLC 技术是在相互隔离情况下独立研究开发的，因此美国和欧洲的 PLC 产品有明显的差异性。而日本的 PLC 技术是从美国引进的，对美国的 PLC 产品有一定的继承性，但日本的主推产品定位在小型 PLC 上，以小型 PLC 著称。而美国和欧洲以大中型 PLC 而闻名。

① 美国 PLC 产品。美国是 PLC 生产大国，有 100 多家 PLC 厂商，著名的有 A-B 公司、通用电气（GE）公司、莫迪康（Modicon）公司（现为法国施耐德电气下属子公司）、德州仪器（TexasInstruments，TI）公司等。其中 A-B 公司是美国最大的 PLC 制造商，其产品约占美国 PLC 市场的一半。

② 欧洲 PLC 产品。德国的西门子（SIEMENS）公司、AEG 公司、法国的 TE 公司是欧洲著名的 PLC 制造商。德国西门子的电子产品以性能精良而久负盛名。在中、大型 PLC 产品领域与美国的 A-B 公司齐名。

西门子 PLC 主要产品是 S5、S7 系列。在 S5 系列中，S5-90U、S5-95U 属于微型整体式 PLC；S5-100U 是小型模块式 PLC；S5-115U 是中型 PLC；S5-155U 为大型机。而 S7 系列是西门子公司在 S5 系列 PLC 基础上近年推出的新产品，其性能价格比高，其中 S7-200 系列属于微型 PLC；S7-300 系列属于中小型 PLC；S7-400 系列属于中高性能的大型 PLC。

③ 日本 PLC 产品。日本的小型 PLC 最具特色，在小型机领域中颇负盛名，某些用欧美的中型机或大型机才能实现的控制，日本的小型机就可以解决。在开发较复杂的控制系统方面明显优于欧美的小型机，所以格外受用户欢迎。日本有许多 PLC 制造商，如三菱、欧姆龙、松下、富士、日立、东芝等，在世界小型 PLC 市场上，日本产品约占有 70%的份额。

（2）国内市场

我国对可编程控制器的研制始于 1974 年，当时上海、北京、西安等一些科研院校都在研制，但是始终未能走出实验室，更未能进入工业化生产。20 世纪 80 年代中期，又掀起研制热潮，目前全国有几十个生产厂家，但生产的产品大多为 128 个开关量 I/O 点以下的小型机，年产量超过 1000 台的只有几家。

从 20 世纪 90 年代初期开始，由于可编程序控制器应用的不断深入，国内又掀起了自主研制开发可编程序控制器的高潮，虽然多为小型可编程序控制器，批量亦不大，但其功能、质量和可靠性已有明显的提高，代表产品如南京嘉华的 JH200，I/O 为 12 到 120 点，有高速计数器和模拟量功能；杭州新箭公司的 D20P，其 I/O 为 12/8 点，D100 的 I/O 可从 40 点扩展到 120 点；兰州全志的 RD100、RD200，前者 I/O 为 9/4 点，2 点模入，后者 I/O 为 20~40 点，扩展的功能有编码盘测速、热电偶测温和模拟量 I/O、能联网 32 台 RD200 以及与 PC 机进行实时通信。同时，中大规模的可编程序控制器在国内也开始出现，交通部上海船舶运输研究所的 STI2000，I/O 为 256 点，多台联网时 I/O 可达 4096 点；北京和利时公司研制生产的可编程序控制器 Hollias-PLC，其中典型的产品为数字量 I/O 达 1024 点，模拟量 I/O 达 256 点，内置 TCP/IP 通信接口，很容易接入管理网，配有 PROFIBUS-DP 现场总线的主站，从站和远程 I/O，并与合作伙伴一起推出了 InterControl G3 小型可编程序控制器系统。在国外产品强手如林的情况下，这些产品已具有和国外同类产品进行竞争的能力，充分说明国产可编程序控制器发展已进入了一个新的阶段。

2006 年中国 PLC 市场规模为 44.3 亿元，到 2010 年中国 PLC 市场规模达到了 68.4 亿元，相比 2009 年 50 亿元的市场规模，同比增长 36.8%。2006 年至 2010 年 PLC 市场规模的复合增长率为 9.08%。随着"十二五"提升装备自动化的提出，业内预计 PLC 市场将处于持续增长状态。根据中国机械研究院机电市场研究所 2010 年的调研报告，2006—2013 年中国 PLC 市场规模及预测如表 1-1 所示。

表 1-1　2006—2013 中国 PLC 市场规模及预测

年份	市场规模（单位：百万）	同比增长率
2006	4420	13.60%
2007	5000	12.96%
2008	5380	7.6%
2009	5000	−7.10%
2010	6840	36.8%
2011F	7536	10.2%
2012F	8260	9.6%
2013F	9025	9.3%

目前的国内市场几乎被国外的 PLC 产品占领，在大、中型 PLC 中，几乎 100%是国外产品。主要以前面所提到的 5 家公司中的前 3 家为主，而小型 PLC 则由日本的三菱（MITSUBISHI）公司和 OMRON 公司占据主要地位。近年来 SIEMENS 公司的小型 PLC 在国内市场的占有率迅速上升，后来居上，企图抢占日本公司的产品市场。

2．可编程控制器应用范围

可编程控制器作为一种通用的工业控制器，它可用于所有的工业领域。当前国内外已广泛地将可编程控制器成功地应用到机械、汽车、冶金、石油、化工、轻工、纺织、交通、电力、电信、采矿、建材、食品、造纸、军工、家电等各个领域，并且取得了相当可观的技术经济效益。

可编程控制器的应用领域及范围，可以用 4 个字来描述：无所不在。

PLC 控制技术代表了当今电气控制技术的世界先进水平，它已与数控技术、CAD/CAM 技术、工业机器人技术并列为工业自动化技术的四大支柱。

1.2 可编程控制器的特点及主要功能

1.2.1 可编程控制器的一般特点

可编程控制器的种类虽然千差万别，但为了在恶劣的工业环境中使用，它们都有许多共同的特点。

1. 抗干扰能力强，可靠性极高

工业生产对电气控制设备的可靠性的要求是非常高的，它应具有很强的抗干扰能力，能在很恶劣的环境下（如温度高、湿度大、金属粉尘多、距离高压设备近、有较强的高频电磁干扰等）长期连续可靠地工作，平均无故障时间（MTBF）长，故障修复时间短。而 PLC 是专为工业控制设计的，能适应工业现场的恶劣环境。可以说，没有任何一种工业控制设备能够达到可编程控制器的可靠性。在 PLC 的设计和制造过程中，采取了精选元器件及多层次抗干扰等措施，使 PLC 的平均无故障时间 MTBF 通常在 10 万小时以上，有些 PLC 的平均无故障时间可以达到几十万小时以上，如三菱公司的 F1、F2 系列的 MTBF 可达到 30 万小时，有些高档机的 MTBF 还要高得多，这是其他电气设备根本做不到的。

绝大多数的用户都将可靠性作为选取控制装置的首要条件，因此 PLC 在硬件和软件方面均采取了一系列的抗干扰措施。

在硬件方面，首先是选用优质器件，采用合理的系统结构，加固简化安装，使它能抗振动冲击。对印制电路板的设计、加工及焊接都采取了极为严格的工艺措施。对于工业生产过程中最常见的瞬间强干扰，采取的措施主要是采用隔离和滤波技术。PLC 的输入和输出电路一般都用光电耦合器传递信号，做到电浮空，使 CPU 与外部电路完全切断了电的联系，有效地抑制了外部干扰对 PLC 的影响。在 PLC 的电源电路和 I/O 接口中，还设置多种滤波电路，除了采用常规的模拟滤波器（如 LC 滤波和Π型滤波）外，还加上了数字滤波，以消除和抑制高频干扰信号，同时也削弱了各种模板之间的相互干扰。用集成电压调整器对微处理器的+5V 电源进行调整，以适应交流电网的波动和过电压、欠电压的影响。在 PLC 内部还采用了电磁屏蔽措施，对电源变压器、CPU、存储器、编程器等主要部件采用导电、导磁良好的材料进行屏蔽，以防外界干扰。

在软件方面，PLC 也采取了很多特殊措施，设置了警戒时钟 WDT（Watching Dog Timer），系统运行时对 WDT 定时刷新，一旦程序出现死循环，使之能立即跳出，重新启动并发出报警信号。还设置了故障检测及诊断程序，用以检测系统硬件是否正常，用户程序是否正确，便于自动地作出相应的处理，如报警、封锁输出、保护数据等。当 PLC 检测到故障时，立即将现场信息存入存储器，由系统软件配合对存储器进行封闭，禁止对存储器的任何操作，以防存储信息被破坏。这样，一旦检测到外界环境正常后，便可恢复到故障发生前的状态，继续原来的程序工作。

另外，PLC 特有的循环扫描的工作方式，有效地屏蔽了绝大多数的干扰信号。

这些有效的措施，保证了可编程控制器的高可靠性。

2. 编程方便

可编程控制器的设计是面向工业企业中一般电气工程技术人员的，它采用易于理解和掌握的梯形图语言，以及面向工业控制的简单指令。这种梯形图语言既继承了传统继电器控制线路的表达形式（如线圈、触点、动合、动断），又考虑到工业企业中的电气技术人员的看图习惯和微机应用水平。因此，梯形图语言对于企业中熟悉继电器控制线路图的电气工程技术人员是非常亲切的，它形象、直观、简单、易学，尤其是对于小型 PLC 而言，几乎不需要专门的计算机知识，只要进行短暂几天甚至几小时的培训，就能基本掌握编程方法。因此，无论是在生产线的设计中，还是在传统设备的改造中，电气工程技术人员都特别欢迎和愿意使用 PLC。

3．使用方便

虽然 PLC 种类繁多，由于其产品的系列化和模板化，并且配有品种齐全的各种软件，用户可灵活组合成各种规模和要求不同的控制系统，用户在硬件设计方面，只是确定 PLC 的硬件配置和 I/O 通道的外部接线。在 PLC 构成的控制系统中，只需在 PLC 的端子上接入相应的输入、输出信号即可，不需要诸如继电器之类的固体电子器件和大量繁杂的硬接线电路。在生产工艺流程改变，或生产线设备更新，或系统控制要求改变，需要变更控制系统的功能时，一般不必改变或很少改变 I/O 通道的外部接线，只要改变存储器中的控制程序即可，这在传统的继电器控制时是很难想象的。PLC 的输入、输出端子可直接与 220VAC，24VDC 等强电相连，并有较强的带负载能力。

在 PLC 运行过程中，在 PLC 的面板上（或显示器上）可以显示生产过程中用户感兴趣的各种状态和数据，使操作人员做到心中有数，即使在出现故障甚至发生事故时，也能及时处理。

4．维护方便

PLC 的控制程序可通过编程器输入 PLC 的用户程序存储器中。编程器不仅能对 PLC 控制程序进行写入、读出、检测、修改，还能对 PLC 的工作进行监控，使得 PLC 的操作及维护都很方便。PLC 还具有很强的自诊断能力，能随时检查出自身的故障，并显示给操作人员，如 I/O 通道的状态、RAM 的后备电池的状态、数据通信的异常、PLC 内部电路的异常等信息。正是通过 PLC 的这种完善的诊断和显示能力，当 PLC 主机或外部的输入装置及执行机构发生故障时，使操作人员能迅速检查、判断故障原因，确定故障位置，以便采取迅速有效的措施。如果是 PLC 本身故障，在维修时只需要更换插入式模板或其他易损件即可完成，既方便又减少了影响生产的时间。

有人曾预言，将来自动化工厂的电气工人，将一手拿着螺丝刀，一手拿着编程器。这也是可编程控制器得以迅速发展和广泛应用的重要因素之一。

5．设计、施工、调试周期短

用可编程控制器完成一项控制工程时，由于其硬、软件齐全，设计和施工可同时进行。由于用软件编程取代了继电器硬接线实现控制功能，使得控制柜的设计及安装接线工作量大为减少，缩短了施工周期。同时，由于用户程序大都可以在实验室模拟调试，模拟调试好后再将 PLC 控制系统在生产现场进行联机统调，使得调试方便、快速、安全，因此大大缩短了设计和投运周期。

6．易于实现机电一体化

因为可编程控制器的结构紧凑，体积小，重量轻，可靠性高，抗震防潮和耐热能力强，使之易于安装在机器设备内部，制造出机电一体化产品。随着集成电路制造水平的不断提高，可编程控制器体积将进一步缩小，而功能却进一步增强，与机械设备有机地结合起来，在 CNC 和机器人的应用中必将更加普遍，以 PLC 作为控制器的 CNC 设备和机器人装置将成为典型的机电一体化的产品。

1.2.2 可编程控制器与继电器逻辑控制系统的比较

在可编程控制器出现以前，继电器硬接线电路是逻辑控制、顺序控制的唯一执行者，它结构简单，价格低廉，一直被广泛应用。但它与 PLC 控制相比有许多缺点，如表 1-2 所示。

表 1-2 PLC 与继电器逻辑控制系统的比较

比较项目	继电器逻辑	可编程控制器
控制逻辑	接线逻辑，体积大，接线复杂，修改困难	存储逻辑，体积小、接线少，控制灵活，易于扩展
控制速度	通过触点的开闭实现控制作用。动作速度为几十毫秒，易出现触点抖动	由半导体电路实现控制作用，每条指令执行时间在微秒级，不会出现触点抖动
限时控制	由时间继电器实现，精度差，易受环境、温度影响	用半导体集成电路实现，精度高，时间设置方便，不受环境、温度影响
触点数量	4～8 对，易磨损	任意多个，永不磨损
工作方式	并行工作	串行循环扫描
设计与施工	设计、施工、调试必须顺序进行，周期长，修改困难	在系统设计后，现场施工与程序设计可同时进行，周期短，调试、修改方便
可靠性与可维护性	寿命短，可靠性与可维护性差	寿命长，可靠性高，有自诊断功能，易于维护
价格	使用机械开关、继电器及接触器等，价格便宜	使用大规模集成电路，初期投资较高

1.2.3 可编程控制器与其他工业控制器的比较

自从微型计算机诞生以后，工程技术人员就一直努力将微型计算机技术应用到工业控制领域，这样，在工业控制领域就产生了几种有代表性的工业控制器，如前面曾经提到的：可编程控制器（PLC）、PID 控制器（又称 PID 调节器）、集散控制系统（DCS）、工业控制计算机（工业 PC）。由于 PID 控制器一般只适用于过程控制中的模拟量控制，并且，目前的 PLC 或 DCS 中均具有 PID 的功能，所以，只需要对可编程控制器与通用的微型计算机、与集散控制系统、与工业控制计算机分别做一下比较。

1. 可编程控制器与通用的微型计算机的比较

采用微电子技术制作的作为工业控制器的可编程控制器，它也是由 CPU、RAM、ROM、I/O 接口等构成的，与微机有相似的构造，但又不同于一般的微机，特别是它采用了特殊的抗干扰技术，有着很强的接口能力，使它更能适用于工业控制。

PLC 与微机各自的特点如表 1-3 所示。

表 1-3 PLC 与微型计算机的比较

比较项目	可编程控制器	微型计算机
应用范围	工业控制	科学计算、数据处理、通信等
使用环境	工业现场	具有一定温度、湿度的机房
输入 / 输出	控制强电设备，有光电隔离，有大量的 I/O 口	与主机采用微电联系，没有光电隔离，没有专用的 I/O 口
程序设计	一般为梯形图语言，易于学习和掌握	程序语言丰富，汇编、FORTRAN，BASIC，C 及 COBOL 等。语句复杂，需专门计算机的硬件和软件知识

比较项目	可编程控制器	微型计算机
系统功能	自诊断、监控等	配有较强的操作系统
工作方式	循环扫描方式及中断方式	中断方式
可靠性	极高，抗干扰能力强，长期运行	抗干扰能力差，不能长期运行
体积与结构	结构紧凑，体积小。外壳坚固，密封	结构松散，体积大，密封性差。键盘大，显示器大

2. 可编程控制器与集散控制系统的比较

可编程控制器与集散控制系统都是用于工业现场的自动控制设备，都是以微型计算机为基础的，都可以完成工业生产中大量的控制任务。但是，它们之间又有一些不同。

（1）发展基础不同

可编程控制器是由继电器逻辑控制系统发展而来，所以它在开关量处理，顺序控制方面具有自己的绝对优势，发展初期主要侧重于顺序逻辑控制方面。集散控制系统是由仪表过程控制系统发展而来，所以它在模拟量处理、回路调节方面具有一定的优势，发展初期主要侧重于回路调节功能。

（2）扩展方向不同

随着微型计算机的发展，可编程控制器在初期逻辑运算功能的基础上，增加了数值运算及闭环调节功能。运算速度不断提高，控制规模越来越大，并开始与网络或上位机相连，构成了以 PLC 为核心部件的分布式控制系统。集散控制系统自 20 世纪 70 年代问世后，也逐渐地把顺序控制装置，数据采集装置，回路控制仪表，过程监控装置有机地结合在一起，构成了能满足各种不同控制要求的集散控制系统。

（3）由小型计算机构成的中小型 DCS 将被 PLC 构成的 DCS 所替代

PLC 与 DCS 从各自的基础出发，在发展过程中互相渗透，互为补偿，两者的功能越来越近，颇有殊途同归之感。目前，很多工业生产过程既可以用 PLC 实现控制，也可以用 DCS 实现控制。但是，由于 PLC 是专为工业环境下应用而设计的，其可靠性要比一般的小型计算机高得多，所以，以 PLC 为控制器的 DCS 必将逐步占领以小型计算机为控制器的中小型 DCS 市场。

3. 可编程控制器与工业控制计算机的比较

可编程控制器与工业控制计算机（简称工业 PC）都是用来进行工业控制，但是工业 PC 与 PLC 相比，仍有一些不同。

（1）硬件方面

工业 PC 是由通用微型计算机推广应用发展起来的，通常由微型计算机生产厂家开发生产，在硬件方面具有标准化总线结构，各种机型间兼容性强。而 PLC 则是针对工业顺序控制，由电气控制厂家研制发展起来的，其硬件结构专用，各个厂家产品不通用，标准化程度较差。但是 PLC 的信号采集和控制输出的功率强，可不必再加信号变换和功率驱动环节，而直接和现场的测量信号及执行机构对接；在结构上，PLC 采取整体密封模板组合形式；在工艺上，对印刷板、插座、机架都有严密的处理；在电路上，又有一系列的抗干扰措施。因此，PLC 的可靠性更能满足工业现场环境下的要求。

（2）软件方面

工业 PC 可借用通用微型计算机丰富的软件资源，对算法复杂，实时性强的控制任务能较好地适应。PLC 在顺序控制的基础上，增加了 PID 等控制算法，它的编程采用梯形图语言，易于被熟悉电气控制线路而不太熟悉微机软件的工厂电气技术人员所掌握。但是，一些微型计算机的通用软件还不能直接在 PLC 上应用，还要经过二次开发。

任何一种控制设备都有自己最适合的应用领域。熟悉、了解 PLC 与通用微型计算机、集散控制系统、工业 PC 的异同，将有助于我们根据控制任务和应用环境来恰当地选用最合适的控制设备，最好地发挥其效用。

1.2.4 可编程控制器的主要功能

PLC 是采用微电子技术来完成各种控制功能的自动化设备，可以在现场的输入信号作用下，按照预先输入的程序，控制现场的执行机构，按照一定规律进行动作。其主要功能如下。

1．顺序逻辑控制

这是 PLC 最基本最广泛的应用领域，用来取代继电器控制系统，实现逻辑控制和顺序控制。它既可用于单机控制或多机控制，又可用于自动化生产线的控制。PLC 根据操作按钮、限位开关及其他现场给出的指令信号和传感器信号，控制机械运动部件进行相应的操作。

2．运动控制

在机械加工行业，可编程控制器与计算机数控（CNC）集成在一起，用以完成机床的运动控制。很多 PLC 制造厂家已提供了拖动步进电机或伺服电机的单轴或多轴的位置控制模板。在多数情况下，PLC 把描述目标位置的数据送给模板，模板移动一轴或数轴到目标位置。当每个轴移动时，位置控制模板保持适当的速度和加速度，确保运动平滑。目前已用于控制无心磨削、冲压、复杂零件分段冲裁、滚削、磨削等应用中。

3．定时控制

PLC 为用户提供了一定数量的定时器，并设置了定时器指令，如 OMRON 公司的 CPM1A，每个定时器可实现 0.1～999.9s 或 0.01～99.99s 的定时控制，SIEMENS 公司的 S7-200 系列可提供时基单位为 0.1s，0.01s 及 0.001s 的定时器，实现从 0.001s 到 3276.7s 的定时控制。也可按一定方式进行定时时间的扩展。定时精度高，定时设定方便、灵活。同时 PLC 还提供了高精度的时钟脉冲，用于准确的实时控制。

4．计数控制

PLC 为用户提供的计数器分为普通计数器、可逆计数器（增减计数器）、高速计数器等，用来完成不同用途的计数控制。当计数器的当前计数值等于计数器的设定值，或在某一数值范围时，发出控制命令。计数器的计数值可以在运行中被读出，也可以在运行中进行修改。

5．步进控制

PLC 为用户提供了一定数量的移位寄存器，用移位寄存器可方便地完成步进控制功能。在一道工序完成之后，自动进行下一道工序。一个工作周期结束后，自动进入下一个工作周期。有些 PLC 还专门设有步进控制指令，使得步进控制更为方便。

6．数据处理

大部分 PLC 都具有不同程度的数据处理功能，如 F2 系列、C 系列、S7 系列 PLC 等，能完成数据运算如：加、减、乘、除、乘方、开方等，逻辑运算如：字与、字或、字异或、求反等，移位、数据比较和传送及数值的转换等操作。

7．模数和数模转换

在过程控制或闭环控制系统中，存在温度、压力、流量、速度、位移、电流、电压等连续变化的物理量（或称模拟量）。过去，由于 PLC 长于逻辑运算控制，对于这些模拟量的控制主要靠仪表控制（如果回路数较少）或分布式控制系统 DCS（如果回路数较多）。目前，不但大、中型 PLC 都具有模拟量处理功能，甚至很多小型 PLC 也具有模拟量处理功能，而且编程和使用都很方便。

8．通信及联网

目前绝大多数 PLC 都具备了通信能力，能够实现 PLC 与计算机，PLC 与 PLC 之间的通信。通过这些通信技术，使 PLC 更容易构成工厂自动化（FA）系统。也可与打印机、监视器等外部设备相连，记录和监视有关数据。

1.2.5　可编程控制器的软件及编程语言

可编程控制器是微型计算机技术在工业控制领域的重要应用，而计算机是离不开软件的。可编程控制器的软件也可分为系统软件和应用软件。

1．系统软件

所谓可编程控制器的系统软件就是 PLC 的系统监控程序，也有人称之为可编程控制器的操作系统。它是每台可编程控制器都必须包括的部分，是由 PLC 的制造厂家编制的，用于控制可编程控制器本身的运行，一般来说，系统软件对用户是不透明的。

系统监控程序通常可分为 3 个部分。

（1）系统管理程序

系统管理程序是监控程序中最重要的部分，它要完成如下任务。

① 负责系统的运行管理，控制可编程控制器何时输入、何时输出、何时运算、何时自检、何时通信等，进行时间上的分配管理。

② 负责存储空间的管理，即生成用户环境，由它规定各种参数、程序的存放地址，将用户使用的数据参数存储地址转化为实际的数据格式，以及物理存放地址。它将有限的资源变为用户可直接使用的很方便的编程元件。例如，它将有限个数的 CTC 扩展为几十个、上百个用户时钟（定时器）和计数器。通过这部分程序，用户看到的就不是实际机器存储地址和 PIO，CTC 的地址，而是按照用户数据结构排列的元件空间和程序存储空间。

③ 负责系统自检，包括系统出错检验、用户程序语法检验、句法检验、警戒时钟运行等。

有了系统管理程序，整个可编程控制器就能在其管理控制下，有条不紊地进行各种工作。

（2）用户指令解释程序

任何一台计算机，无论应用何种语言，最终只能执行机器语言，而用机器语言编程无疑是一件枯燥，麻烦且令人生畏的工作。为此，在可编程控制器中采用梯形图语言编程，再通过用户指令解释程序，将梯形图语言一条条地翻译成一串串的机器语言。这样，因为 PLC 在执行指令的过程中需要逐条予以解释，所以降低了程序的执行速度。由于 PLC 所控制的对象多数是机电控制设备，这些滞后的时间（一般是微秒或毫秒级的）完全可以忽略不计。尤其是当前 PLC 的主频越来越高，这种时间上的延迟将越来越小。

（3）标准程序模块和系统调用

这部分是由许多独立的程序块组成的，各自能完成不同的功能，如输入、输出、运算或特殊运算等。可编程控制器的各种具体工作都是由这部分程序完成的，这部分程序的多少，决定了可编程控制器性能的强弱。

整个系统监控程序是一个整体，它质量的好坏，很大程度上决定了可编程控制器的性能。

如果能够改进系统的监控程序，就可以在不增加任何硬件设备的条件下，大大改善可编程控制器的性能。

2．应用软件

可编程控制器的应用软件是指用户根据自己的控制要求编写的用户程序。由于可编程控制器的应用场合是工业现场，它的主要用户是电气技术人员，所以其编程语言，与通用的计算机相比，具有明显的特点，它既不同于高级语言，又不同于汇编语言，它要满足易于编写和易于调试的要求，还要考虑现场电气技术人员的接受水平和应用习惯。因此，可编程控制器通常使用梯形图语言，又叫继电器语言，更有人称之为电工语言。另外，为满足各种不同形式的编程需要，根据不同的编程器和支持软件，还可以采用语句表、逻辑功能图、顺序功能图、流程图及高级语言进行编程。

1.3 PLC 的编程语言

1.3.1 梯形图

梯形图是一种图形编程语言，是面向控制过程的一种"自然语言"，它沿用继电器的触点（触点在梯形图中又常称为接点）、线圈、串并联等术语和图形符号，同时也增加了一些继电器—接触器控制系统中没有的特殊功能符号。梯形图语言比较形象、直观，对于熟悉继电器控制线路的电气技术人员来说，很容易被接受，且不需要学习专门的计算机知识，因此，在 PLC 应用中，是使用的最基本、最普遍的编程语言。但这种编程方式只能用图形编程器直接编程。

PLC 的梯形图虽然是从继电器控制线路图发展而来的，但与其又有一些本质的区别。

① PLC 梯形图中的某些编程元件沿用了继电器这一名称，如输入继电器、输出继电器、中间继电器等。但是，这些继电器并不是真实的物理继电器，而是"软继电器"。这些继电器中的每一个，都与 PLC 用户程序存储器中的数据存储区中的元件映像寄存器的一个具体存储单元相对应。如果某个存储单元为"1"状态，则表示与这个存储单元相对应的那个继电器的"线圈得电"。反之，如果某个存储单元为"0"状态，则表示与这个存储单元相对应的那个继电器的"线圈断电"。这样，我们就能根据数据存储区中某个存储单元的状态是"1"还是"0"，判断与之对应的那个继电器的线圈是否"得电"。

② PLC 梯形图中仍然保留了动合触点（常开点）和动断触点（常闭点）的名称，这些触点的接通或断开，取决于其线圈是否得电（对于熟悉继电器控制线路的电气技术人员来说，这是最基本的概念）。在梯形图中，当程序扫描到某个继电器触点时，就去检查其线圈是否"得电"，即去检查与之对应的那个存储单元的状态是"1"还是"0"。如果该触点是动合触点，就取它的原状态；如果该触点是动断触点，就取它的反状态。例如：如果对应输出继电器 Q0.0 的存储单元中的状态是"1"（表示线圈得电），当程序扫描到 Q0.0 的动合触点时，就取它的原状态"1"（表示动合触点接通），当程序扫描到 Q0.0 的动断触点时，就取它的反状态"0"（表示动断触点断开）。反之亦然。

③ PLC 梯形图中的各种继电器触点的串并联连接，实质上是将对应这些基本单元的状态依次取出来，进行"逻辑与"、"逻辑或"等逻辑运算。而计算机对进行这些逻辑运算的次数是没有限制的，因此，可在编制程序时无限次使用各种继电器的触点，且可根据需要采用动合（常开）或动断（常闭）的形式。

注意，在梯形图程序中同一个继电器号的线圈一般只能使用一次。

④ 在继电器控制线路图中，左、右两侧的母线为电源线，在电源线中间的各个支路上都加有电压，当某个或某些支路满足接通条件时，就会有电流流过触点和线圈。而在 PLC 梯形图，左侧（或两侧）的垂线为逻辑母线，每一个支路均从逻辑母线开始，到线圈或其他输出功能结束。在梯形图中，其逻辑母线上不加什么电源，元件和连线之间也并不存在电流，但它确实在传递信息。为形象化起见，我们说，在梯形图中是有信息流或假想电流在流通，即在梯形图中流过的电流不是物理电流，而是"能流"，是用户程序表达方式中满足输出执行条件的形象表达方式，"能流"只能从左向右流动。

⑤ 在继电器控制线路图中，各个并联电路是同时加电压，并行工作的，由于实际元件动作的机械惯性，可能会发生触点竞争现象。在梯形图中，各个编程元件的动作顺序是按扫描顺序依次执行的，或者说是按串行的方式工作的，在执行梯形图程序时，是自上而下，从左到右，串行扫描，不会发生触点竞争现象。

⑥ PLC 梯形图中的输出线圈只对应存储器中的输出映像区的相应位，不能用该编程元件（如中间继电器的线圈、定时器、计数器等）直接驱动现场机构，必须通过指定的输出继电器，经 I/O 接口上对应的输出单元（或输出端子）才能驱动现场执行机构。

1.3.2　语句表

指令语句就是用助记符来表达 PLC 的各种功能。它类似于计算机的汇编语言，但比汇编语言通俗易懂，因此也是应用很广泛的一种编程语言。这种编程语言可使用简易编程器编程，尤其是在未能配置图形编程器时，就只能将已编好的梯形图程序转换成语句表的形式，再通过简易编程器将用户程序逐条地输入 PLC 的存储器中进行编程。通常每条指令由地址、操作码（指令）和操作数（数据或器件编号）3 部分组成。编程设备简单，逻辑紧凑、系统化，连接范围不受限制，但比较抽象，一般与梯形图语言配合使用，互为补充。目前，大多数 PLC 都有指令语句编程功能。

1.3.3　逻辑功能图

这是一种由逻辑功能符号组成的功能块图来表达命令的图形语言，这种编程语言基本上沿用了半导体逻辑电路的逻辑方块图。对每一种功能都使用一个运算方块，其运算功能由方块内的符号确定。常用"与"、"或"、"非"等逻辑功能表达控制逻辑。和功能方块有关的输入画在方块的左边，输出画在方块的右边。采用这种编程语言，不仅能简单明确地表现逻辑功能，还能通过对各种功能块的组合，实现加法、乘法、比较等高级功能，所以，它也是一种功能较强的图形编程语言。对于熟悉逻辑电路和具有逻辑代数基础的人来说，是非常方便的。

图 1-4 为实现三相异步电动机启停控制的 3 种编程语言的表达方式。

| | (a) 梯形图 | | (b) 指令语句表 | | (c) 逻辑功能图 |

图 1-4　3 种编程语言举例

1.3.4 顺序功能图

顺序功能图（SFC）编程方式采用画工艺流程图的方法编程，只要在每一个工艺方框的输入和输出端，标上特定的符号即可。对于在工厂中搞工艺设计的人来说，用这种方法编程，不需要很多的电气知识，非常方便。

不少 PLC 的新产品采用了顺序功能图，有的公司已生产出系列的，可供不同的 PLC 使用的 SFC 编程器，原来十几页的梯形图程序，SFC 只用一页就可完成。另外，由于这种编程语言最适合从事工艺设计的工程技术人员，因此，它是一种效果显著、深受欢迎、前途光明的编程语言。

1.3.5 高级语言

在一些大型 PLC 中，为了完成一些较为复杂的控制，采用功能很强的微处理器和大容量存储器，将逻辑控制、模拟控制、数值计算与通信功能结合在一起，配备 BASIC、Pascal、C 等计算机语言，从而可像使用通用计算机那样进行结构化编程，使 PLC 具有更强的功能。

目前，各种类型的 PLC 基本上都同时具备两种以上的编程语言。其中，以同时使用梯形图和语句表的占大多数。不同厂家、不同型号的 PLC，其梯形图及语句表达都有些差异，使用符号也不尽相同，配置的功能各有千秋。因此，各个厂家不同系列，不同型号的可编程控制器是互不兼容的，但编程的思想方法和原理是一致的。

1.4 可编程控制器的性能指标

性能指标是用户评价和选购机型的依据。目前，市场上销售的可编程控制器和我国工业企业中所使用的可编程控制器，绝大多数是国外生产的产品（这些产品有的是随引进设备进口，有的是设计选用）。各种机型种类繁多，各个厂家在说明其性能指标时，主要技术项目也不完全相同。如何评价一台可编程控制器的档次高低，规模大小，适用场所，至今还没有一个统一的衡量标准。但是当用户在进行 PLC 的选型时，可以参照生产厂商提供的技术指标，从以下几个方面来考虑。

1. 处理器技术指标

处理器技术指标是可编程控制器各项性能指标中最重要的性能指标，在这部分技术指标中，应反映出 CPU 的类型、用户程序存储器容量、可连接的 I/O 总点数（开关量多少点，模拟量多少路）、指令长度、指令条数、扫描速度（ms/千字）。有的 PLC 还给出了其内部的各个通道配置，如内部的辅助继电器，特殊辅助继电器，暂存器，保持继电器，数据存储区，定时器/计数器及高速计数器的配置情况，以及存储器的后备电池寿命、自诊断功能等。

2. I/O 模板技术指标

对于开关量输入模板，要反映出输入点数／块、电源类型、工作电压等级，以及 COM 端、输入电路等情况。有的 PLC 还给出了其他有关参数，如输入模板供应的电源情况，输入电阻，以及动作延时情况。

对于开关量输出模板，要反映出输出点数／块、电源类型、工作电压等级，以及 COM 端、输出的电路情况。一般可编程控制器的输出形式有继电器输出、晶体管输出、双向晶闸管输出 3 种，要根据不同的负载性质选择 PLC 机输出电路的形式。有的 PLC 还给出了其他有关参数，如工作电流、带载能力、动作延迟时间等。

对于模拟量 I/O 模板，要反映出它的输入 / 输出路数、信号范围、分辨率、精度、转换时间、外部输入或输出阻抗、输出码、通道数、端子连接、绝缘方式、内部电源等情况。

3．编程器及编程软件

反映这部分性能指标有编程器的形式（简易编程器、图形编程器或通用计算机）、运行环境（DOS 或 Windows）、编程软件及是否支持高级语言等。

4．通信功能

随着 PLC 控制功能的不断增强和控制规模的不断增大，使得通信和联网的能力成为衡量现代 PLC 的重要指标。反映这部分指标主要有通信接口、通信模块、通信协议及通信指令等。PLC 的通信可分为两类：一类是通过专用的通信设备和通信协议，在同一生产厂家的各个 PLC 之间进行的通信，另一类是通过通用的通信口和通信协议，在 PLC 与上位计算机或其他智能设备之间进行的通信。

5．扩展性

PLC 的可扩展性是指 PLC 的主机配置扩展模板的能力，它体现在两个方面，一个是 I/O（数字量 I/O 或模拟量 I/O）的扩展能力，用于扩展系统的输入 / 输出点数；另一个是 CPU 模板的扩展能力，用于扩展各种智能模板，如温度控制模板、高速计数器模板、闭环控制模板等，实现多个 CPU 的协调控制和信息交换。

如果只是一般性地了解可编程控制器的性能，可简单地用以下 5 个指标来评价：CPU 芯片、编程语言、用户程序存储量、I/O 总数、扫描速度。显然，CPU 档次高、编程语言完善、用户程序存储量大、I/O 点数多、扫描速度快，这台可编程控制器的性能就好，功能也强，价格当然也高。

1.5　可编程控制器的发展趋势

随着 PLC 技术的推广、应用，PLC 将进一步向以下几个方向发展。

1．系列化、模板化

每个生产 PLC 的厂家几乎都有自己的系列化产品，同一系列的产品指令向上兼容，扩展设备容量，以满足新机型的推广和使用。要形成自己的系列化产品，以便与其他 PLC 生产厂家竞争，就必然要开发各种模板，使系统的构成更加灵活、方便。一般的 PLC 可分为主机模板、扩展模板、I/O 模板以及各种智能模板等，每种模板的体积都较小，相互连接方便，使用更简单，通用性更强。

2．小型机功能强化

从可编程控制器出现以来，小型机的发展速度大大高于中、大型 PLC。随着微电子技术的进一步发展，PLC 的结构必将更为紧凑，体积更小，而安装和使用更为方便。有的小型机只有手掌大小，很容易用其制成机电一体化产品。有的小型机的 I/O 可以以点为单位由用户配置、更换或维修。很多小型机不仅有开关量 I/O，还有模拟量 I/O，可实现高速计数，高速脉冲输出、PWM 输出、中断控制、PID 控制等。一般都有通信功能，可联网运行。

3．中、大型机高速度、高功能、大容量

随着自动化水平的不断提高，对中、大型机处理数据的速度要求也越来越高，在三菱公司AnA 系列的 32 位微处理器 M887788 中，在一块芯片上实现了 PLC 的全部功能，它将扫描时

间缩短为每条基本指令 0.15μs。OMRON 公司的 CV 系列，每条基本指令的扫描时间为 0.125μs。而 SIEMENS 公司的 TI555 采用了多微处理器，每条基本指令的扫描时间为 0.068μs。

在存储器的容量上，OMRON 公司的 CV 系列 PLC 的用户存储器容量为 64KB，数据存储器容量为 24KB，文件存储器容量为 1MB。

所谓高功能是指具有：函数运算和浮点运算，数据处理和文字处理，队列、矩阵运算，PID 运算及超前、滞后补偿，多段斜坡曲线生成，处方、配方、批处理，菜单组合的报警模板，故障搜索、自诊断等功能。

美国公司的 Controlview 软件，支持 Windows 系统，能以彩色图形动态模拟工厂的运行情况，允许用户用 C 语言开发程序。

4．功能高度集成

（1）PLC 与 PC 的集成

近些年来，随着 PLC 网络的普及和应用，PLC 与 PC 集成型产品的市场增长率很快。PLC/PC 集成型的 PLC 机，一般不直接控制工艺设备，而是作为沟通 PLC 局域网与工厂级网络的桥梁。

（2）PLC 与 DCS 的集成

PLC/DCS 集成型的 PLC，将继电器控制与仪表控制结合起来，将 PLC 的逻辑控制功能与多回路控制功能融合在一起，使 PLC 具有模拟量 I/O 和 PID 运算功能。

（3）PLC 与 CNC 的集成

PLC/CNC 集成型的 PLC，除了要有足够的开关量 I/O、模拟量 I/O 外，还要有一些特殊功能的模板，如速度控制、运动控制、位置控制、步进电机控制、伺服电机控制、单轴控制、多轴控制等特殊功能模板，可以完成铣削、车削、磨削、冲压及激光的加工。

5．分散型 I/O 子系统、智能型 I/O、现场总线 I/O

随着 PLC 通信技术的发展，分散型 I/O 子系统（分散式 PLC）和智能 I/O 使得过去由一台大型处理器完成的工作交给较小的 PLC 网络，或者分散到 I/O 设备中。

（1）分散型 I/O

分散型 I/O 子系统的特点是：CPU 与远程 I/O 通过一对双绞线实现高速通信，且具有自诊断功能。

（2）智能型 I/O

智能型 I/O 主要有：PID 回路控制，运动控制，中断控制，热电偶／热电阻控制，条码控制，光电码盘，模糊控制，冗余控制等。智能型 I/O 可以安装在远程 I/O 机架内，可连接自己的操作员接口，即使 CPU 出现故障，智能 I/O 仍能继续工作。

在这类应用中，除了要有足够的开关量 I/O，模拟量 I/O 外，还要有一些特殊功能的模板，如速度控制、运动控制、位置控制、步进电机控制、伺服电机控制、单轴控制、多轴控制等特殊功能模板，以适应特殊工作需要。

（3）现场总线 I/O

现场总线 I/O 集检测，数据处理和通信为一体，现场总线 I/O 可以和 PLC 构成非常廉价的 DCS 系统，可代替如变送器、调节阀、记录仪等 4～20mA 的单变量单向传输的模拟量仪表。

6．低成本

随着新型器件的不断涌现，主要部件成本的不断下降，在大幅度提高 PLC 功能的同时，也大幅度降低了 PLC 的成本。同时，价格的不断降低，也使 PLC 真正成为继电器的替代物。

7. 多功能

PLC 的功能进一步加强，以适应各种控制需要。同时，计算、处理功能的进一步完善，使 PLC 可以代替计算机进行管理、监控。智能 I/O 组件也将进一步发展，用来完成各种专门的任务，如位置控制、温度控制、中断控制、PID 调节、远程通信、音响输出等。

小　　结

可编程控制器是"专为在工业环境下应用而设计"的工业控制计算机，是标准的工业控制器，它集 3C（Control：控制、Computer：计算机、Communication：通信）技术于一体，功能强大，可靠性高，编程简单，使用方便，维护容易，应用广泛，是当代工业生产自动化的四大支柱之一。

① PLC 的产生是计算机技术与继电器控制技术相结合的产物，是社会发展和技术进步的必然结果。

② 从结构上，PLC 可分为整体式、模板式和分散式；从控制规模上，PLC 可分为大型、中型和小型，并有向微型和巨型 PLC 发展之势。

③ 可用多种形式的编程语言编写 PLC 的应用程序，梯形图是 PLC 最常用的编程语言，要注意梯形图与继电器控制线路最根本的区别：梯形图是编程语言，是软件，是存储逻辑，是存储器中编程元件各种逻辑关系的组合；继电器控制线路是各种物理继电器与导线的连接，是硬件，是接线逻辑。

④ 4 种通用控制器（PLC、DCS、PID、工业 PC），任何一种控制设备都有自己最适合的应用领域。要了解每种控制器的特点，根据控制任务和应用环境来恰当地选用最合适的控制设备，以便最好地发挥其效用。

⑤ PLC 产品的优劣用性能指标来衡量，PLC 的性能指标是 PLC 选型的重要依据，要根据控制任务的要求，综合评价各项性能指标。

⑥ PLC 总的发展趋势是：高功能，高速度，高集成度，容量大，体积小，成本低，通信组网能力强。

习　题　1

1-1　可编程控制器是如何产生的？

1-2　整体式 PLC 与模板式 PLC 各有什么特点？

1-3　可编程控制器如何分类？

1-4　说明 PLC 控制与继电器控制的优缺点。

1-5　说明 PLC 与其他通用控制器的适用范围。

1-6　评价 PLC 的性能的主要指标是什么？

1-7　PLC 最常用的编程语言是什么？

1-8　梯形图与继电器控制线路图的差别是什么？

1-9　说明当代可编程控制器的发展趋势是什么？

第2章 可编程控制器的结构和工作原理

从可编程控制器的定义可知，PLC 也是一种计算机，它有着与通用计算机相类似的结构，即可编程控制器也是由中央处理器（CPU）、存储器（MEMORY）、输入／输出（I/O）接口及电源组成的。只不过它比一般的通用计算机具有更强的与工业过程相连的接口和更直接的适应控制要求的编程语言。

在本章中，主要介绍以下内容：

- PLC 的基本结构；
- PLC 的各个组成部分的功能；
- PLC 的等效工作电路；
- PLC 的工作过程；
- PLC 对 I/O 的处理规则；
- PLC 的扫描周期及滞后响应。

本章的重点是掌握 PLC 的硬件组成及其作用，掌握 PLC 的等效工作电路，掌握 PLC 工作过程的两个显著特点：周期性顺序扫描和集中批处理。

2.1 可编程控制器的硬件组成

2.1.1 PLC 的基本结构

尽管可编程控制器的种类繁多，可以有各种不同的结构，为简化问题起见，以小型可编程控制器为例来说明 PLC 的硬件组成。

PLC 的基本结构如图 2-1 所示。由图 2-1 可知，用可编程控制器作为控制器的自动控制系统，就是工业计算机控制系统，它既可进行开关量的控制，也可实现模拟量的控制。

由于 PLC 的中央处理器是由微处理器（通用或专用）、单片机或位片式计算机组成的，且具有各种功能的 I/O 接口及存储器，所以也可将 PLC 的结构用微型计算机控制系统常用的单总线结构形式来表示，如图 2-2 所示。

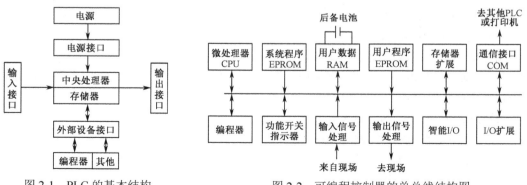

图 2-1 PLC 的基本结构　　　　图 2-2 可编程控制器的单总线结构图

2.1.2 可编程控制器的各个组成部分的功能

下面结合图 2-1、图 2-2 分别说明 PLC 各个组成部分的功能。

1. 中央处理器（CPU）

众所周知，CPU 是计算机的核心，因此它也是 PLC 的核心。它按照系统程序赋予的功能完成的主要任务是：

① 接收与存储用户由编程器输入的用户程序和数据；

② 检查编程过程中的语法错误，诊断电源及 PLC 内部的工作故障；

③ 用扫描方式工作，接收来自现场的输入信号，并输入到输入映像寄存器和数据存储器中；

④ 在进入运行方式后，从存储器中逐条读取并执行用户程序，完成用户程序所规定的逻辑运算、算术运算及数据处理等操作；

⑤ 根据运算结果，更新有关标志位的状态，刷新输出映像寄存器的内容，再经输出部件实现输出控制、打印制表或数据通信等功能。

在模板式 PLC 中，CPU 是一个专用模板，一般 PLC 的 CPU 模板上还有存放系统程序的 ROM 或 EPROM、存放用户程序或少量数据的 RAM，以及译码电路、通信接口和编程器接口等。

在整体式 PLC 中，CPU 是一块集成电路芯片，通常是通用的 8 位或 16 位的微处理器，如 Z80，Z80A，8085，6800 等。采用通用的微处理器（如 Z80A）作 CPU，其好处是这些微处理器及其配套的芯片普及、通用、价廉，有独立的 I/O 指令，且指令格式短，有利于译码及缩短扫描周期。

随着大规模集成电路的发展，PLC 采用单片机作 CPU 的越来越多，在小型 PLC 中，尤其以 Intel 公司的 MCS-51，MCS-96 系列作 CPU 的居多，它以高集成度、高可靠性、高功能、高速度及低价格的优势，正在占领小型 PLC 的市场。

目前，小型 PLC 均为单 CPU 系统，而大、中型 PLC 通常是双 CPU 或多 CPU 系统。所谓双 CPU 系统，是在 CPU 模板上装有两个 CPU 芯片，一个作为字处理器，一个作为位处理器。字处理器是主处理器，它执行所有的编程器接口的功能，监视内部定时器（WDT）及扫描时间，完成字节指令的处理，并对系统总线和微处理器进行控制。位处理器是从处理器，它主要完成对位指令的处理，以减轻字处理器的负担，提高位指令的处理速度，并将面向控制过程的编程语言（如梯形图、流程图）转换成机器语言。

在高档的 PLC 中，常采用位片式微处理器（如 AM2900，AM2901，AM2903）作 CPU。由于位片式微处理器采用双极型工艺，所以比一般的 MOS 型微处理器在速度上快一个数量级。位片的宽度有 2 位、4 位、8 位等，用几个位片进行"级联"，可以组成任意字长的微机。另外在位片式微处理器中，都采用微程序设计，只要改变微程序存储器中的内容，就可以改变机器的指令系统，因此，其灵活性很强。位片式微处理器易于实现"流水线"操作，即重叠操作，能更有效地发挥其快速的特点。

2. 存储器

可编程控制器存储器中配有两种存储系统，即用于存放系统程序的系统程序存储器和存放用户程序的用户程序存储器。

系统程序存储器主要用来存储可编程控制器内部的各种信息。在大型可编程控制器中，又可分为寄存器存储器、内部存储器和高速缓存存储器。在中、小型可编程控制器中，常把这 3 种功能的存储器混合在一起，统称为功能存储器，简称存储器。

一般系统程序是由 PLC 生产厂家编写的系统监控程序，不能由用户直接存取。系统监控程序主要由有关系统管理、解释指令、标准程序及系统调用等程序组成。系统程序存储器一般用 PROM 或 EPROM 构成。

由用户编写的程序称为用户程序。用户程序存放在用户程序存储器中，用户程序存储器的容量不大，主要存储可编程控制器内部的输入/输出信息，以及内部继电器、移位寄存器、累加寄存器、数据寄存器、定时器和计数器的动作状态。小型可编程控制器的存储容量一般不超过 8KB，中型可编程控制器的存储容量为 2～64KB，大型可编程控制器的存储容量可达到几百 KB 以上。我们一般讲 PLC 的内存大小，是指用户程序存储器的容量，用户程序存储器常用 RAM 构成。为防止电源掉电时 RAM 中的信息丢失，常采用锂电池做后备保护。若用户程序已完全调试好，且一段时期内不需要改变功能，也可将其固化到 EPROM 中。但是用户程序存储器中必须有部分 RAM，用以存放一些必要的动态数据。

用户程序存储器一般分为两个区，程序存储区和数据存储区。程序存储区用来存储由用户编写的、通过编程器输入的程序。而数据存储区用来存储通过输入端子读取的输入信号的状态、准备通过输出端子输出的输出信号的状态、PLC 中各个内部器件的状态，以及特殊功能要求的有关数据。

PLC 存储器的存储结构如表 2-1 所示。

表 2-1　PLC 存储器的存储结构

存 储 器	存 储 内 容	
系统程序存储器	系统监控程序	
用户程序存储器	程序存储区	用户程序（如梯形图，语句表等）
	数据存储区	I/O 及内部器件的状态

当用户程序很长或需存储的数据较多时，PLC 基本组成中的存储器容量可能不够用，这时可考虑选用较大容量的存储器或进行存储器扩展。很多 PLC 都提供了存储器扩展功能，用户可将新增加的存储器扩展模板直接插入 CPU 模板中，也有的 PLC 机是将存储器扩展模板插在中央基板上。在存储器扩展模板上通常装有可充电的锂电池（或超级电容），如果在系统运行过程中突然停电，RAM 立即改由锂电池（或超级电容）供电，使 RAM 中的信息不因停电而丢失，从而保证复电后系统可从掉电状态开始恢复工作。

目前，常用的存储器有 CMOS-SRAM，EPROM 和 EEPROM。

（1）CMOS-SRAM 可读/写存储器

CMOS-SRAM 是以 CMOS 技术制造的静态可读/写存储器，用以存放数据。读/写时间小于 200ns，几乎不消耗电流。用锂电池作后备电源，停电后可保存数据 3～5 年不变。静态存储器 SRAM 的可靠性比动态存储器 DRAM 高，因为 SRAM 不必周而复始地刷新，只有在片选信号（脉冲）有效、写操作有效时，从数据总线进入的干扰信号才能破坏其存储的内容，而这种概率是非常小的。

（2）EPROM 只读存储器

EPROM 是一种可用紫外光擦除、在电压为 25V 的供电状态下写入的只读存储器。使用时，写入脚悬空或接+5V（窗口盖上不透光的薄箔），其内容可长期保存。这类存储器可根据不同需要与各种微处理器兼容，并且可以和 MCS-51 系列单片机直接兼容。EPROM 一个突出的优点是把输出元件控制（OE）和片选控制（CE）分开，保证了良好的接口特性，使其在微机应用系统中的存储器部分修改、增删设计工作量最小。由于 EPROM 采用单一+5V 电源、可在静态维持方式下工作以及快速编程等特点，使 EPROM 在存储系统设计中，具有快速、方便和经济等一系列优点。

使用 EPROM 芯片时，要注意器件的擦除特性，当把芯片放在波长约为 4000 埃的光线下曝光时，就开始擦除。阳光和某些荧光灯含有 3000～4000 埃的波长，EPROM 器件暴露在照明日光灯下，约需 3 年才能擦除，而在直射日光下，约一周就可擦除，这些特性在使用中要特别注意。为延长 EPROM 芯片的使用寿命，必须用不透明的薄箔，贴在其窗口上，防止无意识擦除。如果真正需要对 EPROM 芯片进行擦除操作时，必须将芯片放在波长为 2537 埃的短波紫外线下曝光，擦除的总光量（紫外光光强×曝光时间）必须大于 15W · s/cm^2。用 12 000μW/cm^2 紫外线灯，擦除的时间约为 15～20min，擦除操作时，需把芯片靠近灯管约 1 英寸处。有些灯在管内放有滤色片，擦除前需把滤色片取出，才能进行擦除。

EPROM 用来固化完善的程序，写入速度为毫秒级。固化是通过与 PLC 配套的专用写入器进行的，不适宜多次反复的擦写。

（3）EEPROM 电可擦除可编程的只读存储器

EEPROM 是近年来被广泛重视的一种只读存储器，它的主要优点是能在 PLC 工作时"在线改写"，既可以按字节进行擦除和全新编程，也可进行整片擦除，且不需要专门的写入设备，写入速度也比 EPROM 快，写入的内容能在断电情况下保持不变，而不需要保护电源。它具有与 RAM 相似的高度适应性，又保留了 ROM 不易失的特点。

一些 PLC 出厂时配有 EEPROM 芯片，供用户研制调试程序时使用，内容可多次反复修改。EEPROM 的擦写电压约为 20V，此电压可由 PLC 供给，也可由 EEPROM 芯片自身提供，使用很方便。但从保存数据的长期性、可靠性来看，不如 EPROM。

3. 数字量（或开关量）输入部件及接口

来自现场的主令元件、检测元件的信号经输入接口进入 PLC。主令元件的信号是指由用户在控制键盘（或控制台、操作台）上发出的控制信号（如开机、关机、转换、调整、急停等信号）。检测元件的信号是指用检测元件（如各种传感器、继电器的触点，限位开关、行程开关等元件的触点）对生产过程中的参数（如压力、流量、温度、速度、位置、行程、电流、电压等）进行检测时产生的信号。这些信号有的是开关（或数字）量，有的是模拟量，有的是直流信号，有的是交流信号，要根据输入信号的类型选择合适的输入接口。

为提高系统的抗干扰能力，各种输入接口均采取了抗干扰措施，如在输入接口内带有光电耦合电路，使 PLC 与外部输入信号进行隔离。为消除信号噪声，在输入接口内还设置了多种滤波电路。为便于 PLC 的信号处理，输入接口内有电平转换及信号锁存电路。为便于与现场信号的连接，在输入接口的外部设有接线端子排。

（1）数字量（或开关量）输入模板的外部接线方式

数字量（或开关量）输入模板与外部用户输入设备的接线方式可分为汇点式输入和隔离式输入两种基本接线形式。

① 汇点式输入接线。汇点式输入接线方式如图 2-3 所示。

在汇点式输入接线方式中，各个输入回路有一个公共端（COM）。可以是全部输入点为一组，共用一个电源和公共端，如图 2-3（a）所示；也可以将全部输入点分为几组，每组有一个单独的电源和公共端，如图 2-3（b）所示。

汇点式输入接线方式，可用于直流输入模板，也可以用于交流输入模板。直流输入模板的电源一般可由 PLC 内部的 24VDC 电源提供；交流输入模板的电源则应由用户提供。

② 隔离式输入接线方式。隔离式输入接线方式如图 2-4 所示。

在隔离式输入接线方式中，每一个输入回路有两个接线端子，由单独的一个电源供电。相对于电源来说，各个输入点之间是相互隔离的。

隔离式输入接线方式一般用于交流输入模板，其电源也应由用户提供。

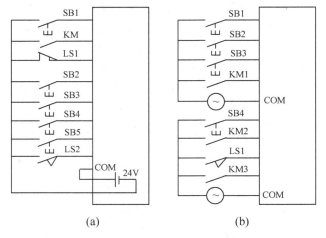 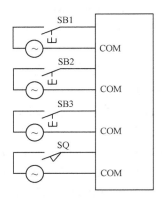

图 2-3　汇点式输入接线方式　　　　　　　图 2-4　隔离式输入接线方式

（2）数字量输入模板的接口电路

数字量输入模板是将现场送来的开关信号（如按钮信号、各种行程开关信号、继电器触点的闭合或打开信号等），经光电隔离后，将电平转换成 CPU 可处理的 TTL 电平。根据所送来的信号电压的类型，数字量输入模板可分为直流输入模板（通常是 24V）和交流输入模板（通常是 220V）两种类型。

① 直流数字量输入模板。

常见的直流输入数字量模板有+24V 和+48V 电压两种形式，但这两种形式模板的基本结构是一样的，只是个别元件的参数有所不同。图 2-5 为直流数字量输入模板的原理图，从图中可见，它主要由输入信号处理、光电隔离、信号锁存、口地址译码和控制逻辑等电路组成。

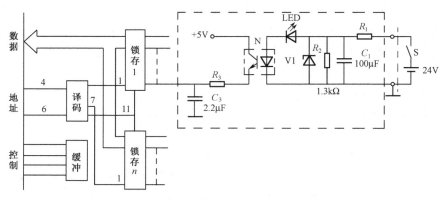

图 2-5　直流数字量输入模板原理图

● 输入信号处理电路。这部分电路有电阻 R_1，R_2、稳压管 V1 和电容 C 组成。其中电阻 R_1 起 3 个作用：限制输入信号 V_i 的输入电流的大小；与 V1 一起构成稳压电路（稳压值在 3V），既可以防止输入的 V_i 过压，又可稳定给光电耦合器的驱动电压，还可以防止输入电压 V_i 极性接反而击穿光电耦合器；又与 C_1 一起组成一个 RC 低通滤波器，以抑制输入 V_i 中的高频干扰。电阻 R_2 是滤波电容 C_1 上电荷的泄放电阻，当 V_i 是一个开关或触点送来的+24V 直流电压时，在开关或触点打开后，V_i 呈开路状态，此时 C_1 上的电荷通过 R_2 泄放掉。

● 光电隔离电路。由发光二极管 LED、光电耦合器 N、电阻 R_3 和电容 C_3 组成光电隔离电路。当输入 V_i 为+24V（或+48V）时，稳压管 V1 两端稳压值为 3V，此电压使 LED 发光，并使光电耦合器的原边侧点燃（原边侧发光二极管导通），LED 的点燃发光是指示此电路输入是高电平（即开关 S 闭合）；光电耦合器原边点燃，导致它的副边侧产生电流，使电阻 R_3 上的电压近似为 5V。该电压经过由 R_3 和 C_3 组成的滤波器（也是为了抑制高频干扰），送到下一级数字信号锁存器的输入端。当 V_i 为 0 时（即开关 S 打开），LED 熄灭，指示该电路输入为低电平，光电耦合器不导通，所以送到下一级锁存器输入端的信号为 0。

● 信号锁存器。这部分电路常由若干片（取决于该模板上的输入端口数）8D 锁存器组成。其主要作用有两个：一个作用是在 CPU 送来的选通信号控制下，将光电耦合器送来的开关量信号存入锁存器；另一个作用是在 CPU 模板需要读取端口信号时，按译码器确定的端口送出有关端口的数据。

● 端口地址译码及控制逻辑。这部分电路由组合信号译码器、信号驱动器及有关的总线信号组成。它要完成两项工作：一是产生将端口信号由光电耦合器输出送入锁存器的选通信号；二是 CPU 模板在读取端口信号时，按 CPU 模板给出的地址确定相应的锁存器，并将寻址到的锁存器中的数据送到数据总线上去。

② 交流数字量输入模板。

交流数字量输入模板的电路与直流数字量输入模板是很相似的，唯一不同之处是输入信号处理电路，如图 2-6 所示。

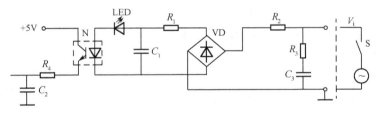

图 2-6　交流数字量输入模板的输入信号处理电路

交流输入信号经过整流桥 VD 整流后，所得直流信号作为发光二极管 LED 和光电耦合器 N 的工作电压。电阻 R_1 和电容 C_1 是直流滤波电路。由于交流信号不存在极性问题，故施加到光电耦合器上的直流电压仅与整流桥的方向有关。电阻 R_2 是降压电阻（限制施加到光电耦合器上的电压幅值）。电阻 R_3 和电容 C_3 是交流输入信号 220V 的交流滤波电路，用以滤除其中的高频或尖峰脉冲干扰信号。

4．数字量（开关量）输出部件及接口

由 PLC 产生的各种输出控制信号经输出接口去控制和驱动负载（如指示灯的亮或灭、电动机的启动、停止或正反转、设备的转动、平移、升降、阀门的开闭等）。因为 PLC 的直接输出带负载能力有限，所以 PLC 输出接口所带的负载，通常是接触器的线圈、电磁阀的线圈、信号指示灯等。

同输入接口一样，输出接口的负载有的是直流量，有的是交流量，要根据负载性质选择合适的输出接口。

（1）数字量输出模板的接线方式

数字量输出模板与外部用户输出设备的接线方式，可分为汇点式输出接线和隔离式输出接线两种形式。

① 汇点式输出接线方式。汇点式输出接线方式如图 2-7 所示。

汇点式输出接线方式，各个输出回路有一个公共端（COM），可以是全部输出点为一组，共用一个公共端和一个电源，如图 2-7（a）所示。也可以将全部输出点分为几组，每组有一个公共端和一个的单独的电源，如图 2-7（b）所示。

负载电源可以是直流，也可以是交流，它必须由用户提供。汇点式输出接线既可用于直流输出模板，也可以用于交流输出模板。

② 隔离式输出接线方式。隔离式输出接线方式如图 2-8 所示。

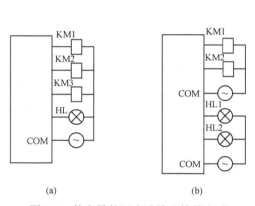

图 2-7 数字量的汇点式输出接线方式

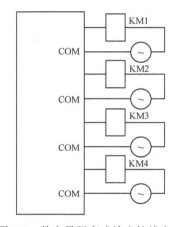

图 2-8 数字量隔离式输出接线方式

在隔离式输出模板中，每个输出回路有两个接线端子，由单独一个电源供电。相对于电源来说，每个输出点之间是相互隔离的。

（2）数字量输出接口的输出方式

对数字量输出接口，其输出方式分为晶体管输出型，双向晶闸管输出型及继电器输出型。晶体管输出型适用直流负载或 TTL 电路，双向晶闸管输出型适用于交流负载，而继电器输出型，既可用于直流负载，又可用于交流负载。使用时，只要外接一个与负载要求相符的电源即可，因而采用继电器输出型，对用户显得方便和灵活，但由于它是有触点输出，所以它的工作频率不能很高，工作寿命不如无触点的半导体元件长。

同样，为保证工作的可靠性，提高抗干扰能力，在输出接口内也要采用相应的隔离措施，如光电隔离和电磁隔离或隔离放大器等措施。

① 直流数字量输出接口模板（晶体管输出型）。

直流数字量输出+24V，+48V 电压的两种模板的基本结构相同，其典型电路如图 2-9 所示。

此电路可分为译码、控制逻辑、输出锁存、光电隔离和输出驱动 5 个部分。其中前 4 个部分与直流数字量输入模板电路非常相似，所不同之处主要有 3 点：输出锁存器输入和输出的方

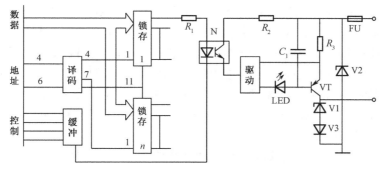

图 2-9　直流数字量输出接口模板原理图

向相反；数据流向相反；光电耦合器原边由标准 TTL 电平驱动，因此驱动电路简单。输出和输入模板的最大不同在于输出驱动电路，它也是输出模板的主要部分。

　　输出驱动电路的核心元件是作开关用的功率管 VT（可以是功率三极管，也可以是功率场效应管或双极型功率管），其主要作用是作电流放大和电平转换。光电耦合器副边侧提供功率管的基极电流。由于光电耦合器输出的电流较小，因此增加一级中间前置放大器，同时还起了相位上的调整作用。在光电耦合器 N 导通时，功率管 VT 也饱和导通，发光二极管点燃发光，指示此端口输出高电平。电阻 R_2 是光电耦合器的限流电阻，电阻 R_3 是功率管 VT 的限流电阻，同时在 VT 截止时，对其静态漏电流起负反馈作用，以确保 VT 的可靠截止。熔断器在输出短路或过流时熔断，以保护 VT 不被损坏。稳压管 V2 是防止端子上+24V 电压极性接反，同时也可防止+24V 误接到高电压上或交流电源上而损坏。V1 和 V3 是防止当负载为感性负载时，在电感中电流断开瞬间产生反向高压而击穿 VT，它们同时也可防止在多路输出且又共地的情况下产生负载电流混流现象。

　　当输出锁存器输出为高电平时，光电耦合器驱动功率管 VT，使它饱和导通。VT 的集电极电压（即输出电压）近似为+24V，负载所需要的大电流也由 VT 的集电极提供，当锁存器输出为低电平时，光电耦合器的副边侧不输出电流，VT 因没有基极电流而自动截止，这时负载上既无电压，也无电流，即端子上的输出为 0。

　　晶体管输出型每个输出点的最大带负载能力（因 PLC 的型号而异）约为 0.75A，但是因为有温度上升的限制，每 4 点输出总电流不得大于 2A（每点平均 0.5A）。

　　晶体管输出型的接口，其响应速度较快，从光电耦合器动作（或关断）到晶体管导通的时间为 15μs 以下。

　　② 交流数字量输出接口模板（双向晶闸管或双向可控硅）。

　　交流输出模板的电路大部分与直流输出接口模板相同，只有输出驱动电路不同，如图 2-10 所示。它的主要开关元件是双向晶闸管 VT，可看做两个普通晶闸管的反并联（但其驱动信号是单极性的），只要门极 G 为高电平，就使 VT 双向导通，从而接通 220V 交流电源向负载供电。

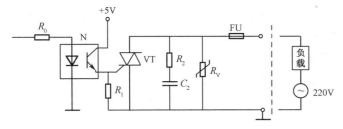

图 2-10　交流数字量输出接口模板的输出驱动电路

图 2-10 中，电容 C_2 是作为高频滤波电容，可抑制高尖峰电压击穿 VT。串接电阻 R_2 是限制 VT 由截止转为导通的瞬间，因电容的高速放电产生过大的 di/dt。R_V 是压敏电阻，用它来吸收浪涌电压，以限制 VT 两端电压始终不超过一定限度。熔断器 FU 是作为短路或过电流保护而设置的。电阻 R_1 是将光电耦合器副边侧的电流信号转换成电压信号，用以驱动 VT 的门极。光电耦合器副边电流如不足以驱动 VT 正常导通时，可增加一级电流放大电路。

双向晶闸管输出型：每点最大带负载能力为 0.5～1A，每 4 点输出总电流不得大于 1.6～4A。

③ 继电器输出接口模板。

如果采用输出继电器来接通或断开，作为数字量的输出，则更为自由和方便，而且它的适用场合更普遍。因此，在对动作时间和动作频率要求不高的情况下，常常采用继电器输出方式。

继电器输出接口模板的控制部分也与直流输出接口模板相同，只是输出驱动电路不同。如图 2-11 所示为一种典型的继电器输出驱动电路。

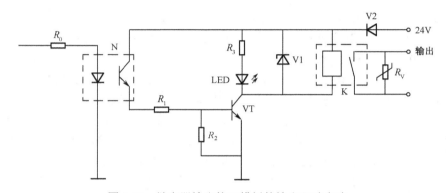

图 2-11　继电器输出接口模板的输出驱动电路

图 2-11 中，光电耦合器 N 的副边电流作为三极管 VT 的基极驱动电流，从而使 VT 饱和导通，继电器 K 吸合，发光二极管 LED 点燃并指示现在输出是高电平。R_1 是基极限流电阻，R_2 是 VT 基极区电荷释放电阻，以加速 VT 截止。同时，R_1 与 R_2 组成分压电路，以免基极过电压。R_3 是 LED 的限流电阻（LED 正常点燃时，电流约 3～5mA）。稳压管 V1 既可防止继电器线圈过电压，同时可以抑制 VT 截止瞬间使继电器线圈上产生反向高压，从而保护 VT 以免反向击穿。二极管 V2 用来防止电源电压的极性接反。压敏电阻 R_V 并接在继电器的触点上，用来防止触点之间电压过高，避免触点打开时电感性负载产生高电压使触点"粘接"。供电电源必须与继电器线圈额定工作电压相同，它只作为输出模板的负载的自用电源，而与 PLC 的输出能力无关。PLC 的输出能力是取决于输出继电器输出触点的额定电压与电流参数，即继电器触点闭合时可通过的最大电流和触点打开时可承受的最高电压。

继电器输出型接口在 250VAC 以下电路，可驱动的负载能力为：2A/1 点；但是公共端输出电流的总和为：6A/(3～4)点，8A/5 点。

继电器输出型接口响应时间最慢，从输出继电器的线圈得电（或断电）到输出触点 ON（或 OFF）的响应时间均为 10ms。

5. 模拟量输入／输出接口模板

小型 PLC 一般没有模拟量输入／输出接口模板，或者只有通道数有限的 8 位 A/D，D/A 模板。大、中型 PLC 可以配置成百上千的模拟量通道，它们的 A/D，D/A 转换器一般是 10 位或 12 位的。

模拟量 I/O 接口模板的模拟输入信号或模拟输出信号可以是电压，也可以是电流。可以是单极性的，如 0～5V，0～10V，1～5V，4～20mA，也可以是双极性的，如±50mV，±5V，±10V，±20mA。

一个模拟量 I/O 接口模板的通道数，可能有 2，4，8，16 个。也有的模板既有输入通道，也有输出通道。

在一些高精度和高抗干扰的 PLC 控制系统中，模拟量 I/O 接口模板也需要有光电隔离措施。由于模拟信号的隔离问题远比数字信号隔离困难，因此常在模拟量 I/O 模板上只配置若干具有隔离措施的端口，以降低系统的复杂度和成本。在模拟量 I/O 接口模板中，一般不能用光电耦合器作隔离，因为它不能保证良好的线性度，所以往往采用成本较高的隔离放大器来实现隔离作用。在模拟量 I/O 接口模板中的数字逻辑部分可以采用光电耦合器来隔离。

（1）模拟量输入接口模板

模拟量输入接口模板的任务是把现场中被测的模拟量信号转变成 PLC 可以处理的数字量信号。通常生产现场可能有多路模拟量信号需要采集，各模拟量的类型和参数都可能不同，这就需要在进入模板前，对模拟量信号进行转换和预处理，把它们变换成输入模板能统一处理的电信号，经多路转换开关进行多中选一，再将已选中的那路信号进行 A/D 转换，转换结束进行必要处理后，送入数据总线供 CPU 存取，或存入中间寄存器备用，如图 2-12 所示。

预处理部分主要完成信号滤波、电平变换等功能，先把现场的被测模拟量都规范化后，变成适于 A/D 转换的电压信号，再经过多路转换开关八中选一，进入模板的输入端。

判断识别单元的主要任务是判断输入模拟信号的真伪，避免由于输入通道上断线一类故障而造成输入伪信号。识别的方法是在正常测量前，由输入模板向被测试的通道端口反向输出一个恒值电流，并在端子上形成一个对应的定值电压，将此电压进行 A/D 转换，如果转换结果不符，则给出显示标志，并不再对此通道进行检测。如果通道接线完好，判断识别结果正常，这时才可以对该通道进行正常测量。

A/D 转换器是模拟量输入模板的关键器件，它完成模拟量到数字量的转换。转换时间一般为 10～100μs，A/D 转换器是在控制单元的控制下，完成启动 A/D 转换，读取转换结果等工作过程。通常，A/D 转换的结果是以带符号的二进制形式出现的。

数码转换单元的作用是将 A/D 转换的结果按运算要求进行码制转换，例如转换成补码或 BCD 码。转换后的数据经光电隔离，再经数据驱动器，送入中间寄存器。当 CPU 需要读取本通道输入信号时，再由中间寄存器取出，经总线驱动后送入数据总线。经数据线驱动的输出数据也可以不经中间寄存器而直接进入总线驱动，供 CPU 立即读取。

控制单元完成模板上各单元的指挥协调任务，它首先根据 CPU 送来的地址信号确认是否选通本模板，如果确实是选通本模板，则根据 CPU 送来的端口地址，使多路开关选中相应的输入通道；控制判断识别单元完成信号真伪识别，当确认输入通道正常，信号真实后，再启动 A/D，对所选通道的输入信号进行 A/D 转换，转换结束后，将转换数据经光电隔离器送到中间寄存器或是直接由总线驱动，输出到数据总线。所以，模板的选通、转换、传送都是在控制单元的统一指挥下进行的。

（2）模拟量输出接口模板

模拟量输出模板的任务是将 CPU 模板送来的数字量转换成模拟量，用以驱动执行机构，实现对生产过程或装置的闭环控制。

模拟量输出模板的结构框图如图 2-13 所示。

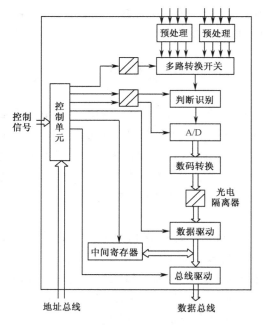

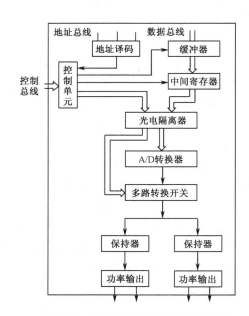

图 2-12　模拟量输入模板的结构图　　　　图 2-13　模拟量输出模板的结构框图

CPU 对某一控制回路经采样、计算，得出一个输出信号。在模拟量输出模板的控制单元的指挥下，这个输出信号以数字量形式由数据总线经缓冲器存入中间寄存器。这个数字量再经光电耦合器送给 D/A 转换器。D/A 转换器是模拟量输出模板的核心器件，它决定着该模板的工作精度和速度。经 D/A 转换后，控制信号已变为模拟量。通常，一个模拟量输出模板控制多个回路，即模板具有多个输出通道，经 D/A 转换后的信号要送到哪个通道，由 CPU 控制多路开关来实现这一选择。这里的多路选择开关与模拟量输入模板上的多路开关在使用方向上相反，那里是多中选一，这里是一选多。D/A 输出的信号经多路开关进入所选中的通道，此信号由保持器保持，以便在新的输出信号到来之前，能维持已有的输出信号不变，从而使执行机构驱动信号得到保持。保持器的输出信号经功率放大后送到执行机构，控制执行机构按要求的控制规律动作。如果执行机构是要求电流驱动的，则在功率放大后还要增加 V/I 变换环节。

控制单元指挥着模板上的各单元工作，它首先根据 CPU 送来的地址信号确认是否选中本模板，如果选中了本模板，则先选通缓冲器和中间寄存器，写入并锁存数据，再启动 D/A 芯片完成数字量到模拟量的转换，然后根据 CPU 送来的通道号，控制多路开关完成选择，将 D/A 输出的模拟信号送到指定的通道上，进行功率放大与变换。

6. 智能 I/O 接口

为适应和满足更加复杂控制功能的需要，PLC 生产厂家均生产了各种不同功能的智能 I/O 接口，这些 I/O 接口板上一般都有独立的微处理器和控制软件，可以独立地工作，以便减少 CPU 模板的压力。

在众多的智能 I/O 接口中，常见的有满足位置控制需要的位置闭环控制接口模块；有快速 PID 调节器的闭环控制接口模板；有满足计数频率高达 100kHz 甚至兆赫兹以上的高速计数器接口模板。用户可根据控制系统的特殊要求，选择相应的智能 I/O 接口。

7. 扩展接口

PLC 的扩展接口现在有两个含义：一个是单纯的 I/O（数字量 I/O 或模拟量 I/O）扩展接

口，它是为弥补原系统中 I/O 口有限而设置的，用于扩展输入、输出点数，当用户的 PLC 控制系统所需的输入、输出点数超过主机的输入、输出点数时，就要通过 I/O 扩展接口将主机与 I/O 扩展单元连接起来。另一个含义是 CPU 模板的扩充，它是在原系统中只有一块 CPU 模板而无法满足系统工作要求时使用的。这个接口的功能是实现扩充 CPU 模板与原系统 CPU 模板，以及扩充 CPU 模板之间（多个 CPU 模板扩充）的相互控制和信息交换。

8. 通信接口

通信接口是专用于数据通信的一种智能模板，它主要用于"人机"对话或"机机"对话。PLC 通过通信接口可以与打印机、监视器相连，也可与其他的 PLC 或上位计算机相连，构成多机局部网络系统或多级分布式控制系统，或实现管理与控制相结合的综合系统。

通信接口有串行接口和并行接口两种，它们都在专用系统软件的控制下，遵循国际上多种规范的通信协议来工作。用户应根据不同的设备要求选择相应的通信方式并配置合适的通信接口。

9. 编程器

编程器用于用户程序的输入、编辑、调试和监视，还可以通过其键盘去调用和显示 PLC 的一些内部继电器状态和系统参数。它经过编程器接口与 CPU 联系，完成"人机"对话。可编程控制器的编程器一般由 PLC 生产厂家提供，它们只能用于某一生产厂家的某些 PLC 产品，可分为简易编程器和智能编程器。

（1）简易编程器

简易编程器一般由简易键盘、发光二极管阵列或液晶显示器（LCD）等组成。它的体积小，价格便宜，可以直接插在 PLC 的编程器插座上，或者用电缆与 PLC 相连。它不能直接输入和编辑梯形图程序，只能通过联机编程的方式，将用户的梯形图语言程序转化成机器语言的助记符（语句表）的形式，再用键盘将语句表程序一条一条地写入 PLC 的存储器中。当用户程序已正确输入 PLC 后，可将编程器的工作方式选择为运行状态（RUN）或监控状态（MONITOR），也可将简易编程器从主机上拿下来，这样在 PLC 送电后，直接进入运行状态。

（2）智能编程器

智能编程器又称图形编程器，一般由微处理器、键盘、显示器及总线接口组成，它可以直接生成和编辑梯形图程序。图形编程器可分为液晶显示的图形编程器和用 CRT 作显示器的图形编程器。

液晶显示的图形编程器一般是手持式的，它有一个大型的点阵式液晶显示屏，可以显示梯形图或语句表程序，它一般还能提供盒式磁带录音机接口和打印机接口。

用 CRT 作显示器的图形编程器是一种台式编程器，它实际上是一台专用计算机，它的显示屏一般比液晶显示屏要大得多，功能也强得多，使用起来很方便。

用 CRT 作显示器的编程器既可联机在线编程，也可以离线编程，并将用户程序存储在编程器自己的存储器中。它既可以用梯形图编程，也可用助记符编程（有的也可以用高级语言编程），可通过屏幕进行人机对话。程序可以很方便地与 PLC 的 CPU 模板互传，也可以将程序写入 EPROM，并提供磁带录音机接口和磁盘驱动器接口，有的编程器本身就带有磁盘驱动器。它还有打印机接口，能快速清楚地打印梯形图，包括图中的英文注释，也可以打印出语句表程序清单和编程元件表等。这些文件对程序的调试和维修是非常有用的。

智能编程器体积大、成本高，适用于在实验室或大型 PLC 控制系统中，对应用程序进行开发和研制。

（3）用 PC 作编程器

由 PLC 生产厂家生产的专用编程器使用范围有限，价格一般也较高。在个人计算机不断更新换代的今天，出现了使用以个人计算机（IBM PC/AT 及其兼容机）为基础的编程系统。PLC 的生产厂家可能把工业标准的个人计算机作为程序开发系统的硬件提供给用户，大多数厂家只向用户提供编程软件，而个人计算机则由用户自己选择。由 PLC 生产厂家提供的个人计算机做了改装，以适应工业现场相当恶劣的环境，如对键盘和机箱加以密封，并采用密封型的磁盘驱动器，以防止外部赃物进入计算机，使敏感的电子元件失效。这样，被改装的 PC 就可以工作在较高的温度和湿度条件下，能够在类似于 PLC 的运行环境中长期可靠地工作。

这种方法的主要优点是使用了价格较便宜的、功能很强的通用的个人计算机，有的用户还可以使用现有的个人计算机，因此，以用最少的投资获取高性能的 PLC 程序开发系统。对于不同厂家和型号的 PLC，只需要更换编程软件即可。这种系统的另一个优点是可以使用一台个人计算机为所有的工业智能控制设备编程，还可以作为 CNC、机器人、工业电视系统和各种智能分析仪器的软件开发工具。

个人计算机的 PLC 程序开发系统的软件一般包括以下几个部分。

① 编程软件。这是最基本的软件，它允许用户生成、编辑、存储和打印梯形图程序及其他形式的程序。

② 文件编制软件。它与程序生成软件一起，可以对梯形图中的每一个触点和线圈加上文字注释（英文或中文），指出它们在程序中的作用，并能在梯形图中提供附加的注释，解释某一段程序的功能，使程序容易阅读和理解。

③ 数据采集和分析软件。在工业控制计算机中，这一部分软件功能已相当普遍。个人计算机可以从 PLC 控制系统中采集数据，并可用各种方法分析这些数据。然后将结果用条形统计图或扇形统计图的形式显示在 CRT 上，这种分析处理过程是非常快的，几乎是实时的。

④ 实时操作员接口软件。这一类软件对个人计算机提供实时操作的人机接口装置，使个人计算机被用来作为系统的监控装置，通过 CRT 告诉操作人员系统的状况和可能发生的各种报警信息。操作员可以通过操作员接口键盘（有时也可能直接用个人计算机的键盘）输入各种控制指令，处理系统中出现的各种问题。

⑤ 仿真软件。它允许工业控制计算机对工厂生产过程做系统仿真，过去这一功能只有大型计算机系统才有。它可以对现有的系统有效地检测、分析和调试，也允许系统的设计者在实际系统建立之前，反复地对系统仿真，用这个方法，及时发现系统中存在的问题，并加以修改。还可以缩短系统设计、安装和调试的总工期，避免不必要的浪费和因设计不当造成的损失。

10. 电源

PLC 的外部工作电源一般为单相 85～260V 50/60Hz AC 电源，也有采用 24～26V DC 电源的。使用单相交流电源的 PLC，往往还能同时提供 24V 直流电源，供直流输入使用。PLC 对其外部工作电源的稳定度要求不高，一般可允许±15 %左右。

对于在 PLC 的输出端子上接的负载所需的负载工作电源，必须由用户提供。

PLC 的内部电源系统一般有 3 类：第一类是供 PLC 中的 TTL 芯片和集成运算放大器使用的基本电源（+5V 和±15VDC 电源）；第二类电源是供输出接口使用的高压大电流的功率电源；第三类电源是锂电池及其充电电源。考虑到系统的可靠性及光电隔离器的使用，不同类电源具有不同的地线。此外，根据 PLC 的规模及所允许扩展的接口模板数，各种 PLC 的电源种类和容量往往是不同的。

11. 总线

总线是沟通 PLC 中各个功能模板的信息通道，它的含义并不单是各个模板插脚之间的连线，还包括驱动总线的驱动器及其保证总线正常工作的控制逻辑电路。

对于一种型号的 PLC 而言，总线上各个插脚都有特定的功能和含义，但对不同型号的 PLC 而言，总线上各个插脚的含义不完全相同（到目前为止，国际上尚没有统一的标准）。

总线上的数据都是以并行方式传送的，传送的速度和驱动能力与 CPU 模板上的驱动器有关。

12. PLC 的外部设备

PLC 控制系统的设计者可根据需要配置一些外部设备。

（1）人机接口装置（HMI）

人机接口又叫操作员接口，用于实现操作人员与 PLC 控制系统的对话和相互作用。

人机接口最简单、最基本和最普遍的形式是由安装在控制台上的按钮、转换开关、拨码开关、指示灯、LED 数字显示器和声光报警等元件组成。它们用来指示 PLC 的 I/O 系统状态及各种信息，通过合理的程序设计，PLC 控制系统可以接收并执行操作员的命令。小型 PLC 一般采用这种人机接口。

在大中型 PLC 控制系统中，常用带有智能型的人机接口，可长期安装在操作台和控制柜的面板上，也可放在主控制室里，使用彩色的或单色的 CRT 显示器，有自己的微处理器和存储器。它通过通信接口与 PLC 相连，以接收和显示外部的信息，并能与操作人员快速地交换信息。

（2）外存储器

PLC 的 CPU 模板内的半导体存储器称为内存，可用来存放系统程序和用户程序。有时将用户程序存储在盒式磁带机的磁带或磁盘驱动器的磁盘中，作为程序备份或改变生产工艺流程时调用。磁带和磁盘称为外存，如果 PLC 内存中的用户程序被破坏或丢失，可再次将存储在外存中的程序重新装入。在可以离线开发用户程序的编程器中，外存特别有用，被开发的用户程序一般存储在磁带或磁盘中。

（3）打印机

打印机在用户程序编制阶段用来打印带注解的梯形图程序或语句表程序，这些程序对用户的维修及系统的改造或扩展是非常有价值的。在系统的实时运行过程中，打印机用来提供运行过程中发生事件的硬记录，例如用于记录系统运行过程中报警的时间和类型。这对于分析事故原因和系统改进是非常重要的。在日常管理中，打印机可以定时或非定时打印各种生产报表。

（4）EPROM 写入器

EPROM 写入器用于将用户程序写入 EPROM 中。它提供了一个非易失性的用户程序的保存方法。同一 PLC 系统的各种不同应用场合的用户程序可以分别写入几片 EPROM 中，在改变系统的工作方式时，只需要更换 EPROM 芯片即可。

2.2 PLC 的基本工作原理

可编程控制器是一种专用的工业控制计算机，因此，其工作原理是建立在计算机控制系统工作原理的基础上。但为了可靠地应用在工业环境下，便于现场电气技术人员的使用和维护，它有着大量的接口器件，特定的监控软件，专用的编程器件。所以，不但其外观不像计算机，它的操作使用方法、编程语言及工作过程与计算机控制系统也是有区别的。

2.2.1 PLC 控制系统的等效工作电路

PLC 控制系统的等效工作电路可分为 3 部分，即输入部分、内部控制电路和输出部分。输入部分就是采集输入信号，输出部分就是系统的执行部件，这两部分与继电器控制电路相同。内部控制电路是通过编程方法实现的控制逻辑，用软件编程代替继电器电路的功能。其等效工作电路如图 2-14 所示。

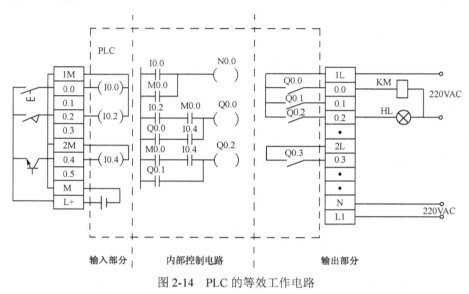

图 2-14　PLC 的等效工作电路

1. 输入部分

输入部分由外部输入电路、PLC 输入接线端子和输入继电器组成。外部输入信号经 PLC 输入接线端子去驱动输入继电器的线圈。每个输入端子与其相同编号的输入继电器有着唯一确定的对应关系。当外部的输入元件处于接通状态时，对应的输入继电器线圈"得电"（注意：这个输入继电器是 PLC 内部的"软继电器"，就是在前面介绍过的存储器中的某一位，它可以提供任意多个动合触点或动断触点供 PLC 内部控制电路编程使用）。

为使输入继电器的线圈"得电"，即让外部输入元件的接通状态写入与其对应的基本单元中，输入回路要有电源。输入回路所使用的电源，可以用 PLC 内部提供的 24V 直流电源（其带负载能力有限），也可由 PLC 外部的独立的交流或直流电源供电。

需要强调的是，输入继电器的线圈只能是由来自现场的输入元件（如控制按钮、行程开关的触点、晶体管的基极-发射极电压、各种检测及保护器件的触点或动作信号等）的驱动，而不能用编程的方式去控制。因此，在梯形图程序中，只能使用输入继电器的触点，不能使用输入继电器的线圈。

2. 内部控制电路

所谓内部控制电路是由用户程序形成的用"软继电器"来代替硬继电器的控制逻辑。它的作用是按照用户程序规定的逻辑关系，对输入信号和输出信号的状态进行检测、判断、运算和处理，然后得到相应的输出。

一般用户程序是用梯形图语言编制的，它看起来很像继电器控制线路图。在继电器控制线路中，继电器的触点可瞬时动作，也可延时动作，而 PLC 梯形图中的触点是瞬时动作的。如果需要延时，可由 PLC 提供的定时器来完成。延时时间可根据需要在编程时设定，其定时精度及范围远远高于时间继电器。在 PLC 中还提供了计数器、辅助继电器（相当于继电器控制线路中的中间继电器）及某些特殊功能的继电器。PLC 的这些器件所提供的逻辑控制功能，可在编程时根据需要选用，且只能在 PLC 的内部控制电路中使用。

3．输出部分（以继电器输出型 PLC 为例）

输出部分是由在 PLC 内部且与内部控制电路隔离的输出继电器的外部动合触点、输出接线端子和外部驱动电路组成，用来驱动外部负载。

PLC 的内部控制电路中有许多输出继电器，每个输出继电器除了有为内部控制电路提供编程用的任意多个动合、动断触点外，还为外部输出电路提供了一个实际的动合触点与输出接线端子相连。

驱动外部负载电路的电源必须由外部电源提供，电源种类及规格可根据负载要求去配备，只要在 PLC 允许的电压范围内工作即可。

综上所述，我们可对 PLC 的等效电路做进一步简化而深刻的理解，即将输入等效为一个继电器的线圈，将输出等效为继电器的一个动合触点。

2.2.2　可编程控制器的工作过程

虽然可编程控制器的基本组成及工作原理与一般微型计算机相同，但它的工作过程与微型计算机有很大差异（这主要是由操作系统和系统软件的差异造成的）。

小型 PLC 的工作过程有两个显著特点：一个是周期性顺序扫描，一个是集中批处理。

周期性顺序扫描是可编程控制器特有的工作方式，PLC 在运行过程中，总是处在不断循环的顺序扫描过程中。每次扫描所用的时间称为扫描时间，又称为扫描周期或工作周期。

由于可编程控制器的 I/O 点数较多，采用集中批处理的方法，可以简化操作过程，便于控制，提高系统可靠性。因此可编程控制器的另一个主要特点就是对输入采样、执行用户程序、输出刷新实施集中批处理。这同样是为了提高系统的可靠性。

当 PLC 启动后，先进行初始化操作，包括对工作内存的初始化、复位所有的定时器 、将输入／输出继电器清零，检查 I/O 单元连接是否完好，如有异常则发出报警信号。初始化之后，PLC 就进入周期性扫描过程。

小型 PLC 的工作过程流程图如图 2-15 所示。根据图 2-15，可将 PLC 的工作过程（周期性扫描过程）分为 4 个扫描阶段。

1．公共处理扫描阶段

公共处理包括 PLC 自检、执行来自外设命令、对警戒时钟又称监视定时器或看门狗定时器 WDT（Watch Dog Timer）清零等。

PLC 自检就是 CPU 检测 PLC 各器件的状态，如出现异常再进行诊断，并给出故障信号，或自行进行相应处理，这将有助于及时发现或提前预报系统的故障，提高系统的可靠性。

在 CPU 对 PLC 自检结束后，就检查是否有外设请求，如是否需要进入编程状态，是否需要通信服务，是否需要启动磁带机或打印机等。

采用 WDT 技术也是提高系统可靠性的一个有效措施，它是在 PLC 内部设置一个监视定时器。这是一个硬件时钟，是为了监视 PLC 的每次扫描时间而设置的，对它预先设定好规定时间，每个扫描周期都要监视扫描时间是否超过规定值。如果程序运行正常，则在每次扫描周期的公共处理阶段对 WDT 进行清零（复位），避免由于 PLC 在执行程序的过程中进入死循环，或者由于 PLC 执行非预定的程序而造成系统故障，从而导致系统瘫痪。如果程序

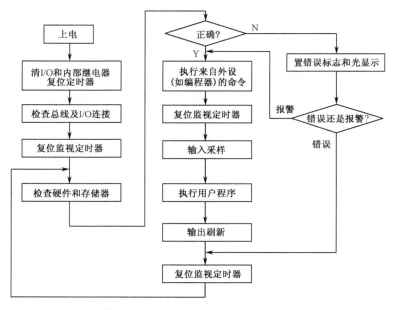

图 2-15　小型 PLC 的工作过程流程图

运行失常进入死循环，则 WDT 得不到按时清零而造成超时溢出，从而给出报警信号或停止 PLC 工作。

2．输入采样扫描阶段

这是第一个集中批处理过程。在这个阶段中，PLC 按顺序逐个采集所有输入端子上的信号，不论输入端子上是否接线，CPU 顺序读取全部输入端，将所有采集到的一批输入信号写到输入映像寄存器中。在当前的扫描周期内，用户程序依据的输入信号的状态（ON 或 OFF），均从输入映像寄存器中去读取，而不管此时外部输入信号的状态是否变化。即使此时外部输入信号的状态发生了变化，也只能在下一个扫描周期的输入采样扫描阶段去读取。对于这种采集输入信号的批处理，虽然严格上说每个信号被采集的时间有先有后，但由于 PLC 的扫描周期很短，这个差异对一般工程应用可忽略，所以可认为这些采集到的输入信息是同时的。

3．执行用户程序扫描阶段

这是第二个集中批处理过程。在执行用户程序阶段，CPU 对用户程序按顺序进行扫描。如果程序用梯形图表示，则总是按先上后下、从左至右的顺序进行扫描。每扫描到一条指令，所需要的输入信息的状态均从输入映像寄存器中去读取，而不是直接使用现场的立即输入信号。对其他信息，则是从 PLC 的元件映像寄存器中读取。在执行用户程序中，每一次运算的中间结果都立即写入元件映像寄存器中，这样该元素的状态马上就可以被后面将要扫描到的指令所利用。对输出继电器的扫描结果，也不是马上去驱动外部负载，而是将其结果写入元件映像寄存器中的输出映像寄存器中，待输出刷新阶段集中进行批处理，所以执行用户程序阶段也是集中批处理过程。

在这个阶段，除了输入映像寄存器外，各个元件映像寄存器的内容是随着程序的执行而不断地变化。

4．输出刷新扫描阶段

这是第三个集中批处理过程。当 CPU 对全部用户程序扫描结束后，元件映像寄存器中各输出继电器的状态同时送到输出锁存器中，再由输出锁存器经输出端子去驱动各输出继电器所带的负载。

在输出刷新阶段结束后，CPU 进入下一个扫描周期。

上述的 3 个批处理过程如图 2-16 所示。

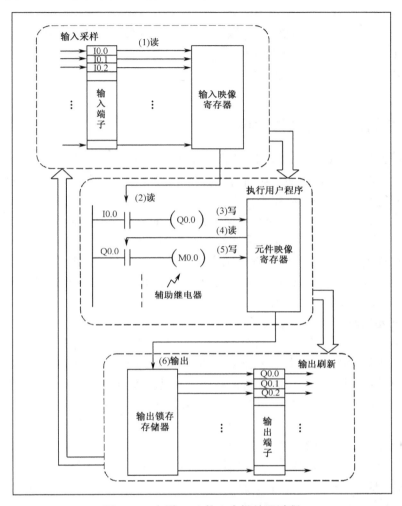

图 2-16　小型 PLC 的 3 个批处理过程

2.2.3　PLC 对输入 / 输出的处理规则

通过对 PLC 的用户程序执行过程的分析，可总结出 PLC 对输入 / 输出的处理规则，如图 2-17 所示。

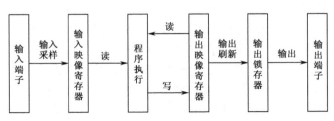

图 2-17　PLC 对输入 / 输出的处理规则

① 输入映像寄存器中的数据，是在输入采样阶段扫描到的输入信号的状态集中写进去的，在本扫描周期中，它不随外部输入信号的变化而变化。

② 输出映像寄存器（它包含在元件映像寄存器中）的状态，是由用户程序中输出指令的执行结果来决定的。

③ 输出锁存器中的数据是在输出刷新阶段，从输出映像寄存器中集中写进去的。

④ 输出端子的输出状态，是由输出锁存器中的数据确定的。

⑤ 执行用户程序时所需的输入、输出状态，是从输入映像寄存器和输出映像寄存器中读出的。

2.2.4 PLC 的扫描周期及滞后响应

PLC 的扫描周期与 PLC 的时钟频率、用户程序的长短及系统配置有关。一般 PLC 的扫描时间为几十毫秒，在输入采样和输出刷新阶段只需 1～2ms。做公共处理也是在瞬间完成的，所以扫描时间的长短主要由用户程序来决定。

从 PLC 的输入端有一个输入信号发生变化到 PLC 的输出端对该输入变化作出反应，需要一段时间，这段时间称为响应时间或滞后时间。这种输出对输入在时间上的滞后现象，严格地说，影响了控制的实时性，但对于一般的工业控制，这种滞后是完全允许的。如果需要快速响应，可选用快速响应模板、高速计数模板及采用中断处理功能来缩短滞后时间。

响应时间的快慢与以下因素有关。

1. 输入滤波器的时间常数（输入延迟）

因为 PLC 的输入滤波器是一个积分环节，因此，输入滤波器的输出电压（即 CPU 模板的输入信号）相对现场实际输入元件的变化信号，有一个时间延迟，这就导致了实际输入信号在进入输入映像寄存器前就有一个滞后时间。另外，如果输入导线很长，由于分布参数的影响，也会产生一个"隐形"滤波器的效果。在对实时性要求很高的情况下，可考虑采用快速响应输入模板。

2. 输出继电器的机械滞后（输出延迟）

因为 PLC 的数字量输出经常采用继电器触点的形式输出，由于继电器固有的动作时间，导致继电器的实际动作相对线圈的输入电压的滞后效应。如果采用双向可控硅（双向晶闸管）或晶体管的输出方式，则可减少滞后时间。

3. PLC 的循环扫描工作方式

这是由 PLC 的工作方式决定的，要想减少程序扫描时间，必须优化程序结构，在可能的情况下，应采用跳转指令。

4. PLC 对输入采样、输出刷新的集中批处理方式

这也是由 PLC 的工作方式决定的。为加快响应，目前有的 PLC 的工作方式采取直接控制方式，这种工作方式的特点是：遇到输入便立即读取进行处理，遇到输出则把结果予以输出。还有的 PLC 采取混合工作方式，这种工作方式的特点是：它只是在输入采样阶段，进行集中读取（批处理），而在执行程序时，遇到输出时便直接输出。这种方式由于对输入采用的是集中读取，所以在一个扫描周期内，同一个输入即使在程序中有多处出现，也不会像直接控制方式那样，可能出现不同的值；又由于这种方式的程序执行与输出采用直接控制方式，所以又具有直接控制方式输出响应快的优点。

为便于比较，将以上几种输入／输出控制方式用图 2-18 表示。

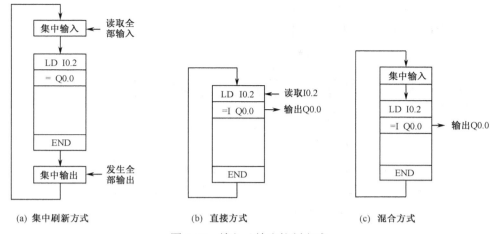

(a) 集中刷新方式   (b) 直接方式   (c) 混合方式

图 2-18   输入 / 输出控制方式

5. 用户程序中语句顺序安排不当

在图 2-19（a）中，假定在当前的扫描周期内，I0.0 的闭合信号已经在输入采样阶段送到了输入映像寄存器，在程序执行时，M0.0 为 "1"，M0.1 也为 "1"，而 Q0.0 则要等到下一个扫描周期才变为 "1"。相对于 I0.0 的闭合信号，滞后了一个扫描周期。如果 I0.0 的闭合信号是在当前扫描周期的输入采样阶段后发出的，则 M0.0，M0.1 都要等到下一个扫描周期才变为 "1"，而 Q0.0 还要等一个扫描周期后才能变为 "1"。相对于 I0.0 的闭合信号，滞后了两个扫描周期。

在图 2-19（b）中，只是把图 2-19（a）中的第一行与第二行交换位置，就可使 M0.0，M0.1，Q0.0 在同一个扫描周期内同时为 "1"。

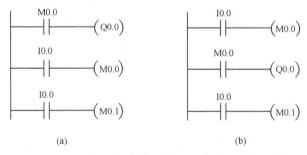

(a)   (b)

图 2-19   语句顺序安排不当导致响应滞后的示例

由于 PLC 是循环扫描工作方式，因此响应时间与收到输入信号的时刻有关。这里对采用 3 个批处理工作方式的 PLC，分析一下最短响应时间和最长响应时间。

① 最短响应时间：在一个扫描周期刚结束时就收到了有关输入信号的变化状态，则下一扫描周期一开始这个变化信号就可以被采样到，使输入更新，这时响应时间最短，如图 2-20 所示。

由图 2-20 可见，最短响应时间为

最短响应时间＝输入延迟时间 ＋1 个扫描周期 ＋ 输出延迟时间

② 最长响应时间：如果在 1 个扫描周期刚开始收到一个输入信号的变化状态，由于存在输入延迟，则在当前扫描周期内这个输入信号对输出不会起作用，要到下一个扫描周期快结束时的输出刷新阶段，输出才会作出反应，这个响应时间最长，如图 2-21 所示。

由图 2-21 可见，最长响应时间为

最长响应时间＝输入延迟时间 ＋ 两个扫描周期 ＋ 输出延迟时间

如果用户程序中的指令语句安排得不合理，则响应时间还要增大。

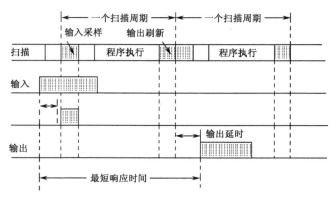

图 2-20　PLC 的最短响应时间

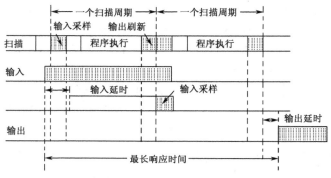

图 2-21　PLC 的最长响应时间

小　结

可编程控制器的基本组成与通用的计算机是完全一致的，但是它的结构和工作过程却与通用的计算机有很大差异。

① PLC 的基本组成：中央处理器 CPU、存储器 MEMORY、输入/输出接口 I/O。

② PLC 为适应恶劣的工业现场环境，满足各种控制任务，有大量的各种形式的输入／输出接口，并且采用了电气隔离技术。

③ 对 PLC 的等效工作电路的正确理解是，将输入等效为一个继电器的线圈，将输出等效为继电器的一个动合触点。输入继电器的线圈只能由来自工业现场的输入信号驱动。

④ 周期性循环扫描和集中批处理是 PLC 工作过程中的最突出的特点，在分析和设计 PLC 的应用程序时，必须考虑到这个特点。

⑤ 输入采样阶段扫描到的输入信号存放到输入映像寄存器，每条输出指令执行的结果存放到输出映像寄存器。执行用户程序时所需要的输入、输出状态，是从输入映像寄存器和输出映像寄存器中读出的。

⑥ 采用不同的输入／输出控制方式，将影响 PLC 控制系统的响应速度。为减少响应滞后时间，要正确安排语句顺序。

习　题　2

2-1　可编程控制器由哪几部分组成？各部分的作用及功能是什么？

2-2　可编程控制器的数字量输出有几种输出形式？各有什么特点？都适用于什么场合？

2-3　什么是扫描周期？它主要受什么影响？

2-4　可编程控制器的等效工作电路由哪几部分组成？试与继电器控制系统进行比较。

2-5　可编程控制器的工作过程有什么显著特点？

2-6　试说明可编程控制器的工作过程。

2-7　可编程控制器对输入／输出的处理规则是什么？

2-8　可编程控制器的输出滞后现象是怎样产生的？

2-9　试举例说明由于用户程序指令语句安排不当可使响应滞后时间为 3 个扫描周期。

第3章 可编程控制器 S7-200 概述

德国的西门子（SIEMENS）公司是世界上著名的，也是欧洲最大的电气设备制造商，是世界上研制、开发 PLC 较早的少数几个公司之一，欧洲第一台可编程控制器就是西门子公司于 1973 年研制成功的。1975 年推出 SIMATIC S3 系列 PLC，1979 年推出 SIMATIC S5 系列 PLC，20 世纪末推出了 SIMATIC S7 系列 PLC。

西门子公司的 PLC 在我国应用得十分普遍，尤其是大、中型 PLC，由于其可靠性高，在自动化控制领域中久负盛名。西门子公司的小型和微型 PLC，其功能也是相当强的。

SIMATIC 的产品目前较先进的共有 S7、M7 及 C7 这 3 个系列。S7 系列的可编程控制器根据控制系统规模的不同，分成 3 个子系列：S7-200、S7-300、S7-400，分别对应小型、中型、大型 PLC。近年来，西门子公司又推出了 S7-1200 和 S7-1500 系列的 PLC，意欲以 TIA（全集成自动化）统一起来。对于 S7-200 系列，又推出了 S7-200 SMART 小型 PLC。基于 SIMATIC 系列 PLC 的各种功能模板、人机界面、工业网络、工业软件及控制方案地迅速发展，使 PLC 控制系统的功能更加强大，而系统的设计和操作却越来越简便。

在本章中，主要介绍以下内容：

- S7-200 的系统基本构成；
- S7-200 的主要技术性能指标；
- S7-200 的基本功能及特点；
- S7-200 的编程元件的寻址及 CPU 组态；
- S7-200 的编程语言及程序结构。

本章的重点是从工程应用的角度了解 S7-200 系统的构成方法，掌握 CPU 对 I/O 的组态及编程元件的地址编写方法（即寻址）。

3.1 S7-200 的系统组成

3.1.1 S7-200 的系统基本构成

S7-200 是整体式结构的、具有很高的性价比的小型可编程控制器，根据控制规模的大小（即输入／输出点数的多少），可以选择相应 CPU 的主机。除了 CPU221 主机以外，其他 CPU 主机均可进行系统扩展。

同其他的 PLC 一样，S7-200 的系统基本组成也是由主机单元加编程器。在需要进行系统扩展时，系统组成中还可包括：数字量扩展单元模板、模拟量扩展单元模板、通信模板、网络设备、人机界面 HMI 等。S7-200 的基本构成如图 3-1 所示。

3.1.2 主机单元

S7-200 的主机单元的 CPU 共有两个系列：CPU21X 及 CPU22X。CPU21X 系列包括 CPU212，CPU214，CPU215，CPU216；CPU22X 系列包括 CPU221，CPU222，CPU224，

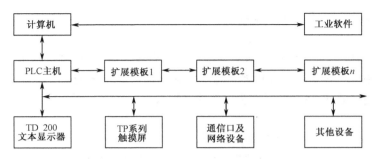

图 3-1　S7-200 PLC 系统的基本构成

CPU224XP，CPU226，CPU226XM。由于 CPU21X 系列属于 S7-200 的第一代产品，不再做具体介绍。

1. CPU221
- 6 输入 / 4 输出共 10 个数字量 I/O 点。
- 无 I/O 扩展能力。
- 6KB 的程序和数据存储区空间。
- 4 个独立的 30kHz 的高速计数器，2 路独立的 20kHz 的高速脉冲输出。
- 1 个 RS-485 通信 / 编程口。
- 具有多点接口 MPI（Multi Point Interface）通信协议。
- 具有点对点接口 PPI（Point to Point Interface）通信协议。
- 具有自由通信口。

2. CPU222
- 8 输入 / 6 输出共 14 个数字量 I/O 点。
- 可连接 2 个扩展模板单元，最大可扩展至 78 个数字量 I/O 点或 10 路模拟量 I/O。
- 6KB 的程序和数据存储区空间。
- 4 个独立的 30kHz 的高速计数器，2 路独立的 20kHz 的高速脉冲输出。
- 具有 PID 控制器。
- 1 个 RS-485 通信 / 编程口。
- 具有多点接口 MPI（Multi Point Interface）通信协议。
- 具有点对点接口 PPI（Point to Point Interface）通信协议。
- 具有自由通信口。

3. CPU224
- 14 输入 / 10 输出共 24 个数字量 I/O 点。
- 可连接 7 个扩展模板单元，最大可扩展至 168 个数字量 I/O 点或 35 路模拟量 I/O。
- 13KB 的程序和数据存储区空间。
- 6 个独立的 30kHz 的高速计数器，2 路独立的 20kHz 的高速脉冲输出。
- 具有 PID 控制器。
- 1 个 RS-485 通信 / 编程口。
- 具有多点接口 MPI（Multi Point Interface）通信协议。
- 具有点对点接口 PPI（Point to Point Interface）通信协议。
- 具有自由通信口。

- I/O 端子排可以很容易地整体拆卸。

4．CPU224XP

在 CPU224 的基础上，又增加了新的功能，如内置模拟量 I/O（2 路模拟量输入，1 路模拟量输出），位控特性，自整定 PID 功能，线性斜坡脉冲指令，诊断 LED，数据记录及配方功能等。是具有模拟量 I/O 和强大控制能力的新型 CPU。

5．CPU226

- 24 输入／16 输出共 40 个数字量 I/O 点。
- 可连接 7 个扩展模板单元，最大可扩展至 248 个数字量 I/O 点或 35 路模拟量 I/O。
- 13KB 的程序和数据存储区空间。
- 6 个独立的 30kHz 的高速计数器，2 路独立的 20kHz 的高速脉冲输出。
- 具有 PID 控制器。
- 2 个 RS-485 通信／编程口。
- 具有多点接口 MPI（Multi Point Interface）通信协议。
- 具有点对点接口 PPI（Point to Point Interface）通信协议。
- 具有自由通信口。
- I/O 端子排可以很容易地整体拆卸。

6．CPU226XM

与 CPU226 相比，除了程序和数据存储区空间由 13KB 增加到 26KB 外，其余功能不变。

3.1.3　数字量扩展模板

S7-200 系列目前可以提供 3 大类共 9 种数字量输入/输出扩展模板。

① EM221，数字量输入（DI）扩展模板，具有 8 点 DC 输入，光电耦合器隔离。

② EM222，数字量输出（DO）扩展模板，有 2 种输出类型：

- 8 点 24VDC 输出型。
- 8 点继电器输出型。

③ EM223，数字量混合输入／输出（DI/DO）扩展模板，有 6 种输出类型：

- 24VDC 输入 4 点／输出 4 点。
- 24VDC 输入 4 点／继电器输出 4 点。
- 24VDC 输入 8 点／输出 8 点。
- 24VDC 输入 8 点／继电器输出 8 点。
- 24VDC 输入 16 点／输出 16 点。
- 24VDC 输入 16 点／继电器输出 16 点。

3.1.4　模拟量扩展单元模板

① EM231，4 路 12 位模拟量输入（AI）模板

- 差分输入，输入范围：电压：0～10V，0～5V，±2.5V，±5V。

  电流：0～20mA。

- 转换时间<250μs。
- 最大输入电压 30VDC，最大输入电流 32mA。

② EM232，2 路 12 位模拟量输出（AO）模板

- 输出范围：电压±10V，电流 0～20mA。
- 数据字格式：电压–32 000～+32 000，电流 0～+32 000。
- 分辨率：电压 12 位，电流 11 位。

③ EM235，模拟量混合输入／输出（AI/AO）模板

- 模拟量输入 4 路，模拟量输出 1 路。
- 差分输入，电压：0～10V，0～5V，0～1V，0～500mV，0～100mV，0～50mV，±10V，±5V，±2.5V，±1V，±500mV，±250mV，±100mV，±50mV，±25mV。

    电流：0～20mA。

- 转换时间：<250μs。
- 稳定时间：电压 100μs，电流 2ms。

3.1.5 智能模板

1．通信处理器 EM277

EM277 是连接 SIMATIC 现场总线 PROFIBUS-DP 从站的通信模板，使用 EM277 可以将 S7-200 CPU 作为现场总线 PROFIBUS-DP 的从站接到网络中。有关现场总线的内容，请参考相关书籍。

- 在 EM277 中，有一个 RS-485 接口，传输速率从 9.6，19.2，45.45，93.75，187.5，500kbps～1Mbps，1.5，3，6，12Mbps，可自动设置。
- 连接电缆长度：93.75kbps 以下为 1200m；187.5kbps 为 1000m；500kbps 为 400m；（1～1.5）Mbps 为 200m；（3～6）Mbps 为 100m。
- 网络能力：站地址设定 0～99（由旋转开关设定）；每个段最多可连接的站数为 32 个；每个网络最多可连接的站数为 126 个，最大到 99 个 EM277 站；共有 6 个 MPI（Multi Point Interface，多点通信接口），其中 2 个预留（1 个为 PG，1 个为 OP）。

2．通信处理器 CP243-2

CP243-2 是 S7-200（CPU 22X）的 AS-I 主站，通过连接 AS-I 可显著地增加 S7-200 的数字量输入／输出点数。每个主站最多可连接 31 个 AS-I 从站。S7-200 同时可以处理最多 2 个 CP243-2，每个 CP243-2 的 AS-I 上最大有 124 DI/124 DO。

有关 AS-I 的内容，请参考相关书籍。

3.1.6 其他设备

1．编程设备（PG）

编程器是任何一台 PLC 不可缺少的设备，一般是由制造厂专门提供的。S7-200 的编程器可以是简易的手持编程器 PG702，也可以是昂贵的图形编程器，如 PG740Ⅱ，PG760Ⅱ等。为降低编程设备的成本，目前广泛采用个人计算机作为编程设备，但需配置制造厂提供的专用编程软件。S7-200 的编程软件为 STEP 7-Micro/WIN 32 V 3.1，通过一条 PC/PPI 电缆将用户程序送入 PLC 中。

2．人机操作界面 HMI（Human Machine Interface）

（1）文本显示器 TD200

TD200 是 S7-200 的操作员界面，其功能如下：

- 显示文本信息。通过选择项确认的方法可显示最多 80 条信息，每条信息最多可包含 4

个变量。可显示中文。

- 设定实时时钟。
- 提供强制 I/O 点诊断功能。
- 可显示过程参数并可通过输入键进行设定或修改。
- 具有可编程的 8 个功能键，可以替代普通的控制按钮，从而可以节省 8 个输入点。
- 具有密码保护功能。

TD200 不需要单独的电源，只需将它的连接电缆接到 CPU22X 的 PPI 接口上，用 STEP 7-Micro/WIN 软件进行编程。

（2）触摸屏 TP070，TP170A，TP170B 及 TP7，TP27

TP070，TP170A，TP170B 为具有较强功能且价格适中的触摸屏，其特点是：

- 在 Windows 环境下工作；
- 可通过 MPI 及 PROFIBUS-DP 与 S7-200 连接；
- 背光管寿命达 50 000 小时，可连续工作 6 年；
- 利用 STEP 7-Micro/WIN（Pro）和 SIMATIC ProTool/Lite V5.2 进行组态。

TP 7，TP 27 触摸屏主要是用于进行机床操作和监控。

3.1.7 S7-200 的主要技术性能指标

PLC 的技术性能指标是衡量其功能的直接反映，是设备选型的重要依据。S7-200 的 CPU 22X 系列的主要技术性能指标见表 3-1。

表 3-1 CPU 22X 系列的主要技术性能指标

指 标	CPU221	CPU222	CPU224	CPU224XP	CPU226
外形尺寸（mm×mm）	90×80×62	90×80×62	120.5×80×62	140×80×62	190×80×62
存储器					
用户程序	2048 字	2048 字	4096 字	6144 字	4096 字
用户数据	1024 字	1024 字	2560 字	5120 字	2560 字
数据后备（电容）	50h	50h	50h	100h	50h
输入 / 输出					
本机 I/O	6DI/4DO	8DI/6DO	14DI/10DO	14DI/10DO 2AI/1AO	24DI/16DO
扩展模板数量	无	2 个	7 个	7 个	7 个
数字量 I/O 映像区	256	256	256	256	256
模拟量 I/O 映像区	无	16 入/16 出	32 入/32 出	32 入/32 出	32 入/32 出
指令系统					
布尔指令执行速度	0.22μs/指令	0.22μs/指令	0.22μs/指令	0.22μs/指令	0.22μs/指令
FOR/NEXT 循环	有	有	有	有	有
整数指令	有	有	有	有	有
实数指令	有	有	有	有	有

指 标	CPU221	CPU222	CPU224	CPU224XP	CPU226
主要内部继电器					
I/O 映像寄存器	128I/128Q	128I/128Q	128I/128Q	128I/128Q	128I/128Q
内部通用继电器	256	256	256	256	256
定时器 / 计数器	256/256	256/256	256/256	256/256	256/256
字入 / 字出	无	16/16	32/32	32/32	32/32
顺序控制继电器	256	256	256	256	256
附加功能					
内置高速计数器	4H/W(20kHz)	4H/W(20kHz)	6H/W(20kHz)	4H/W(30kHz) 2H/W(20kHz)	6H/W(20kHz)
模拟电位器	1	1	2	2	2
脉冲输出	2(20kHz DC)	2(20kHz DC)	2(20kHz DC)	2(100kHz DC)	2(20kHz DC)
通信中断	1 发送/2 接收	1 发送/2 接收	1 发送/2 接收	3 发送/3 接收	2 发送/4 接收
硬件输入中断	4，输入滤波器	4，输入滤波器	4，输入滤波器	4，输入滤波器	4，输入滤波器
定时中断	2（1~255ms）	2（1~255ms）	2（1~255ms）	2（1~255ms）	2（1~255ms）
实时时钟	有（时钟卡）	有（时钟卡）	有（内置）	有（内置）	有（内置）
口令保护	有	有	有	有	有
通信功能					
通信口数量	1（RS-485）	1（RS-485）	1（RS-485）	2（RS-485）	2（RS-485）
支持协议 0 号口 1 号口	PPI，DP/T 自由口 无	PPI，DP/T 自由口 无	PPI，DP/T 自由口 无	PPI，DP/T 自由口 同 0 号口	PPI，DP/T 自由口 同 0 号口
PROFIBUS 点对点	NETR/NETW	NETR/NETW	NETR/NETW	NETR/NETW	NETR/NETW

3.2 S7-200 的基本功能及特点

3.2.1 S7-200 的输入 / 输出系统

PLC 通过输入 / 输出点与现场设备构成一个完整的 PLC 控制系统，因此要综合考虑现场设备的性质及 PLC 的输入 / 输出特性，才能更好地利用 PLC 的功能。

1. 输出特性

在 S7-200 中，输出信号有两种类型：继电器输出型和 DC 输出（晶体管输出）型，CPU22X 的输出信号类型见表 3-2。

在表 3-2 中，电源电压是 PLC 的工作电压；输出电压是由用户提供的负载工作电压；每组点数是指全部输出端子可以分成几个隔离组，每个隔离组中有几个输出端子，例如：CPU226 中，4/5/7 表示共有 16 个输出端子分成 3 个隔离组，每个隔离组中的输出端子数为 4 个，5 个，7 个，由于每个隔离组中有一个公共端，所以每个隔离组可以单独施加不同的负载工作电压。如果所有输出的负载工作电压相同，可将这些公共端连接起来。

表 3-2　S7-200 的输出特性

CPU	类　型	电源电压	输　出　电　压	输　出　点　数	每组点数	输　出　电　流
CPU221	晶体管	24VDC	24VDC	4	4	0.75A
	继电器	85～264VAC	24VDC，24～230VAC	4	1/3	2A
CPU222	晶体管	24VDC	24VDC	6	6	0.75A
	继电器	85～264VAC	24VDC，24～230VAC	6	3/3	2A
CPU224	晶体管	24VDC	24VDC	10	5/5	0.75A
	继电器	85～264VAC	24VDC，24～230VAC	10	4/3/3	2A
CPU224XP	晶体管	24VDC	24VDC	10	5/5	0.75A
	继电器	85～264VAC	24VDC，24～230VAC	10	4/3/3	2A
CPU226	晶体管	24VDC	24VDC	16	8/8	0.75A
	继电器	85～264VAC	24VDC，24～230VAC	16	4/5/7	2A

2. 输入特性

在 S7-200 中，对数字量输入信号的电压要求均为 24VDC，"1"信号为 15～35V，"0"信号为 0～5V，经过光电耦合器隔离后进入 PLC 中。输入特性见表 3-3。

表 3-3　S7-200 的输入特性

CPU	输　入　滤　波	中　断　输　入	高速计数器输入	每组点数	电　缆　长　度
CPU221				2，4	
CPU222				4，4	非屏蔽输入 300m，屏蔽输入 500m
CPU224	0.2～12.8ms	I0.0～I0.3	I0.0～I0.5	8，6	
CPU224XP				8，6	屏蔽中断输入及高速计数器 50m
CPU226				13，11	

3. 输入 / 输出扩展能力

当主机单元模板上的 I/O 点数不够时，或者涉及模拟量控制时，除了 CPU221 外，可以通过增加扩展单元模板的方法，对输入 / 输出点数进行扩展。

在进行 I/O 扩展时，要考虑以下几个因素：

① CPU 主机模板所能连接的扩展模板数；

② CPU 主机模板的映像寄存器的数量；

③ CPU 主机模板在 5VDC 下所能提供的最大扩展电流。

S7-200 的 CPU22X 系列的扩展能力见表 3-4。

表 3-4　S7-200 的扩展能力

CPU	最多扩展模板数	映像寄存器的数量	最大扩展电流
CPU221	无	数字量：256，模拟量：无	0
CPU222	2	数字量：256，模拟量：16 入/16 出	340mA
CPU224	7	数字量：256，模拟量：32 入/32 出	660mA
CPU224XP	7	数字量：256，模拟量：32 入/32 出	660mA
CPU226	7	数字量：256，模拟量：32 入/32 出	1000mA

S7-200 的 CPU22X 系列的扩展模板在 5VDC 下所消耗的电流见表 3-5。

表 3-5　S7-200 扩展模板的消耗电流

序　号	型　号	功　　能	消耗电流/mA
1	EM221	数字量输入：8 点，晶体管输出	30
2	EM222	数字量输出：8 点，晶体管输出	50
3	EM222	数字量输出：8 点，继电器输出	40
4	EM223	数字量输入：4 点、输出：4 点，晶体管输出	40
5	EM223	数字量输入：4 点、输出：4 点，继电器输出	40
6	EM223	数字量输入：8 点、输出：8 点，晶体管输出	80
7	EM223	数字量输入：8 点、输出：8 点，继电器输出	80
8	EM223	数字量输入：16 点、输出：16 点，晶体管输出	160
9	EM223	数字量输入：16 点、输出：16 点，继电器输出	150
10	EM231	模拟量输入：4 路，12 位	20
11	EM231	模拟量输入：热电偶，4 路	60
12	EM231	模拟量输入：热电阻，4 路	60
13	EM232	模拟量输出：2 路，12 位	20
14	EM235	模拟量输入：4 路、输出 1 路，12 位	30
15	EM277	连接 PROFIBUS-DP	150

例如，CPU224 提供的扩展电流为 660mA，可以有几种扩展方案。

① 4 个 EM233，DI16/DO16 晶体管／继电器模板和 2 个 EM221 DI8 晶体管模板，消耗的电流为 4×150 + 2×30 = 660mA。

② 4 个 EM233，DI16/DO16 晶体管／继电器输出模板，1 个 EM222 DO8 晶体管模板，消耗的电流为 4×150 + 1×40 = 640mA。

③ 4 个 EM233，DI16/DO16 晶体管输出模板，消耗的电流为 4×160 = 640mA。

4．快速响应功能

S7-200 的快速响应功能如下。

（1）脉冲捕捉功能

利用脉冲捕捉功能，使得 PLC 可以使用普通端子捕捉到小于一个 CPU 扫描周期的短脉冲信号。

（2）中断输入

利用中断输入功能，使得 PLC 可以极快的速度对信号的上升沿作出响应。

（3）高速计数器

S7-200 中有 4～6 个可编程的 30kHz 高速计数器，多个独立的输入端允许进行加减计数，可以连接相位差为 90°的 A/B 相增量的编码器。

（4）高速脉冲输出

可利用 S7-200 的高速脉冲输出功能，驱动步进电机或伺服电机，实现准确定位。

（5）模拟电位器

模拟电位器的功能是可用来改变某些特殊寄存器中的数值，这些特殊寄存器中的参数可以是定时器／计数器的设定值，或者是某些过程变量的控制参数。可以利用模拟电位器在程序运行时，可随时更改这些参数，且不占用 PLC 的输入点。

5. 实时时钟

S7-200 的实时时钟用于记录机器的运行时间，或对过程进行时间控制，以及对信息加注时间标记。

3.2.2 存储系统及功能

1. 存储系统

S7 系列 PLC 中 CPU 的存储区组成如图 3-2 所示，各个存储区的功能如下。

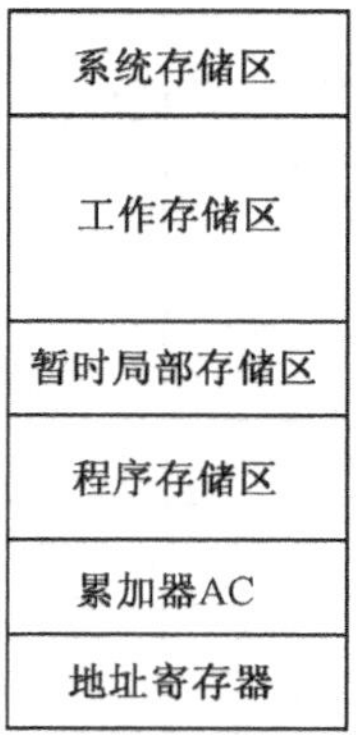

（1）系统存储区

系统存储区（CPU 中的 RAM）用来存放操作数据，这些操作数据包括输入映像寄存器存储区的数据、输出映像寄存器存储区的数据、辅助继电器存储区的数据、定时器存储区的数据和计数器存储区的数据。

| 系统存储区 |
| 工作存储区 |
| 暂时局部存储区 |
| 程序存储区 |
| 累加器AC |
| 地址寄存器 |

图 3-2 S7 系列 CPU 的
存储区组成

- 输入映像寄存器存储区用来存放输入状态值；
- 输出映像寄存器存储区用来存放经过程序处理的输出数据；
- 辅助继电器存储区用来存放程序运行的中间结果；
- 定时器存储区用来存放计时单元；
- 计数器存储区用来存放计数单元。

（2）工作存储区

工作存储区（CPU 中的 RAM）用来存放 CPU 所执行的程序单元的复制件（逻辑块和数据块）。还有为执行块调用指令而安排的暂时的局部变量存储区，该局部变量寄存器在块工作时一直保持，将块中的数据写入 L 堆栈中，数据只在块工作时有效，当调用新块时，L 堆栈重新分配。

（3）程序存储区

程序存储区可分成动态程序存储区（CPU 中的 RAM）和可选的固定程序存储区（EEPROM），用来存放用户程序。

（4）累加器 AC

有 4 个 32 位的 AC 累加器（AC0～AC3），用来执行装载、传送、移位、算术运算等操作。

（5）地址寄存器

用来存放寄存器间接寻址的指针。

S7-200 的存储系统是由 RAM 和 EEPROM 组成的。在 CPU 模块内，配置了一定容量的 RAM 和 EEPROM，S7-200 的 CPU22X 的存储容量见表 3-6。

表 3-6 S7-200 的存储容量

CPU 类型	用户程序存储区容量	用户数据存储区容量	用户存储器类型
CPU221	2048 字	1024 字	EEPROM
CPU222	2048 字	1024 字	EEPROM
CPU224	4096 字	2560 字	EEPROM
CPU224XP	6144 字	5120 字	EEPROM
CPU226	4096 字	5120 字	EEPROM

当 CPU 主机单元模板的存储器容量不够时，可通过增加 EEPROM 存储器卡的方法扩展系统的存储容量。S7-200 的存储系统如图 3-3 所示。

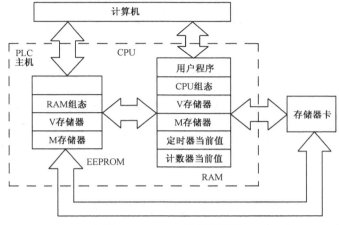

图 3-3　S7-200 的存储系统

2．存储系统的使用

S7-200 的程序结构一般由 3 部分组成：用户程序、数据块和参数块。用户程序是必不可少的，是程序的主体，数据块是用户程序在执行过程中所用到的和生成的数据，参数块是指 CPU 的组态数据。数据块和参数块是程序的可选部分。

存储系统的使用，主要有以下几个方面。

（1）设置保持数据的存储区

为了防止系统运行时突然掉电而导致一些重要数据的丢失，可以在设置 CPU 组态参数时定义要保持数据的存储区。这些存储区包括变量存储器 V、通用辅助继电器 M、计数器和 TONR 型定时器。

（2）永久保存数据

通过对 S7-200 中的特殊标志存储器字节 SMB31 和存储器字 SMW32 的设置，可以实现将存储在 RAM 中变量存储器区任意位置的字节、字、双字数据备份到 EEPROM 存储器。

（3）存储器卡的使用

存储器卡的作用类似于计算机的软磁盘，可以将 PLC 中的 CPU 的组态参数、用户程序和存储在 EEPROM 中的变量存储器永久区的数据进行备份。

3.2.3　S7-200 的工作方式及扫描周期

1．工作方式

S7-200 有 3 种工作方式：RUN（运行）、STOP（停止）及 TERM（Terminal 终端）工作方式，可通过安装在 PLC 上的方式选择开关进行切换。

① STOP 方式：在 STOP 方式下，不能运行用户程序，可以向 CPU 装载用户程序或进行 CPU 的设置。

② TERM 方式：在 TERM 方式下，允许使用工业编程软件 STEP 7-Micro/WIN32 来控制 CPU 的工作方式。

③ RUN 方式：在 RUN 方式下，CPU 执行用户程序。

当电源掉电又恢复后,如果方式选择开关在 TERM 或 STOP 状态下,CPU 自动进入 STOP 方式。如果方式选择开关在 RUN 状态下, 则 CPU 自动进入 RUN 方式。

2. 扫描周期

在 RUN 方式下, 系统周期性地循环执行用户程序。在每个扫描周期内,主要完成的任务如图 3-4 所示。

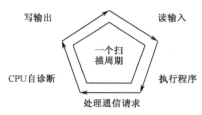

图 3-4   S7-200 的扫描周期

（1）读输入阶段（输入采样阶段）

在输入采样阶段, 根据输入量的不同, 所做的工作也不同。如果输入量是数字量, 则在每个扫描周期的开始, 先进行输入采样, 将数字量输入点的当前值, 写到输入映像寄存器中。如果输入量是模拟量, 对于输入信号变化较慢的模拟量, 则采用数字滤波, CPU 从模拟量输入模板读取滤波值；而对于高速信号, 一般不用数字滤波, CPU 直接读取模拟值。

对于需要利用模拟量控制字传递报警信息的模板, 则不能使用模拟量的数字滤波功能, 对于 RTD、热电偶及 AS-I 主站模板, 禁止进行数字滤波。

（2）执行程序阶段

在执行程序阶段, 对于普通的数字量输入和输出, CPU 以循环扫描的工作方式, 从用户程序的第一条指令开始, 执行到结束指令, 完成一个扫描周期, 又进入下一个扫描周期, 与图 3-4 所描述的扫描过程是一致的。而对于立即 I/O 指令、模拟量 I/O 指令和中断指令, 则与图 3-4 所描述的扫描过程有所不同。

① 立即 I/O 指令：这是在程序中安排的对输入点的信息立即读取, 或对输出点的状态立即刷新的指令, 执行该指令时, 不受扫描周期的约束。

② 模拟量 I/O 指令：对于不设数字滤波的直接模拟量的输入 / 输出, 其执行方式与立即 I/O 指令基本相同。

③ 中断指令：如果在程序中使用了中断指令, 则在处理中断事件时, 中断子程序与主程序一起被存入存储器, 进入 CPU 的扫描周期。中断程序的执行, 增加了 CPU 的扫描周期, 且使扫描周期变得不固定。在编制用户程序时, 必须考虑到这一点。

（3）处理通信请求阶段

在处理通信请求阶段, CPU 自动检测来自各个通信端口的通信信息, 并对这些信息进行自动处理。

（4）CPU 自诊断阶段

在 CPU 自诊断阶段, CPU 检测主机硬件, 同时检查所有的 I/O 模块的状态。

（5）写输出阶段（输出刷新阶段）

在输出刷新阶段, CPU 用输出映像寄存器中的数据对输出点进行刷新。

3.3 S7-200 的编程元件的寻址及 CPU 组态

3.3.1 S7-200 的基本数据类型

在 S7-200 的编程语言中, 大多数指令要同具有一定大小的数据对象一起进行操作。不同的数据对象具有不同的数据类型，不同的数据类型具有不同的数制和格式选择。程序中所用的数据可指定一种数据类型。在指定数据类型时，要确定数据大小和数据位结构。

S7-200 的基本数据类型及范围见表 3-7。

表 3-7　S7-200 的基本数据类型及范围

基本数据类型	位　数	说　明
布尔型 BOOL	1	位　　范围：0，1
字节型 BYTE	8	字节　范围：0～255
字型 WORD	16	字　　范围：0～65 535
双字型 DWORD	32	双字　范围：0～（2^{32}–1）
整型 INT	16	整数　范围：–32 768～+32 767
双整型 DINT	32	双字整数　范围：-2^{31}～（2^{31}–1）
实数型 REAL	32	IEEE 浮点数

3.3.2　编程元件

可编程控制器在其系统软件的管理下，将用户程序存储器（即装载存储区）划分出若干个区，并将这些区赋予不同的功能，由此组成了各种内部器件，这些内部器件就是 PLC 的编程元件。PLC 的编程元件的种类和数量因不同厂家、不同系列、不同规格而异，编程元件的种类及数量越多，其功能就越强。这些编程元件沿用了传统继电器控制线路中继电器的名称，并根据其功能，分别称为输入继电器、输出继电器、辅助继电器、变量继电器、定时器、计数器、数据寄存器等。

需要说明的是，在 PLC 内部，并不真正存在这些实际的物理器件，与其对应的只是存储器中的某些存储单元。一个继电器对应一个基本单元（即 1 位，1bit），多个继电器将占有多个基本单元；8 个基本单元形成一个 8 位二进制数，通常称为 1 字节（1Byte），它正好占用普通存储器的一个存储单元，连续两个存储单元构成一个 16 位二进制数，通常又称为一个字（Word），或一个通道。连续的两个通道还能构成所谓的双字（Double Words）。各种编程元件，各自占有一定数量的存储单元。使用这些编程元件，实质上就是对相应的存储内容以位、以字节、以字(或通道)或双字的形式进行存取。

在 S7-200 中的主要编程元件如下。

1. 输入继电器 I

输入继电器就是 PLC 的存储系统中的输入映像寄存器。它的作用是接收来自现场的控制按钮、行程开关及各种传感器等的输入信号。通过输入继电器，将 PLC 的存储系统与外部输入端子(输入点)建立起明确对应的连接关系，它的每 1 位对应 1 个数字量输入点。输入继电器的状态是在每个扫描周期的输入采样阶段接收到的由现场送来的输入信号的状态("1"或"0")。由于 S7-200 的输入映像寄存器是以字节为单位的寄存器，CPU 一般按"字节.位"的编址方式来读取一个继电器的状态，也可以按字节（8 位）或者按字（2 字节、16 位）来读取相邻一组继电器的状态。前面在介绍 PLC 的等效工作电路时已强调过，不能通过编程的方式改变输入继电器的状态，但可以在编程时，通过使用输入继电器的触点，无限制地使用输入继电器的状态。在输入端子上未接输入器件的输入继电器只能空着，不能挪作他用。

2．输出继电器 Q

输出继电器就是 PLC 存储系统中的输出映像寄存器。通过输出继电器，将 PLC 的存储系统与外部输出端子（输出点）建立起明确对应的连接关系。S7-200 的输出继电器也是以字节为单位的寄存器，它的每 1 位对应 1 个数字量输出点，一般采用"字节.位"的编址方法。输出继电器的状态可以由输入继电器的触点、其他内部器件的触点，以及它自己的触点来驱动，即它完全是由编程的方式决定其状态。我们也可以像使用输入继电器触点那样，通过使用输出继电器的触点，无限制地使用输出继电器的状态。输出继电器与其他内部器件的一个显著不同在于它有一个，且仅有一个实实在在的物理动合触点，用来接通负载。这个动合触点可以是有触点的（继电器输出型），或者是无触点的（晶体管输出型或双向晶闸管输出型）。没有使用的输出继电器，可当做内部继电器使用，但一般不推荐这种用法，这种用法可能引起不必要的误解。

输出继电器 Q 的线圈一般不能直接与梯形图的逻辑母线连接，如果某个线圈确实不需要经过任何编程元件触点的控制，可借助于特殊继电器 SM0.0 的动合触点。

3．变量寄存器 V

S7-200 中有大量的变量寄存器，用于模拟量控制、数据运算、参数设置及存放程序执行过程中控制逻辑操作的中间结果。变量寄存器可以位为单位使用，也可按字节、字、双字为单位使用。变量寄存器的数量与 CPU 的型号有关，CPU222 为 V0.0～V2047.7，CPU224 为 V0.0～V5119.7，CPU224XP 为 V0.0～V5119.7，CPU226 为 V0.0～V5119.7。

4．辅助继电器 M

在逻辑运算中，经常需要一些辅助继电器，它的功能与传统的继电器控制线路中的中间继电器相同。辅助继电器与外部没有任何联系，不可能直接驱动任何负载。每个辅助继电器对应着数据存储区的一个基本单元，它可以由所有的编程元件的触点（当然包括它自己的触点）来驱动，它的状态同样可以无限制使用。借助于辅助继电器的编程，可使输入与输出之间建立复杂的逻辑关系和联锁关系，以满足不同的控制要求。在 S7-200 中，有时也称辅助继电器为位存储区的内部标志位（Marker），所以辅助继电器一般以位为单位使用，采用"字节.位"的编址方式，每 1 位相当 1 个中间继电器，S7-200 的 CPU22X 系列的辅助继电器的数量为 256 个（32，256）。辅助继电器也可以字节、字、双字为单位，作存储数据用。建议用户存储数据时使用变量寄存器 V。

5．特殊继电器 SM

特殊继电器用来存储系统的状态变量及有关的控制参数和信息。它是用户程序与系统程序之间的界面，用户可以通过特殊继电器来沟通 PLC 与被控对象之间的信息，PLC 通过特殊继电器为用户提供一些特殊的控制功能和系统信息，用户也可以将对操作的特殊要求通过特殊继电器通知 PLC。例如，可以读取程序运行过程中的设备状态和运算结果信息，利用这些信息实现一定的控制动作。用户也可以通过对某些特殊继电器位的直接设置，使设备实现某种功能。

S7-200 的 CPU22X 系列 PLC 的特殊继电器的数量为 SM0.0～SM299.7。

对 SMB0：有 8 个状态位。在每个扫描周期的末尾，由 S7-200 的 CPU 更新这 8 个状态位。因此这 8 个 SM 为只读型 SM，这些特殊继电器的功能和状态是由系统软件决定的，与输入继电器一样，不能通过编程的方式改变其状态，只能通过使用这些特殊继电器的触点来使用它的状态。

SM0.0：RUN 监控，PLC 在运行状态时，SM0.0 总为 ON。

SM0.1：初始脉冲，PLC 由 STOP 转为 RUN 时，SM0.1 ON 1 个扫描周期。

SM0.2：当 RAM 中保存的数据丢失时，SM0.2 ON 1 个扫描周期。

SM0.3：PLC 上电进入 RUN 状态时，SM0.3 ON 1 个扫描周期。

SM0.4：分时钟脉冲，占空比为 50%，周期为 1min 的脉冲串。

SM0.5：秒时钟脉冲，占空比为 50%，周期为 1s 的脉冲串。

SM0.6：扫描时钟，一个扫描周期为 ON，下一个扫描周期为 OFF，交替循环。

SM0.7：指示 CPU 上 MODE 开关的位置，0=TERM，1=RUN，通常用来在 RUN 状态下启动自由口通信方式。

SMB1：用于潜在错误提示的 8 个状态位，这些位可由指令在执行时进行置位或复位。

SMB2：用于自由口通信接收字符缓冲区，在自由口通信方式下，接收到的每个字符都放在这里，便于梯形图存取。

SMB3：用于自由口通信的奇偶校验，当出现奇偶校验错误时，将 SM3.0 置"1"。

SMB4：用于表示中断是否允许和发送口是否空闲。

SMB5：用于表示 I/O 系统发生的错误状态。

SMB6：用于识别 CPU 的类型。

SMB7：功能预留。

SMB8～SMB21：用于 I/O 扩展模板的类型识别及错误状态寄存。

SMW22～SMW26：用于提供扫描时间信息，以毫秒计的上次扫描时间，最短扫描时间及最长扫描时间。

SMB28 和 SMB29：分别对应模拟电位器 0 和 1 的当前值，数值范围为 0～255。

SMB30 和 SMB130：分别为自由口 0 和 1 的通信控制寄存器。

SMB31 和 SMW32：用于永久存储器（EEPROM）写控制。

SMB34 和 SMB35：用于存储定时中断间隔时间。

SMB36～SMB65：用于监视和控制高速计数器 HSC0，HSC1，HSC2 的操作。

SMB66～SMB85：用于监视和控制脉冲输出（PTO）和脉冲宽度调制（PWM）功能。

SMB86～SMB94 和 SMB186～SMB194：用于控制和读出接收信息指令的状态。

SMB98 和 SMB99：用于表示有关扩展模板总线的错误。

SMB131～SMB165：用于监视和控制高速计数器 HSC3，HSC4，HSC5 的操作。

SMB166～SMB194：用于显示包络表的数量、包络表的地址和变量存储器在表中的首地址。

SMB200～SMB299：用于表示智能模板的状态信息。

对某些特殊继电器的具体使用情况将结合对应的功能指令一并介绍。关于全部特殊继电器的功能及使用情况请参阅附录 A。

6．定时器 T

定时器是 PLC 的重要编程元件，它的作用与继电器控制线路中的时间继电器基本相似。定时器的设定值通过程序预先输入，当满足定时器的工作条件时，定时器开始计时，定时器的当前值从 0 开始按照一定的时间单位（即定时精度）增加，例如对于 10ms 定时器，定时器的当前值间隔 10ms 加 1。当定时器的当前值达到它的设定值时，定时器动作。

S7-200 的 CPU22X 系列的定时器数量为 256 个，T0～T255。定时器的定时精度分别为 1ms，10ms 和 100ms，1ms 的定时器有 4 个，10ms 的定时器有 16 个，100ms 的定时器有 236 个。这些定时器的类型可分为 3 种，接通延时定时器 TON，断开延时定时器 TOF，保持型接通延时定时器 TONR，S7-200 的 CPU22X 系列定时器的定时精度及编号见表 3-8。

表 3-8　CPU22X 定时器的精度及编号

定时器类型	定时精度/ms	最大当前值/s	定时器编号
TON TOFF	1	32.767	T32，T96
	10	327.67	T33～T36，T97～T100
	100	3276.7	T37～T63，T101～T255
TONR	1	32.767	T0，T64
	10	327.67	T1～T4，T65～T68
	100	3276.7	T5～T31，T69～T95

在使用定时器时要注意，不能把一个定时器编号同时用做 TON 和 TOFF。例如，在一个程序中既有 TON T32，又有 TOFF T32。

图 3-5　PLC 中的定时器

定时器编号包含两方面的信息，定时器当前值和定时器状态位，每个定时器都有一个 16 位的当前值寄存器，以及 1 个状态位 T-bit，如图 3-5 所示。

定时器状态位：当定时器的当前值达到设定值时，T-bit 为"ON"。

定时器当前值：在定时器当前值寄存器中存储的当前所累计的时间，用 16 位符号整数表示。

定时器指令中所存取的是定时器当前值还是定时器状态位，取决于所用的指令，带位操作的指令存取定时器状态位，带字操作的指令存取定时器的当前值。

7. 计数器 C

计数器也是广泛应用的重要编程元件，用来对输入脉冲的个数进行累计，实现计数操作。使用计数器时要事先在程序中给出计数的设定值（也称预置值，即要进行计数的脉冲数）。当满足计数器的触发输入条件时，计数器开始累计计数输入端的脉冲前沿的次数，当达到设定值时，计数器动作。S7-200 的 CPU22X 系列的 PLC 共有 256 个计数器，其编号为 C0～C255。每个计数器都有一个 16 位的当前值寄存器及 1 个状态位 C-bit。

计数器编号包含两方面的信息，计数器当前值和计数器状态位。

计数器状态位：当计数器的当前值达到设定值时，C-bit 为"ON"。

计数器当前值：在计数器当前值寄存器中存储的当前所累计的脉冲个数，用 16 位符号整数表示。

计数器指令中所存取的是计数器当前值还是计数器状态位，取决于所用的指令，带位操作的指令存取计数器状态位，带字操作的指令存取计数器的当前值。

计数器的计数方式有 3 种，递增计数、递减计数和增 / 减计数。递增计数是从 0 开始，累加到设定值，计数器动作。递减计数是从设定值开始，累减到 0，计数器动作。

PLC 的计数器的设定值和定时器的设定值，一般不仅可以用程序设定，也可以通过 PLC 内部的模拟电位器或 PLC 外接的拨码开关，方便、直观地随时修改。

8. 高速计数器 HSC

普通计数器的计数频率受扫描周期的制约，在需要高频计数的情况下，可使用高速计数器。与高速计数器对应的数据，只有一个高速计数器的当前值，是一个带符号的 32 位的双字型数据。

高速计数器的编程是比较复杂的，具体使用见第 4 章。

9. 累加器 AC

累加器是可像存储器那样使用的读 / 写设备，是用来暂存数据的寄存器，它可以向子程序传递参数，或从子程序返回参数，也可以用来存放运算数据、中间数据及结果数据。S7-200 共有 4 个 32 位的累加器：AC0～AC3。使用时只表示出累加器的地址编号（如 AC0）。累加器存取数据的长度取决于所用的指令，它支持字节、字、双字的存取，以字节或字为单位存取累加器时，是访问累加器的低 8 位和低 16 位。

字节存取 AC0:	未 用	未 用	未 用	有 效 字 节

MSB   LSB （位于有效字节上方）

字存取 AC0:	未 用	未 用	最高有效字节	最低有效字节

双字存取 AC0:	最高有效字节			最低有效字节

10. 状态继电器 S

状态继电器（也称为顺序控制继电器）是使用步进控制指令编程时的重要编程元件，用状态继电器和相应的步进控制指令，可以在小型 PLC 上编制较复杂的控制程序。

11. 局部变量存储器 L

局部变量存储器用于存储局部变量。S7-200 中有 64 个局部变量存储器，其中 60 个可以用做暂时存储器或者给子程序传递参数。如果用梯形图或功能块图编程，STEP 7-Micro/WIN32 保留这些局部变量存储器的最后 4 字节。如果用语句表编程，可以寻址到全部 64 字节，但不要使用最后 4 字节。

局部变量存储器与存储全局变量的变量寄存器很相似，主要区别是变量寄存器全局有效，而局部变量存储器是局部有效。全局是指同一个存储器可以被任何一个程序（主程序、子程序、中断程序）读取，局部是指存储器区和特定的程序相关联。S7-200 PLC 给主程序分配 64 个局部变量存储器。给每级嵌套子程序分配 64 字节局部变量存储器，给中断程序分配 64 个局部变量存储器。子程序不能访问分配给主程序、中断程序和其他子程序的局部变量存储器，子程序和中断程序不能访问主程序的局部变量存储器，中断程序也不能访问主程序和子程序的局部变量存储器。

S7-200 根据需要自动分配局部变量存储器。当执行主程序时，不给子程序和中断程序分配局部变量存储器，当出现中断或调用子程序时，才给子程序和中断程序分配局部变量存储器。新的局部变量存储器在分配时可以重新使用，分配给不同子程序或中断程序相同编号的局部变量存储器。

可以按位、字节、字、双字访问局部变量存储器，可以把局部变量存储器作为间接寻址的指针，但是不能作为间接寻址的存储器区。

12. 模拟量输入（AIW）寄存器 / 模拟量输出（AQW）寄存器

PLC 处理模拟量的过程是模拟量信号经 A/D 转换后变成数字量存储在模拟量输入寄存器中，通过 PLC 处理后将要转换成模拟量的数字量写入模拟量输出寄存器，再经 D/A 转换成模拟量输出。即 PLC 对这两种寄存器的处理方式不同，对模拟量输入寄存器只能作读取操作，而对模拟量输出寄存器只能作写入操作。

由于 PLC 处理的是数字量，其数据长度是 16 位，因此要以偶数号字节进行编址，从而存取这些数据。

3.3.3 CPU 组态

CPU 组态是指配置 PLC 系统的部分硬件的功能和参数。进行一个 PLC 系统的组态应包含很多内容，例如：对输入／输出的组态；对通信设备的组态；对高速计数器的组态；对模拟电位器的组态；对高速脉冲输出的组态等。在本节中介绍 CPU 对输入／输出设备的组态。

1. 配置 I/O 点数及模块编址

SIMATIC S7-200 采用固定地址方式，地址是自动分配的，它与模板的类型、插槽的位置无关。CPU 22X 主机模板的输入／输出点的地址是固定的，如果需要进行扩展，可在主机模板的右边连接扩展模板（增加扩展模板时要考虑 CPU 的扩展能力，见 3.2），组成 I/O 链。S7-200的系统扩展时，CPU 的组态规则是：

① 对同类型的数字量输入或输出扩展模板，以 1 字节（8 位）为单位，按顺序进行编址。有时，尽管当前模板的高位实际位数未满 8 位，未用到的位数仍不能分配给后续的模板。

② 对模拟量扩展模板，是以 2 字节（1 个字）的递增方式进行编址。

例如，某控制系统采用 CPU224，系统所需的输入／输出点数为：数字量输入（DI）24 点，数字量输出（DO）20 点，模拟量输入（AI）6 点，模拟量输出（AO）2 点。

本系统可以有多种不同模板的选取组合，图 3-6 为其中一种可行的组态。

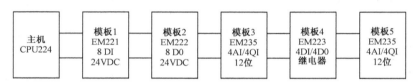

图 3-6 扩展模板 I/O 链图

根据图 3-6，各扩展模板的编址见表 3-9。

表 3-9 扩展模板编址表

主机 I/O	模板 1 I/O	模板 2 I/O	模板 3 I/O	模板 4 I/O	模板 5 I/O
I0.0 Q0.0	I2.0	Q2.0	AIW0 AQW0	I3.0 Q3.0	AIW8 AQW2
I0.1 Q0.1	I2.1	Q2.1	AIW2	I3.1 Q3.1	AIW10
I0.2 Q0.2	I2.2	Q2.2	AIW4	I3.2 Q3.2	AIW12
I0.3 Q0.3	I2.3	Q2.3	AIW6	I3.3 Q3.3	AIW14
I0.4 Q0.4	I2.4	Q2.4			
I0.5 Q0.5	I2.5	Q2.5			
I0.6 Q0.6	I2.6	Q2.6			
I0.7 Q0.7	I2.7	Q2.7			
I1.0 Q1.0					
I1.1 Q1.1					
I1.2					
I1.3					
I1.4					
I1.5					

在这种组态中，实际配置了数字量输入 26 点，数字量输出 22 点，模拟量输入 8 点，模拟量输出 2 点。

2．设置输入滤波

S7-200 可以通过编程软件来设置输入滤波。

（1）数字量输入滤波

S7-200 允许为主机上的部分或全部数字量输入点设置输入滤波器，所谓滤波是指将在输入点上采集到的输入信号经过合理的时间延迟后（滤除噪声干扰），再送到 CPU。

延迟时间的定义范围是 0.2～12.8ms，默认值为 6.4ms。

（2）模拟量输入滤波

CPU 对模拟量输入点设置输入滤波，首先要选择需要进行滤波的模拟量输入点，然后设置采样次数和死区值。系统默认参数为：模拟量输入点全部滤波，采样次数为 64，死区值为 320。

系统运行时自动对模拟量的输入信号进行采样，取达到采样次数时的平均值为滤波值。

如果输入值与平均值的差值超过死区值，则滤波器对最近的模拟量输入值的变化将是一个阶跃函数。

3．设置脉冲捕捉功能

在扫描周期的 2 次输入采样阶段之间，如果在数字量输入点上有一个持续时间很短的脉冲，通过设置脉冲捕捉功能，可以将这个短脉冲保持到主机读到这个输入信号。

设置脉冲捕捉功能的方法：首先合理设置输入滤波器的延迟时间，使之不能被滤除，然后通过编程软件选择要求脉冲捕捉的输入点。系统默认设置为所有点都不用脉冲捕捉。

4．配置数字量输出表

当 S7-200 的工作方式选择开关由 RUN 转变为 STOP 时，系统将停机。如果提前通过编程软件配置了数字量输出表，则可规定各个数字量输出点在系统停机后的状态，或者是保持工作方式转变前的状态，或者是将各个输出点状态转变为输出表规定的值。

5．定义存储器保持范围

在 S7-200 中，可以用编程软件来设置需要保持数据的存储器，以防止出现电源掉电的意外情况时，可能丢失一些重要参数。

3.3.4 编程元件的直接寻址

S7-200 将信息存放于不同的存储器单元，每个存储器单元都有唯一确定的地址。根据对存储器单元中的信息存取形式的不同，可分为直接寻址和间接寻址。

所谓直接寻址，就是明确指出存储单元的地址，在程序中直接使用编程元件的名称和地址编号，使用户程序可以直接存取这个信息。

1．编址形式

PLC 的编程元件实质上是 CPU 模板存储器中的存储单元，在 S7-200 中，采用固定的编址方式，存储单元是按字节进行编址。在对编程元件进行寻址时，要指出该编程元件的名称（即存储区域地址）和字节地址。

数据地址的基本格式为 ATx.y

A：编程元件的名称。

T：数据类型。

如果采用位寻址方式，则不存在该项，数据地址的基本格式为 Ax.y。

如果采用字节寻址方式，则该项为 B（bit），数据地址的基本格式为 ABx。

如果采用字寻址方式，则该项为 W（Word），数据地址的基本格式为 AWx。

如果采用双字寻址方式，则该项为 D（Double words），数据地址的基本格式为 ADx。

x：字节地址。

y：字节内的位地址（又称位号）。

2．采用位寻址方式 Ax,y

采用位寻址方式时，必须指定编程元件的名称、字节地址和位地址。

例如，输出继电器 Q 4.6 的寻址描述如图 3-7 所示。

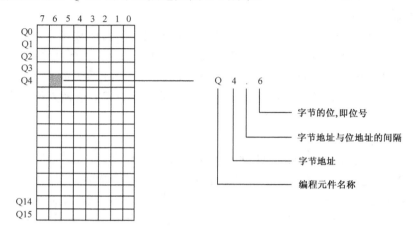

图 3-7　Q 4.6 的寻址描述

在 S7-200 中，可以进行位寻址的编程元件有：输入继电器 A、输出继电器 Q、辅助继电器 M、特殊继电器 SM、变量寄存器 V、局部变量存储器 L、顺序控制继电器 S。

3．采用字节寻址方式 ABx

采用字节寻址方式时，必须指定编程元件的名称和字节地址。用户程序存取字节地址的信息时，是将该字节的 8 位数据同时进行处理。

4．采用字寻址方式 AWx

采用字寻址方式时，必须指定编程元件的名称和字节地址，这里的字节地址 x 是两个相邻字节（x，x+1）的低位字节地址。对模拟量 I/O 编址是以字长（2 字节，16 位）为单位进行寻址的。

5．采用双字寻址方式 ADx

采用双字寻址方式时，必须指定编程元件的名称和字节地址，这里的字节地址是 4 个相邻字节（x，x+1，x+2，x+3）的低位字节。

对于定时器 T、计数器 C、高速计数器 HSC、累加器 AC 这些编程元件，由于其数量较少，不采取"字节.位"的编址方式，而直接采用名称和编号的寻址方式。

3.3.5　编程元件的间接寻址

所谓间接寻址是指不是在指令中直接使用编程元件的名称和地址编号来存取存储器中的数据，而是通过使用指针来存取存储器中的数据。

可以使用指针进行间接寻址的编程元件有：输入继电器 I、输出继电器 Q、辅助继电器 M、变量寄存器 V、顺序控制继电器 S，以及定时器 T 和计数器 C 的当前值。对独立的位值和模拟量值不能进行间接寻址。

用间接寻址方式存取数据的步骤如下。

1．建立指针

对存储器的某一地址进行间接寻址时，必须首先为该地址建立指针。由于存储器的物理地址是 32 位的，所以指针的长度应当是双字长。可用来作为指针的编程元件有：变量寄存器 V、局部变量存储器 L 和累加器 AC。

建立指针必须用双字传送指令（MOVD），将存储器中所要访问的存储单元的地址装入用来作为指针的编程元件中，装入的是地址而不是数据本身。例如：

      MOVD &VB200, VD302

      MOVD &MB10，AC2

      MOVD &C2，LD14

"&"是地址符号，与编程元件编号组合表示对应单元的 32 位物理地址，VB200 只是一个直接地址编号，并不是它的物理地址。

指令中的第二个地址数据长度必须是双字长，例如：VD、LD 和 AC。

将指令中的&VB200 如果改为&VW200 或&VD200，由于它们的起始地址是同一个，效果完全相同。

2．间接存取

在指令中的操作数前加"*"，表示该操作数为一个指针。

例如，建立指针和间接寻址的应用方法。

      MOVD &VB200，AC1

      MOVW *AC1，AC0

建立和使用指针的间接寻址过程如图 3-8 所示。

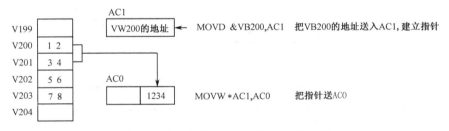

图 3-8　建立和使用指针的间接寻址过程

第一条指令（MOVD &VB200，AC1）将 VB200 的物理地址装入 AC1，建立地址指针。

第二条指令（MOVW *AC1，AC0）将指针所指的数据（1234）送到累加器 AC0。

3．修改指针

当处理连续的存储数据时，通过修改指针来处理相邻的数据。由于地址指针是 32 位的，必须用双字指令来修改指针，常用 INCD 指令来修改指针。

在修改指针时，要根据所存取的数据长度正确调整指针：

当存取字节数据时，指针调整单位为 1（执行 1 次 INCD 指令）。

当存取字数据时，以及存取定时器、计数器的当前值时，指针调整单位为 2（连续执行 2 次 INCD 指令）。

当存取双字数据时，指针调整单位为 4（连续 4 次执行 INCD 指令）。

3.3.6　编程元件及操作数的寻址范围

S7-200 的 CPU22X 系列的编程元件的寻址范围见表 3-10。

表 3-10　S7-200 的 CPU22X 系列编程元件的寻址范围

编程元件	CPU221	CPU222	CPU224	CPU224XP	CPU226
用户程序	2KB			4KB	
用户数据	1KB			2.5KB	
输入继电器 I	I0.0～I15.7				
输出继电器 Q	Q0.0～Q15.7				
模拟量输入映像寄存器 AIW	AIW0～AIW30				
模拟量输出映像寄存器 AQW	AQW0～AQW30				
变量寄存器 V	VB0.0～VB2047.7		VB0.0～VB5119.7		
局部变量寄存器 L	LB0.0～LB63.7				
辅助继电器 M	M0.0～M31.7				
特殊继电器 SM	SM0.0～SM299.7				
只读 SM	SM0.0～SM29.7				
定时器 T	T0～T255				
计数器 C	C0～C255				
高速计数器 HC	HC0，HC3，HC4，HC5		HC0～HC5		
状态继电器 S	S0.0～S31.7				
累加器 AC	AC0～AC3				
跳转标号	0～255				
调用子程序	0～63				
中断程序	0～127				
PID 回路	0～7				
通信口	0	0	0	0，1	0，1

S7-200 的 CPU22X 系列指令操作数的有效寻址范围见表 3-11。

表 3-11　S7-200 的 CPU22X 系列指令操作数的有效寻址范围

操作数类型	CPU221	CPU222	CPU224，CPU226
位	I0.0～15.7，Q0.0～15.7 M0.0～31.7，S0.0～31.7 SM0.0～179.7，T0～255 V0.0～2047.7，C0～255 L0.0～63.7	I0.0～15.7，Q0.0～15.7 M0.0～31.7，S0.0～31.7 SM0.0～179.7，T0～255 V0.0～2047.7，C0～255 L0.0～63.7	I0.0～15.7，Q0.0～15.7 M0.0～31.7，S0.0～31.7 SM0.0～179.7，T0～255 V0.0～5119.7，C0～255 L0.0～63.7

操作数类型	CPU221	CPU222	CPU224，CPU226
字节	IB0～15，QB0～15 MB0～31，SM0～179 SB0～31，VB0～2047 LB0～63，AC0～3 常数	IB0～15，QB0～15 MB0～31，SMB0～179 SB0～31，VB0～2047 LB0～63，AC0～3 常数	IB0～15，QB0～15 MB0～31，SMB0～179 SB0～31，VB0～5119 LB0～63，AC0～3 常数
字	IW0～14，QW0～14 MW0～30，SMW0～178 SW0～30，VW0～2046 LW0～62，AC0～3 T0～255，C0～255 常数	IW0～14，QW0～14 MW0～30，SMW0～178 SW0～30，VW0～2046 LW0～62，AC0～3 T0～255，C0～255 AIW0～30，AQW0-30 常数	IW0～14，QW0～14 MW0～30，SMW0～178 SW0～30，VW0～5118 LW0～62，AC0～3 T0～255，C0～255 AIW0～255，AQW0～30 常数
双字	ID0～12，QD0～12 MD0～28，SMD0～176 SD0～28，VD0～2044 LD0～60，AC0～3 HC0，HC3～5，常数	ID0-12，QD0～12 MD0～28，SMD0～176 SD0～28，VD0～2044 LD0～60，AC0～3 HC0，HC3～5，常数	ID0～12，QD0～12 MD0～28，SMD0～176 SD0～28，VD0～5116 LD0～60，AC0～3 HC0～5，常数

3.4 S7-200 编程语言

3.4.1 编程语言

S7-200 系列 PLC 有两类基本指令集：SIMATIC 指令和 IEC1131-3 指令集，编程时可以任选一种。SIMATIC 指令集是 SIEMENS 公司专为 S7 系列 PLC 设计的，其特点是：指令执行时间短，可以用梯形图 LAD、语句表 STL 和功能块图 FBD 这 3 种编程语言。IEC1131-3 指令集是国际电工委员会（IEC）为不同 PLC 生产厂家制定的指令标准，它不能使用 STL 编程语言。在本书中，主要介绍 SIMATIC 指令集。

S7-200 系列的 PLC 利用计算机编程软件 STEP 7-Micro/WIN32 提供 LAD，STL 及 FBD 编程语言。

1. 梯形图 LAD

梯形图是在继电器-接触器控制系统中的控制线路图的基础上演变而来的，是应用最多的一种编程语言。梯形图可以看做是 PLC 的高级语言，编程人员几乎不必具备计算机应用的基础知识，不用去考虑 PLC 内部的结构原理和硬件逻辑，只要有继电器控制线路的基础，就能在很短的时间内，掌握梯形图的使用和编程方法。

用编程语言 STEP 7-Micro/WIN32 编写的 PLC 的梯形图如图 3-9 所示。

2. 语句表 STL

语句表 STL 类似于计算机的汇编语言，是 PLC 的最基础的编程语言。其特点是：

① 它特别适合熟悉计算机原理，熟悉 PLC 的结构原理和工作过程的程序员。

② 它可以编写出用梯形图或功能块图无法实现的程序。

③ 它是 PLC 的各种语言中，执行速度最快的编程语言。

④ 用 STEP 7-Micro/WIN32 编程时，可以利用 STL 编辑器查看用 LAD 或 FBD 编写的程序，但反过来，LAD 或 FBD 不一定能够全部显示利用 STL 编写的程序。

3．功能块图 FBD

功能块图 FBD 类似于数字电子电路，它是将具有各种与、或、非、异或等逻辑关系的功能块图按一定的控制逻辑组合起来。这种编程语言适合那些熟悉数字电路的人员。功能块图如图 3-10 所示。

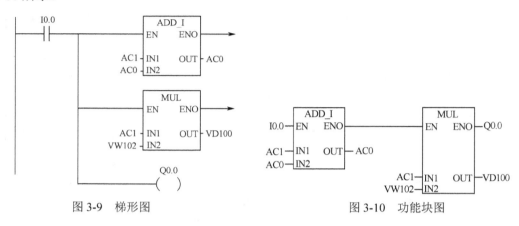

图 3-9　梯形图　　　　　　　　　　　　　　　图 3-10　功能块图

3.4.2　S7-200 的程序结构

S7-200 的程序结构属于线性化编程，其用户程序一般由两部分构成：用户程序和数据块。

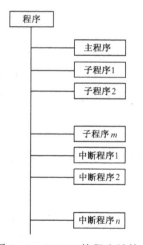

图 3-11　S7-200 的程序结构

（1）用户程序

一个完整的用户程序一般是由一个主程序、若干子程序和若干个中断处理子程序组成的，如图 3-11 所示。

如果用编程软件 STEP 7-Micro/WIN32 在计算机上编程，可以用两种方法组织程序结构：一种方法是利用编程软件的程序结构窗口，分别双击主程序、子程序和中断程序的图标，即可进入各个程序块的编程窗口。编译时编程软件自动对各个程序段进行连接。另一种方法是只进入主程序窗口，将主程序、子程序和中断程序按顺序依次安排在主程序窗口。

（2）数据块

S7-200 中的数据块，一般为 DB1，主要用来存放用户程序运行所需的数据。在数据块中允许存放的数据类型为：布尔型、十进制、二进制或十六进制，以及字母、数字和字符型。

小　　结

S7-200 是 SIEMENS 公司生产的小型 PLC，它体积小，功能强，配置灵活，在单机自动化和小规模生产线的自动控制中，有着非常广泛的应用。

① S7-200 系列 CPU22X 的 PLC 共有 4 种类型的 CPU 主机单元，其功能上的主要差异是数字量 I/O 点数不同，存储器容量不同，扩展能力不同，内置高速计数器数量不同，通信口数量不同。

② S7-200 的 CPU 主机单元的功能是可以扩展的，根据控制任务和性能指标，合理地选择 CPU 主机单元和扩展模板，对于 PLC 的选型和配置是至关重要的。

③ S7-200 的输入 / 输出系统具有快速响应功能：脉冲捕捉，中断输入，高速计数，高速脉冲输出，模拟电位器。

④ S7-200 的 CPU 主机单元可对输入 / 输出系统进行组态：配置 I/O 点数及模板地址，设置输入滤波，设置脉冲捕捉，配置数字量输出表。

⑤ S7-200 的扫描周期：读输入（输入采样），执行用户程序，处理通信请求，执行 CPU 自诊断，写输出（输出刷新）。

⑥ S7-200 的工作方式：RUN 方式，STOP 方式，TERM 方式。

⑦ S7-200 的存储系统：系统存储区，工作存储区（含暂时局部变量寄存器），程序装载存储区，累加器 AC，地址寄存器，数据块寄存器。

⑧ S7-200 的基本数据类型：布尔型，字节型，字型，双字型，整数型，双整数型，实数型（浮点数）。要注意各种数据类型的数据范围。

⑨ S7-200 的编程元件：输入继电器 I，输出继电器 Q，辅助继电器 M，变量寄存器 V，局部变量寄存器 L，特殊继电器 SM，定时器 T，计数器 C，累加器 AC，模拟量输入映像寄存器 AIW，模拟量输出映像寄存器 AQW，状态继电器 S，高速计数器 HC。

⑩ S7-200 的寻址方式：直接寻址和间接寻址。要注意编程元件的寻址范围。

⑪ S7-200 的编程语言：梯形图 LAD，语句表 STL，功能块图 FBD 等。

习 题 3

3-1 简述 S7-200 系列的 CPU22X 的 PLC 的具体差异。

3-2 一个 PLC 控制系统如果需要数字量输入点 36 个，数字量输出点 22 个，6 路模拟量输入，2 路模拟量输出。请给出两种配置方案：

（1）CPU 主机型号；

（2）扩展模板型号和数量；

（3）画出主机与各个模板的示意连接图，并进行地址分配；

（4）假定参考价格见表 3-12，请给出性价比最优的配置。

表 3-12　参考价格表

序　号	名　　　称	规　格　型　号	参考价格/元
1	CPU 主机单元	CPU221 晶体管	1400
2	CPU 主机单元	CPU221 继电器	1500
3	CPU 主机单元	CPU222 晶体管	1900
4	CPU 主机单元	CPU222 继电器	2100
5	CPU 主机单元	CPU224 晶体管	2900
6	CPU 主机单元	CPU224 继电器	3000

序　号	名　　称	规　格　型　号	参考价格/元
7	CPU 主机单元	CPU226 晶体管	3000
8	CPU 主机单元	CPU226 继电器	3100
9	数字量输入扩展模板	EM221 8DI 晶体管	750
10	数字量输出扩展模板	EM222 8DO 晶体管	920
11	数字量输出扩展模板	EM222 8DO 继电器	1000
12	数字量输入/输出扩展模板	EM223 4DI/4DO 晶体管	830
13	数字量输入/输出扩展模板	EM223 4DI/4DO 继电器	900
14	数字量输入/输出扩展模板	EM223 8DI/8DO 晶体管	1310
15	数字量输入/输出扩展模板	EM223 8DI/8DO 晶体管	1420
16	数字量输入/输出扩展模板	EM223 16DI/16DO 晶体管	2620
17	数字量输入/输出扩展模板	EM223 16DI/16DO 继电器	2820
18	模拟量输入扩展模板	EM231 4AI*12bit	1650
19	模拟量输出扩展模板	EM232 2AO*12bit	1800
20	模拟量输入/输出扩展模板	EM225 4AI/1AO*12bit	2200

3-3　简述 S7-200 的编程元件及有效寻址范围。

3-4　何谓数字滤波器？数字滤波器的作用是什么？何时使用数字滤波器？

3-5　何谓直接寻址？何谓间接寻址？何时使用间接寻址？

3-6　假定变量寄存器区从 V200 开始的 10 字节存储单元存放的数据依次为：22，34，50，65，54，82，31，49，24，97。执行以下程序后，求各个累加器中的数据。

MOVD &VB200, AC1

MOVW *AC1, AC0

INCD AC1

INCD AC1

INCD AC1

INCD AC1

MOVW *AC1, AC2

3-7　简述 S7-200 PLC 的定时器类型，定时精度及各种定时精度的定时器的数量。使用定时器编程时要注意什么？

3-8　简述数字量输出表的作用。

第4章 S7-200的基本指令系统及编程

在S7-200的指令系统中，有两类指令集，SIMATIC指令集及IEC1131-3指令集。SIMATIC指令集是SIEMENS公司专为S7系列PLC设计的，可以用梯形图LAD，语句表STL和功能块图FBD 3种语言进行编程。而梯形图LAD和语句表STL是PLC最基本的编程语言，本书将以这两种编程语言介绍S7-200的指令系统。

在S7-200的指令系统中，可分为基本指令和应用指令。所谓基本指令，最初是指为取代传统的继电器控制系统所需要的那些指令。由于PLC的功能越来越强，涉及的指令越来越多，对基本指令所包含的内容也在不断扩充。当然，基本指令和应用指令目前还没有严格的区分。在本章中，将较为系统地介绍S7-200的基本指令系统。

S7-200的指令系统是非常丰富的，指令功能很强。

- 位操作指令，包括位逻辑指令、定时器指令、计数器指令和比较指令；
- 运算指令，包括整数计算、浮点数计算、逻辑运算指令；
- 数据处理指令，包括传送、移位、字节交换和填充指令；
- 表功能指令，包括对表的存取和查找指令；
- 转换指令，包括数据类型转换、编码和译码、七段显示码指令和字符串转换指令。

在基本指令中，位操作指令是最重要的，是其他所有指令应用的基础，是本章需要掌握的重点内容。除位操作指令外，其他的基本指令反映了PLC对数据运算和数据处理的能力，这些指令拓展了PLC的应用领域。通过对基本指令的学习，熟练掌握梯形图的编程思想和方法。

4.1 位操作指令

PLC的位操作指令主要实现逻辑控制和顺序控制，传统的继电器-接触器控制系统完全可以用S7-200的位操作指令来完成。

4.1.1 位逻辑指令

1. 装载指令LD（Load），LDN（Load Not）与线圈驱动指令=（Out）

LD：将动合触点接在母线上。

LDN：将动断触点接在母线上。

=：线圈输出。

LD，LDN，=指令的梯形图及语句表如图4-1所示。

LD，LDN，=指令的使用说明：

① LD，LDN指令总是与母线相连（包括在分支点引出的母线）。

② =指令不能用于输入继电器。

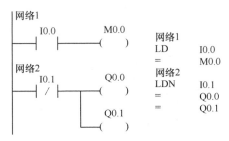

图4-1 LD，LDN，=指令的梯形图及语句表

③ 具有图 4-1 中的最后两条指令结构的输出形式，称为并联输出，并联的=指令可以连续使用。

④ LD，LDN，=指令的操作数（即可使用的编程元件）为：

指令	操作数
LD	I，Q，M，SM，T，C，V，S
LDN	I，Q，M，SM，T，C，V，S
=	Q，M，SM，T，C，V，S

⑤ =指令的操作数一般不能重复使用。例如，在程序中多次出现"= Q0.0"指令。

2．触点串联指令 A（And），AN（And Not）

A：串联动合触点。

AN：串联动断触点。

A，AN 指令的梯形图及语句表如图 4-2 所示。

A，AN 指令使用说明：

① A，AN 指令应用于单个触点的串联（常开或常闭），可连续使用。

② 具有图 4-2 中的最后 3 条指令结构的输出形式，称为连续输出。

③ A，AN 指令的操作数为：I，Q，M，SM，T，C，V，S。

网络1
LD I0.0
A I0.1
AN Q0.1
= M0.0
网络2
LD M0.0
AN I0.2
= Q0.0
A I0.3
= Q0.1

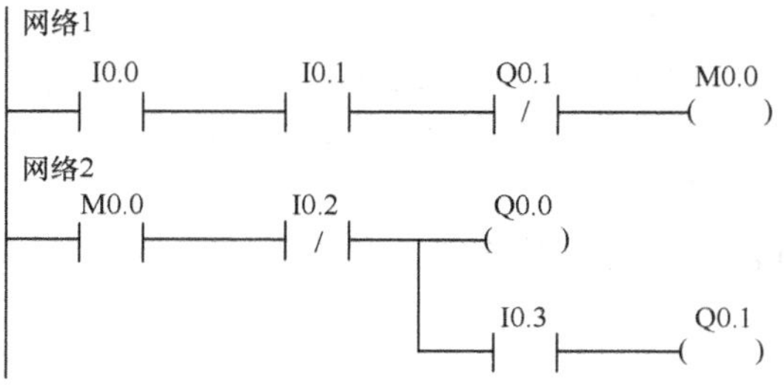

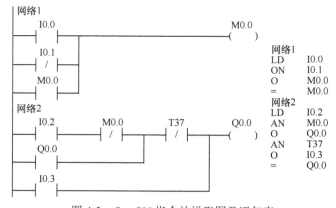

图 4-2 A，AN 指令的梯形图及语句表

3．触点并联指令 O（Or），ON（Or Not）

O：并联动合触点。

ON：并联动断触点。

O，ON 指令的梯形图及语句表如图 4-3 所示。

网络1
LD I0.0
ON I0.1
O M0.0
= M0.0
网络2
LD I0.2
AN M0.0
O Q0.0
AN T37
O I0.3
= Q0.0

图 4-3 O，ON 指令的梯形图及语句表

O，ON 指令使用说明：

① O，ON 指令应用于并联单个触点，紧接在 LD，LDN 之后使用，可以连续使用。

② O，ON 指令的操作数为：I，Q，M，SM，T，C，V，S。

4. 置位／复位指令 S（Set）/R（Reset）

S：置位指令，将由操作数指定的位开始的 1 位至最多 255 位置"1"，并保持。

R：复位指令，将由操作数指定的位开始的 1 位至最多 255 位清"0"，并保持。

S，R 指令的时序图、梯形图及语句表如图 4-4 所示。

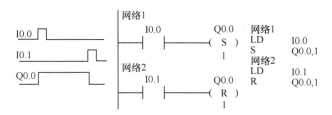

图 4-4　S，R 指令的时序图、梯形图及语句表

R，S 指令使用说明：

① 与=指令不同，S 或 R 指令可以多次使用同一个操作数。

② 用 S/R 指令可构成 S-R 触发器，或用 R/S 指令构成 R-S 触发器。由于 PLC 特有的顺序扫描的工作方式，使得执行后面的指令具有优先权。

③ 使用 S，R 指令时，需指定操作性质（S/R）、开始位（bit）和位的数量（N）。

开始位（bit）的操作数为：Q，M，SM，T，C，V，S。

数量 N 的操作数为：VB，IB，QB，MB，SMB，LB，SB，AC，常数等。

④ 操作数被置"1"后，必须通过 R 指令清"0"。

5. 边沿触发指令 EU（Edge Up）和 ED（Edge Down）

EU：上升沿触发指令，在检测信号的上升沿，产生一个扫描周期宽度的脉冲。

ED：下降沿触发指令，在检测信号的下降沿，产生一个扫描周期宽度的脉冲。

EU，ED 指令的时序图、梯形图及语句表如图 4-5 所示。

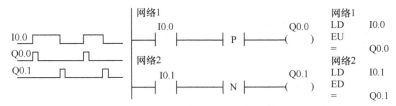

图 4-5　EU，ED 指令的时序图、梯形图及语句表

EU，ED 指令使用说明：

① EU，ED 指令后无操作数。

② EU，ED 指令用于检测状态的变化（信号出现或消失）。

6. 逻辑结果取反指令 NOT

NOT 指令用于将 NOT 指令左端的逻辑运算结果取非。NOT 指令无操作数。NOT 指令的梯形图及语句表如图 4-6 所示。

图 4-6　NOT 指令的梯形图及语句表

7．立即存取指令 I（Immediate）（LDI，LDNI，AI，ANI，OI，ONI，=I，SI，RI）

S7-200 可通过立即存取指令加快系统的响应速度。立即存取指令允许系统对输入／输出点（只能是 I 和 Q）进行直接快速存取，共有 4 种方式。

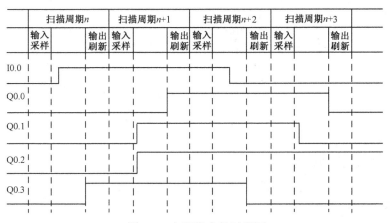

图 4-7　立即指令的梯形图及语句表

（1）立即读输入指令

立即读输入指令是在 LD，LDN，A，AN，O，ON指令后加 "I"，组成 LDI，LDNI，AI，ANI，OI，ONI指令。程序执行立即读输入指令时，只是立即读取物理输入点的值，而不改变输入映像寄存器的值。

（2）立即输出指令=I

执行立即输出指令，是将栈顶值立即复制到指令所指定的物理输出点，同时刷新输出映像寄存器的内容。

（3）立即置位指令 SI

执行立即置位指令，将从指令指定的位开始的最多128 个物理输出点同时置 "1"，并且刷新输出映像寄存器的内容。

（4）立即复位指令 RI

执行立即复位指令，将从指令指定的位开始的最多 128 个物理输出点同时清 "0"，并且刷新输出映像寄存器的内容。

立即指令的梯形图及语句表如图 4-7 所示。

立即指令的时序图如图 4-8 所示。

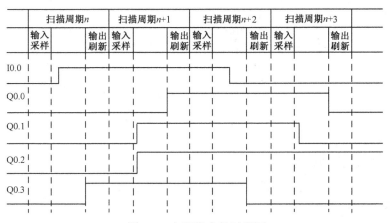

图 4-8　立即指令的时序图

8．基本逻辑操作指令应用举例

在大多数电气设备的控制中，启动操作和停止操作通常是通过 2 只按钮分别控制的。如果

1 台 PLC 控制多个这种具有启动 / 停止操作的设备时，势必占用很多输入点。有时为了节省输入点，可采用单按钮启动 / 停止控制。

假定启动 / 停止的输入信号已连接到输入点 I0.0，并通过输出点 Q0.0 连接到 1 台电气设备上。操作方法是：按一下该按钮，输入的是启动信号，再按一下该按钮，输入的则是停止信号……，即单数次为启动信号，双数次为停止信号。

实现单按钮启动 / 停止控制的方案很多。

方案 1：方案 1 的时序图、梯形图及语句表如图 4-9 所示。

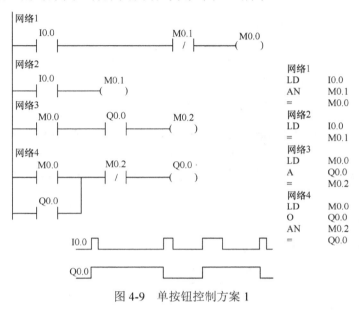

图 4-9　单按钮控制方案 1

当第 1 次按下按钮时，在当前扫描周期内，I0.0 使辅助继电器 M0.0，M0.1 为 ON 状态，使 Q0.0 为 ON；到下一个扫描周期，辅助继电器 M0.1 的动断触点为 OFF，使 M0.0 为 OFF，但是由于 Q0.0 自锁触点的作用，Q0.0 仍然 ON，Q0.0 的动合触点为 ON。第 1 次松开按钮后至第 2 次按下按钮前，在输入采样阶段读入 I0.0 的状态为 OFF，辅助继电器 M0.0，M0.1 仍然为 OFF，Q0.0 继续保持为 ON，Q0.0 的动合触点亦保持 ON 状态。当第 2 次按下按钮时，在当前扫描周期时，辅助继电器 M0.0，M0.1，M0.2 为 ON 状态，M0.2 的动断触点为 OFF 状态，使 Q0.0 由 ON 变为 OFF；到下一个扫描周期（假定未松开按钮），M0.1 的动断触点使 M0.0 为 OFF，使 M0.2 为 OFF，Q0.0 仍然为 OFF。第 2 次松开按钮后至第 3 次按下按钮前，M0.0，M0.1，M0.2 及 Q0.0 均为 OFF 状态，控制程序恢复为原始状态。所以，当第 3 次按下按钮时，又开始了启动操作。

方案 2：方案 2 的时序图、梯形图及语句表如图 4-10 所示。

用于启动 / 停止控制的输入信号按钮仍接在输入点 I0.0，当按一下按钮时，由上升沿触发 EU 指令使 M0.0 产生一个扫描周期的脉冲，在当前扫描周期内，当扫描到第 2 个梯级的 Q0.0 的常开触点时，它为 OFF 状态，因此 M0.1 为 OFF 状态。当扫描到第三个梯级时，Q0.0 为 ON 状态。在程序执行到下一个扫描周期时，尽管第 2 个梯级的 Q0.0 的动合触点为 ON，但此时 M0.0 的动合触点已变为 OFF 状态（它只 ON 一个扫描周期），所以 M0.1 仍为 OFF 状态，Q0.0 继续保持为 ON。当第 2 次按下按钮 I0.0 时，M0.0 又产生一个扫描周期的脉冲，这时 M0.1 才变为 ON，其动断触点断开输出 Q0.0 回路，实现了用单按钮的启停控制。

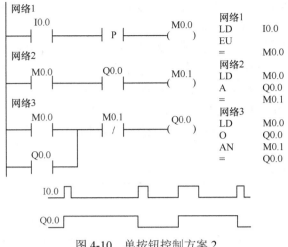

图 4-10　单按钮控制方案 2

9. 触点块串联指令 ALD（And Load）、触点块并联指令 OLD（Or Load）

触点块由两个以上的触点构成，触点块中的触点可以串联连接，或者并联连接，也可以混联连接。包含触点块串联的梯形图及语句表如图 4-11 所示，包含触点块并联的梯形图及语句表如图 4-12 所示。

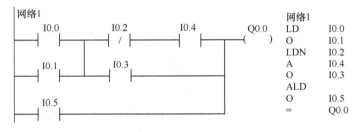

图 4-11　触点块串联的梯形图及语句表

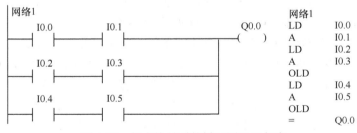

图 4-12　触点块并联的梯形图及语句表

4.1.2　定时器指令

S7-200 的 CPU22X 系列的 PLC 有 3 种类型的定时器：通电延时定时器 TON，保持型通电延时定时器 TONR 和断电延时定时器 TOF，总共提供 256 个定时器 T0～T255，其中 TONR 为 64 个，其余 192 个可定义为 TON 或 TOF。定时精度可分为 3 个等级：1ms、10ms 和 100ms。有关定时器的编号和精度，可参见表 3-9。

定时器指令需要 3 个操作数：编号、设定值和允许输入。

1. 接通延时定时器指令 TON（On-Delay Timer）

接通延时定时器 TON 用于单一间隔的定时。

在梯形图中，TON 指令以功能框的形式编程，指令名称为 TON，它有 2 个输入端：IN 为启动定时器输入端，PT 为定时器的设定值输入端。当定时器的输入端 IN 为 ON 时，定时器开始计时；当定时器的当前值大于等于设定值时，定时器被置位，其动合触点接通，动断触点断开，定时器继续计时，一直计时到最大值 32 767。无论何时，只要 IN 为 OFF，TON 的当前值被复位到 0。

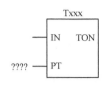

在语句表中，接通延时定时器的指令格式为：TON Txxx（定时器编号），PT。

图 4-13 为 TON 指令应用示例。

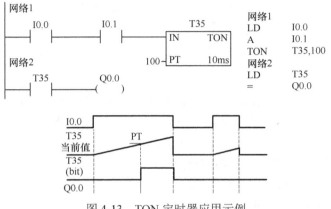

图 4-13　TON 定时器应用示例

当定时器 T35 的允许输入 I0.0 为 ON 时，T35 开始计时，定时器 T35 的当前值寄存器从 0 开始增加。当 T35 的当前值达到设定值 PT（本例中为 1s）时，T35 的状态位（bit）为 ON，T35 的动合触点为 ON，使得 Q0.0 为 ON。此时 T35 的当前值继续累加到最大值（32 767×S，S 为定时器精度）或 T35 复位。当 I0.0 为 OFF 时，T35 复位，定时器的状态位（bit）清 0，当前值寄存器清 0。

在程序中也可以使用复位指令 R 使定时器复位。

2. 保持型接通延时定时器指令 TONR（Retentive On-Delay Timer）

保持型接通延时定时器 TONR，用于多个时间间隔的累计定时。

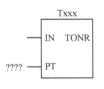

在梯形图中，TONR 指令以功能框的形式编程，指令名称为 TONR，它有 2 个输入端：IN 为启动定时器输入端，PT 为定时器的设定值输入端。当定时器的输入端 IN 为 ON 时，定时器开始计时，当定时器的当前值大于等于设定值时，定时器被置位，其动合触点接通，动断触点断开，定时器继续计时，一直计时到最大值 32 767。如果在定时器的当前值小于设定值时，IN 变成 OFF，TONR 的当前值保持不变，等到 IN 又为 ON 时，TONR 在当前值的基础上继续计时，直到当前值大于等于设定值。

在语句表中，保持型接通延时定时器的指令格式为：TONR Txxx（定时器编号），PT。

图 4-14 为 TONR 指令的应用示例。

当定时器 T1 的允许输入 I0.0 为 ON 时，T1 开始计时，定时器 T1 的当前值寄存器从 0 开始增加。当 I0.0 为 OFF 时，T1 的当前值保持。当 I0.0 再次为 ON 时，T1 的当前值寄存器在保持值的基础上继续累加，直到 T1 的当前值达到设定值 PT（本例中为 1s）时，定时器动作，

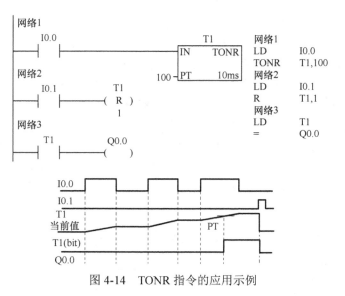

图 4-14　TONR 指令的应用示例

T1 的状态位（bit）为 ON，T1 的动合触点为 ON，使得 Q0.0 为 ON。此时 T1 的当前值继续累加到最大值（32 767×S，S 为定时器精度）或 T1 复位。当定时器动作后，即使 I0.0 为 OFF 时，T1 也不会复位。必须使用复位指令 R，才能使 TONR 型定时器复位。

3. 断开延时定时器指令 TOF（OFF-Delay Timer）

断开延时定时器 TOF，用于允许输入端断开后的单一间隔定时。系统上电或首次扫描时，定时器 TOF 的状态位（bit）为 OFF，当前值为 0。

在梯形图中，TON 指令以功能框的形式编程，指令名称为 TOF，它有 2 个输入端：IN 为启动定时器输入端，PT 为定时器的设定值输入端。当定时器的输入端 IN 为 ON 时，TOF 的状态位为 ON，其动合触点接通，动断触点断开，但是定时器的当前值仍为 0。只有当 IN 由 ON 变为 OFF 时，定时器才开始计时，当定时器的当前值大于等于设定值时，定时器被复位，其动合触点断开，动断触点接通，定时器停止计时。如果 IN 的 OFF 时间小于设定值，则定时器位始终为 ON。

在语句表中，断开延时定时器的指令格式为：TOF Txxx（定时器编号），PT。

图 4-15 为 TOF 指令的应用示例。

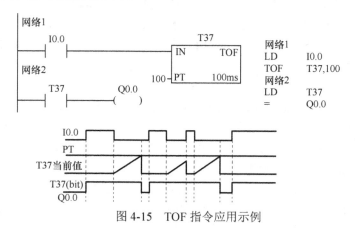

图 4-15　TOF 指令应用示例

当允许输入 I0.0 为 ON 时，定时器的状态位为 ON，当 I0.0 由 ON 到 OFF 时，当前值从 0 开始增加，直到达到设定值 PT，定时器的状态位为 OFF，当前值等于设定值，停止累加计数。

在程序中也可以使用复位指令 R 使定时器复位。TOF 复位后，定时器的状态位（bit）为 OFF，当前值为 0。当允许输入 IN 再次由 ON 到 OFF 时，TOF 再次启动。

4．定时器应用举例

振荡器的设计是经常用到的，例如控制一个指示灯的闪烁。现在用两个定时器组成一个振荡器，振荡器的时序图、梯形图及语句表如图 4-16 所示。

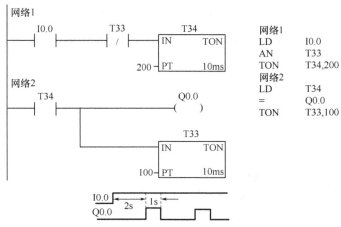

图 4-16　振荡器的时序图、梯形图及语句表

4.1.3　计数器指令

计数器用来累计输入脉冲的数量。S7-200 的普通计数器有 3 种类型：递增计数器 CTU、递减计数器 CTD 和增减计数器 CTUD，共计 256 个，可根据实际编程需要，对某个计数器的类型进行定义，编号为 C0～C255。不能重复使用同一个计数器的线圈编号，即每个计数器的线圈编号只能使用 1 次。每个计数器有一个 16 位的当前值寄存器和一个状态位，最大计数值为 32 767。计数器设定值 PV 的数据类型为整数型 INT，寻址范围为：VW，IW，QW，MW，SW，SMW，LW，AIW，T，C，AC，*VD，*AC，*LD 及常数。

1．递增计数器指令 CTU（Counter Up）

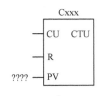

首次扫描 CTU 时，其状态位为 OFF，其当前值为 0。

在梯形图中，递增计数器以功能框的形式编程，指令名称为 CTU，它有 3 个输入端：CU，R 和 PV。PV 为设定值输入。CU 为计数脉冲的启动输入端，当 CU 为 ON 时，在每个输入脉冲的上升沿，计数器计数 1 次，当前值寄存器加 1。如果当前值达到设定值 PV，计数器动作，状态位为 ON，当前值继续递增计数，最大可达到 32 767。当 CU 由 ON 变为 OFF 时，计数器的当前值停止计数，并保持当前值不变；如果 CU 又变为 ON，则计数器在当前值的基础上继续递增计数。R 为复位脉冲的输入端，当 R 端为 ON 时，计数器复位，使计数器状态位为 OFF，当前值为 0。也可以通过复位指令 R 使 CTU 计数器复位。

在语句表中，递增计数器的指令格式为：CTU Cxxx（计数器号），PV。

CTU 计数器的时序图、梯形图及语句表如图 4-17 所示。

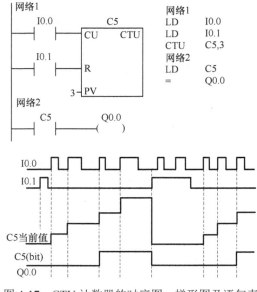

图 4-17　CTU 计数器的时序图、梯形图及语句表

2. 递减计数器指令 CTD（Counter Down）

首次扫描 CTD 时，其状态位为 OFF，其当前值为设定值。

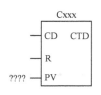

在梯形图中，递减计数器以功能框的形式编程，指令名称为 CTD，它有 3 个输入端：CD，R 和 PV。PV 为设定值输入端。CD 为计数脉冲的输入端，在每个输入脉冲的上升沿，计数器计数 1 次，当前值寄存器减 1。如果当前值寄存器减到 0 时，计数器动作，状态位为 ON。计数器的当前值保持为 0。R 为复位脉冲的输入端，当 R 端为 ON 时，计数器复位，使计数器状态位为 OFF，当前值为设定值。也可以通过复位指令 R 使 CTD 计数器复位。

在语句表中，递减计数器的指令格式为：CTD Cxxx（计数器号），PV。

CTD 计数器的时序图、梯形图及语句表如图 4-18 所示。

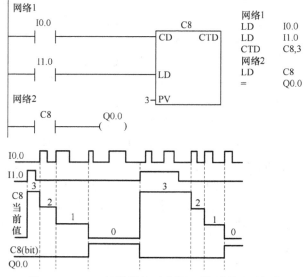

图 4-18　CTD 计数器的时序图、梯形图及语句表

3．增减计数器指令 CTUD（Counter Up/Down）

增减计数器 CTUD，首次扫描时，其状态位为 OFF，当前值为 0。

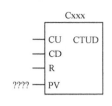

在梯形图中，增减计数器以功能框的形式编程，指令名称为 CTUD，它有两个脉冲输入端 CU 和 CD，1 个复位输入端 R 和 1 个设定值输入端 PV。CU 为脉冲递增计数输入端，在 CU 的每个输入脉冲的上升沿，当前值寄存器加 1；CD 为脉冲递减计数输入端，在 CD 的每个输入脉冲的上升沿，当前值寄存器减 1。如果当前值等于设定值时，CTUD 动作，其状态位为 ON。

如果 CTUD 的复位输入端 R 为 ON 时，或使用复位指令 R，可使 CTUD 复位，即使状态位为 OFF，使当前值寄存器清 0。

增减计数器的计数范围为 –32 768～32 767。当 CTUD 计数到最大值（32 767）后，如 CU 端又有计数脉冲输入，在这个输入脉冲的上升沿，使当前值寄存器跳变到最小值（–32 768）；反之，在当前值为最小值（–32 768）后，如 CD 端又有计数脉冲输入，在这个脉冲的上升沿，使当前值寄存器跳变到最大值（32 767）。

在语句表中，增减计数器的指令格式为：CTUD Cxxx（计数器号），PV。

增减计数器 CTUD 的时序图、梯形图及语句表如图 4-19 所示。

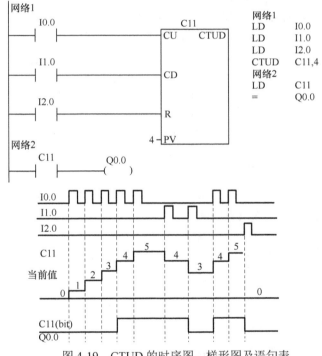

图 4-19　CTUD 的时序图、梯形图及语句表

4.1.4　定时器及计数器的应用和扩展

1．PLC 的定时范围

PLC 的定时范围是一定的，在 S7-200 中，单个定时器的最大定时范围为 32 767×S（S 为定时精度），当需要设定的定时值超过这个最大值时，可通过扩展的方法来扩大定时器的定时范围。

（1）定时器的串级组合

两个定时器的串级组合如图 4-20 所示。

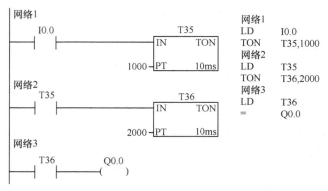

图 4-20　两个定时器的串级组合

在图 4-20 中，T35 延时 T_1=10s，T36 延时 T_2=20s，总计延时 $T=T_1+T_2$=30s。由此可见，n 个定时器的串级组合，可扩大延时范围为 $T=T_1+T_2+\cdots+T_n$。

（2）定时器与计数器的串级组合

采用图 4-21 所示的定时器与计数器的串级组合，可更大程度地扩展延时范围。

在图 4-21 中，T34 的延时范围为 10s，M0.0 每 10s 接通 1 次，作为 C10 的计数脉冲，当达到 C10 的设定值 2000 时，已实现 2000×10s=20 000s 的延时。

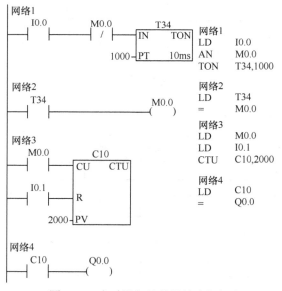

图 4-21　定时器与计数器的串级组合

2．PLC 的计数次数

PLC 的单个计数器的计数次数是一定的。在 S7-200 中，单个计数器的最大计数范围是 32 767，当需要设定的计数值超过这个最大值时，可通过计数器串级组合的方法来扩大计数器计数范围。

在图 4-22 中，C1 的设定值为 1000，C2 的设定值为 2000，当达到 C2 的设定值时，对输入脉冲 I0.0 的计数次数已达到 1000×2000=2 000 000 次。

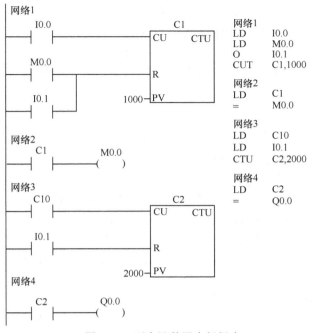

图 4-22 两个计数器串级组合

4.1.5 比较指令

比较指令用于两个相同数据类型的有符号数或无符号数 IN1 和 IN2 的比较判断操作。

比较运算符有：等于（＝）、大于等于（＞＝）、小于等于（＜＝）、大于（＞）、小于（＜）、不等于（＜＞）。

在梯形图中，比较指令是以动合触点的形式编程的，在动合触点的中间注明比较参数和比较运算符。当比较的结果为真时，该动合触点闭合。

在功能块图中，比较指令以功能框的形式编程；当比较结果为真时，输出接通。

在语句表中，比较指令与基本逻辑指令 LD，A 和 O 进行组合后编程；当比较结果为真时，PLC 将栈顶置 1。

比较指令的类型有：字节（BYTE）比较、整数（INT）比较、双字整数（DINT）比较和实数（REAL）比较。操作数 IN1 和 IN2 的寻址范围见表 4-1。

表 4-1 比较指令的操作数 IN1 和 IN2 的寻址范围

操 作 数	类 型	寻 址 范 围
IN1 IN2	BYTE	VB，IB，QB，MB，SB，SMB，LB，AC，*VD，*AC，*LD 和常数
	INT	VW，IW，QW，MW，SW，SMW，LW，AIW，T，C，AC，*VD，*AC，*LD 和常数
	DINT	VD，ID，QD，MD，SD，SMD，LD，HC，AC，*VD，*AC，*LD 和常数
	REAL	VD，ID，QD，MD，SD，SMD，LD，AC，*VD，*AC，*LD 和常数

1．字节比较指令

字节比较指令用于两个无符号的整数字节 IN1 和 IN2 的比较。字节比较指令的指令格式为：

① LDB 比较运算符 IN1，IN2。例如，LDB= VB2，VB4。

② AB 比较运算符 IN1，IN2。例如，AB>= MB1，MB12。

③ OB 比较运算符 IN1，IN2。例如，OB<>VB3，VB8。

LDB，AB 或 OB 指令与比较运算符组合的原则，视比较指令的动合触点在梯形图中的具体位置而定。

2．整数比较指令

整数比较指令用于两个有符号的一个字长的整数 IN1 和 IN2 的比较，整数范围为十六进制的 8000～7FFF，在 S7-200 中，用 16#8000～16#7FFF 表示。

整数比较指令的指令格式为：

① LDW 比较运算符 IN1，IN2。例如，LDW<= VW4，VW8。

② AW 比较运算符　IN1，IN2。例如，AW>MW2，MW4。

③ OW 比较运算符　IN1，IN2。例如，OW>= VW6，VW10。

LDW，AW 或 OW 指令与比较运算符组合的原则，视比较指令的动合触点在梯形图中的具体位置而定。

3．双字整数比较指令

双字整数比较指令用于两个有符号的双字长整数 IN1 和 IN2 的比较。双字整数的范围为：16#80000000～16#7FFFFFFF。

双字整数比较指令的指令格式为：

① LDD 比较运算符 IN1，IN2。例如，LDD>= VD2，VD10。

② AD 比较运算符 IN1，IN2。例如，AD>= MD0，MD4。

③ OD 比较运算符 IN1，IN2。例如，OD<>VD4，VD8。

LDD，AD 或 OD 指令与比较运算符组合的原则，视比较指令的动合触点在梯形图中的具体位置而定。

4．实数比较指令

实数比较指令用于两个有符号的双字长实数 IN1 和 IN2 的比较。正实数的范围为：+1.175495E−38～+3.402823E+38，负实数的范围为：−1.175495E-38～−3.402823E+38。

实数比较指令的指令格式为：

① LDR 比较运算符 IN1，IN2。例如，LDR= VD2，VD20。

② AR 比较运算符 IN1，IN2。例如，AR>= MD4，MD12。

③ OR 比较运算符 IN1，IN2。例如，OR<>AC1，1234.56。

LDR，AR 或 OR 指令与比较运算符组合的原则，视比较指令的动合触点在梯形图中的具体位置而定。

5．数据比较指令应用举例

某轧钢厂的成品库可存放钢卷 1000 个，因为不断有钢卷进库、出库，需要对库存的钢卷数进行统计。当库存数低于下限 100 个时，指示灯 HL1 亮；当库存数大于 900 个时，指示灯 HL2 亮；当达到库存上限 1000 个时，报警器 HA 响，停止进库。

分析：需要检测钢卷的进库、出库情况，可用增减计数器进行统计。I0.0 作为进库检测，I0.1 作为出库检测，I0.2 作为复位信号，设定值为 1000 个。用 Q0.0 控制指示灯 HL1，Q0.1 控制指示灯 HL2，Q0.2 控制报警器 HA。

控制系统的梯形图及语句表如图 4-23 所示。

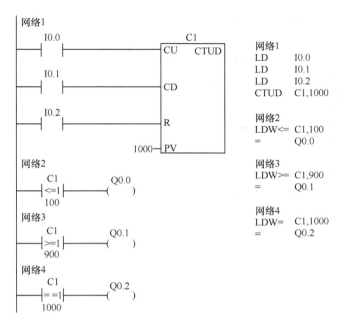

图 4-23　比较指令应用举例

4.2　运　算　指　令

早期 PLC 是为了取代传统的继电器-接触器控制系统的，因此它的主要功能是本章 4.1 节所介绍的位逻辑操作。随着计算机技术的发展，目前越来越多的 PLC 具备了越来越强的运算功能，拓宽了 PLC 的应用领域。

运算指令包括算术运算指令和逻辑运算指令。算术运算包括加法、减法、乘法、除法及一些常用的数学函数；在算术运算中，数据类型为整型 INT，双整型 DINT 和实数 REAL。逻辑运算包括逻辑与、逻辑或、逻辑非、逻辑异或，以及数据比较，数据类型为字节型 BYTE，字型 WORD，双字型 DWORD。

4.2.1　加法指令

加法操作是对两个有符号数进行相加。

1．整数加法指令+I

整数加法指令 +I 在梯形图（LAD）及功能块图（FBD）中，以功能框的形式编程，指令名称为 ADD_I。在整数加法功能框中，EN（Enable）为允许输入端，ENO（Enable Output）为允许输出端，IN1 和 IN2 为两个需要进行相加的有符号数，OUT 用于存放和。

当允许输入端 EN 有效时，执行加法操作，将两个单字长（16位）的符号整数 IN1 和 IN2 相加，产生 1 个 16 位的整数和 OUT，即 IN1+IN2=OUT。

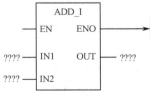

整数加法将影响特殊继电器 SM1.0（零），SM1.1（溢出），SM1.2（负）。

影响允许输出 ENO 正常工作的出错条件是：SM1.1（溢出），SM4.3（运行时间），0006（间接寻址）。

整数加法指令中，操作数的寻址范围见表 4-2。

表 4-2　整数加法操作数的寻址范围

操 作 数	类 型	寻 址 范 围
IN1，IN2	INT	VW，IW，QW，MW，SW，SMW，LW，AIW，T，C，AC，*VD，*AC，*LD 和常数
OUT	INT	VW，IW，QW，MW，SW，SMW，LW，T，C，AC，*VD，*AC，*LD

在语句表 STL 中，指令格式为：+I IN1，OUT。这里 IN2 与 OUT 是同一个存储单元。
指令的执行结果是：IN1+OUT=OUT。

整数加法指令示例如图 4-24 所示。

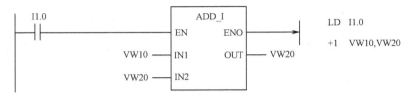

图 4-24　整数加法指令示例

运算过程见表 4-3。

表 4-3　整数加法的运算过程

操作数	地址单元	单元长度（字节）	运 算 前 值	运 算 结 果 值
IN1	VW10	2	2000	2000
IN2	VW20	2	3000	5000
OUT	VW20	2	3000	5000

2. 双整数加法指令 +D

双整数加法指令在梯形图（LAD）及功能块图（FBD）中，以功能框的形式编程，指令名称为 ADD_DI。在双整数加法功能框中，EN（Enable）为允许输入端，ENO（Enable Output）为允许输出端，IN1 和 IN2 为两个需要进行相加的有符号数，OUT 用于存放和。

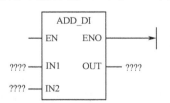

当允许输入端 EN 有效时，执行加法操作，将 2 个双字长（32位）的符号整数 IN1 和 IN2 相加，产生 1 个 32 位的整数和 OUT，即 IN1+IN2=OUT。

双整数加法将影响特殊继电器 SM1.0（零），SM1.1（溢出），SM1.2（负）。

影响允许输出 ENO 正常工作的出错条件是：SM1.1（溢出），SM4.3（运行时间），0006（间接寻址）。

双整数加法指令中，操作数的寻址范围见表 4-4。

在语句表 STL 中，双整数加法的指令格式为：+D IN1，OUT。

这里 IN2 与 OUT 是同一个存储单元。

指令的执行结果是：IN1+OUT=OUT。

双整数加法指令示例如图 4-25 所示。

表 4-4 双整数加法操作数的寻址范围

操 作 数	类 型	寻 址 范 围
IN1，IN2	DINT	VD，ID，QD，MD，SD，SMD，LD，HC，AC，*VD，*AC，*LD 和常数
OUT	DINT	VD，ID，QD，MD，SD，SMD，LD，AC，*VD，*AC，*LD

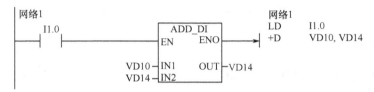

图 4-25 双整数加法指令示例

运算过程见表 4-5。

表 4-5 双整数加法的运算过程

操 作 数	地址单元	单元长度（字节）	运算前值	运算结果值
IN1	VD10	4	200 000	200 000
IN2	VD14	4	300 000	500 000
OUT	VD14	4	300 000	500 000

3．实数加法指令+R

实数加法指令在梯形图（LAD）及功能块图（FBD）中，以功能框的形式编程。指令名称为 ADD_R。EN（Enable）为允许输入端，ENO（Enable Output）为允许输出端，IN1 和 IN2 为两个需要进行相加的有符号数，OUT 用于存放和。

当允许输入端 EN 有效时，执行加法操作，将两个双字长（32位）的实数 IN1 和 IN2 相加，产生 1 个 32 位的实数和 OUT，即 IN1+IN2=OUT。

实数加法将影响特殊继电器 SM1.0（零）、SM1.1（溢出）、SM1.2（负）。

影响允许输出 ENO 正常工作的出错条件是：SM1.1（溢出），SM4.3（运行时间），0006（间接寻址）。

实数加法指令中，操作数的寻址范围见表 4-6。

表 4-6 实数加法操作数的寻址范围

操 作 数	类 型	寻 址 范 围
IN1，IN2	REAL	VD，ID，QD，MD，SD，SMD，LD，AC，*VD，*AC，*LD 和常数
OUT	REAL	VD，ID，QD，MD，SD，SMD，LD，AC，*VD，*AC，*LD

在语句表 STL 中，指令格式为：+R IN1，OUT。这里 IN2 与 OUT 是同一个存储单元。指令的执行结果是：IN1+OUT=OUT。

实数加法指令：+R VD10，VD14 的运算过程见表 4-7。

表 4-7　实数加法的运算过程

操 作 数	地 址 单 元	单元长度（字节）	运 算 前 值	运算结果值
IN1	VD10	4	200.25	200.25
IN2	VD14	4	300.505	500.755
OUT	VD14	4	300.505	500.755

4.2.2　减法指令

减法指令是对两个有符号数进行相减操作。与加法指令一样，也可分为整数减法指令（–I）、双整数减法指令（–D）及实数减法指令（–R）。在 LAD 及 FBD 中，减法指令以功能框的形式进行编程，指令名称分别为：

整数减法指令：SUB_I

双整数减法指令：SUB_DI

实数减法指令：SUB_R

指令执行结果，IN1–IN2=OUT。

3 种减法指令的梯形图如图 4-26 所示。

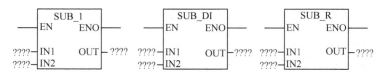

图 4-26　减法指令

在 STL 中，执行结果：OUT–IN2=OUT，这里 IN1 与 OUT 是同一个存储单元。

指令格式为：

① 整数减法指令：–I IN2，OUT。

② 双整数减法指令：–D IN2，OUT。

③ 实数减法指令：–R IN2，OUT。

例如，整数减法：– I AC0，VW4 的运算过程见表 4-8。

表 4-8　整数减法的运算过程

操 作 数	地 址 单 元	单元长度（字节）	运 算 前 值	运算结果值
IN1	VW4	2	3000	1000
IN2	AC0	2	2000	2000
OUT	VW4	2	3000	1000

4.2.3　乘法指令

乘法指令是对两个有符号数进行相乘运算，包括整数乘法、完全整数乘法、双整数乘法、实数乘法。

1．整数乘法指令×I

整数乘法指令的功能是 IN1×IN2=OUT。当允许输入有效时，将 2 个单字长（16 位）的有符号整数 IN1 和 IN2 相乘，产生 1 个 16 位的整数结果 OUT。如果运算结果大于 32 767（16 位二进制数表示的范围），则产生溢出。

整数乘法指令在 LAD 和 FBD 中用功能框形式编程，指令名称为：MUL_I。整数乘法指令在 STL 中的指令格式为：×I IN1，OUT。执行结果：IN1×OUT=OUT。

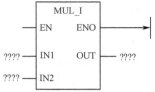

这里，IN2 与 OUT 是同一个存储单元。

整数乘法指令中，操作数的寻址范围见表 4-9。

表 4-9　整数乘法操作数的寻址范围

操 作 数	类 型	寻 址 范 围
IN1，IN2	INT	VW，IW，QW，MW，SW，SMW，LW，AIW，T，C，AC，*VD，*AC，*LD 和常数
OUT	INT	VW，IW，QW，MW，SW，SMW，LW，T，C，AC，*VD，*AC，*LD

整数乘法将影响特殊继电器 SM1.0（零），SM1.1（溢出），SM1.2（负）。

影响允许输出 ENO 正常工作的出错条件是：SM1.1（溢出），SM4.3（运行时间），0006（间接寻址）。

例如，×I VW4，AC0 的运算过程见表 4-10。

表 4-10　整数乘法指令的运算过程

操 作 数	地址单元	单元长度（字节）	运 算 前 值	运算结果值
IN1	VW4	2	20	20
IN2	AC0	2	300	6000
OUT	AC0	2	300	6000

2. 完全整数乘法指令 MUL（Multiply）

完全整数乘法指令的功能是将 2 个单字长（16 位）的有符号整数 IN1 和 IN2 相乘，产生 1 个 32 位的整数结果 OUT。

完全整数乘法指令在 LAD 和 FBD 中用功能框的形式编程，指令名称为：MUL。当允许输入 EN 有效时，执行乘法运算：IN1×IN2=OUT。

完全整数乘法指令在 STL 中的指令格式为：MUL IN1，OUT。

执行结果：IN1×OUT=OUT。

完全整数乘法指令中，操作数的寻址范围见表 4-11。

表 4-11　完全乘法指令操作数的寻址范围

操 作 数	类 型	寻 址 范 围
IN1，IN2	INT	VW，IW，QW，MW，SW，SMW，LW，AIW，T，C，AC，*VD，*AC，*LD 和常数
OUT	DINT	VD，ID，QD，MD，SD，SMD，LD，AC，*VD，*AC，*LD

完全整数乘法将影响特殊继电器 SM1.0（零），SM1.1（溢出），SM1.2（负）。

影响允许输出 ENO 正常工作的出错条件是：SM1.1（溢出），SM4.3（运行时间），0006（间接寻址）。

在梯形图中，IN2 与 OUT 的低 16 位是同一个存储单元。例如：

MUL AC0，VD10

这里，IN1=AC0，OUT=VD10，OUT 的低 16 位是 VW12，所以 IN2=VW12。也就是说，用于保存运算结果 OUT 的存储单元的低 16 位，在运算开始前存放的是乘数 IN2。运算过程见表 4-12。

表 4-12　完全整数乘法的运算过程

操 作 数	地 址 单 元	单元长度（字节）	运 算 前 值	运算结果值
IN1	AC0	2	20	20
IN2	VW12	2	300	6000
OUT	VD10	4	300	6000

3. 双整数乘法指令×D

双整数乘法指令的功能是将两个双字长（32 位）的有符号整数 IN1 和 IN2 相乘，产生 1 个 32 位的双整数结果 OUT。如果运算结果大于 32 位二进制数表示的范围，则产生溢出。

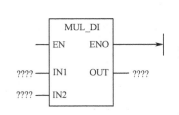

双整数乘法指令在 LAD 和 FBD 中用功能框形式编程，指令的名称为 MUL_DI。当允许输入有效时，执行乘法 IN1×IN2=OUT。

双整数乘法指令在 STL 中的指令格式为：×D IN1，OUT。

执行结果：IN1×OUT=OUT。这里 IN2 与 OUT 为同一个存储单元。

双整数乘法指令中，操作数的寻址范围见表 4-13。

表 4-13　双整数乘法指令操作数的寻址范围

操 作 数	类 型	寻 址 范 围
IN1，IN2	DINT	VD, ID, QD, MD, SD, SMD, LD, HC, AC, *VD, *AC, *LD 和常数
UT	DINT	VD, ID, QD, MD, SD, SMD, LD, AC, *VD, *AC, *LD

双整数乘法将影响特殊继电器 SM1.0（零），SM1.1（溢出），SM1.2（负）。

影响允许输出 ENO 正常工作的出错条件是：SM1.1（溢出），SM4.3（运行时间），0006（间接寻址）。

例如，×D VD0，AC0 的运算过程见表 4-14。

表 4-14　双整数乘法的运算过程

操 作 数	地 址 单 元	单元长度（字节）	运 算 前 值	运算结果值
IN1	VD0	4	200	200
IN2	AC0	4	300	60 000
OUT	AC0	4	300	60 000

4. 实数乘法指令×R

实数乘法指令的功能是将 2 个双字长（32 位）的实数 IN1 和 IN2 相乘，产生 1 个 32 位的实数结果 OUT。如果运算结果大于 32 位二进制数表示的范围，则产生溢出。

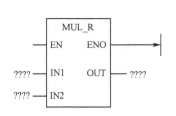

实数乘法指令在 LAD 和 FBD 中用功能框形式编程，指令名称为 MUL_R。当允许输入有效时，执行乘法运算 IN1×IN2=OUT。

实数乘法指令在 STL 中的指令格式为：×R IN1，OUT。

执行结果：IN1×OUT=OUT。这里 IN2 与 OUT 为同一个存储单元。

实数乘法指令中，操作数的寻址范围见表 4-15。

表 4-15　实数乘法指令操作数的寻址范围

操 作 数	类 型	寻 址 范 围
IN1，IN2	REAL	VD，ID，QD，MD，SD，SMD，LD，AC，*VD，*AC，*LD 和常数
OUT	REAL	VD，ID，QD，MD，SD，SMD，LD，AC，*VD，*AC，*LD

实数乘法将影响特殊继电器 SM1.0（零），SM1.1（溢出），SM1.2（负）。

影响允许输出 ENO 正常工作的出错条件是：SM1.1（溢出），SM4.3（运行时间），0006（间接寻址）。

例如，×R VD0，AC0 的运算过程见表 4-16。

表 4-16　实数乘法指令的运算过程

操 作 数	地 址 单 元	单元长度（字节）	运算前值	运算结果值
IN1	VD0	4	20.2	20.2
IN2	AC0	4	0.8	16.16
OUT	AC0	4	0.8	16.16

4.2.4　除法指令

除法指令是对两个有符号数进行相除运算，与乘法指令一样，也可分为整数除法指令（/I），完全整数除法（DIV），双整数除法指令（/D）及实数除法指令（/R）。

在 LAD 及 FBD 中，除法指令以功能框的形式进行编程，指令名称分别为：

整数除法指令：DIV_I

双整数除法指令：DIV_DI

实数除法指令：DIV_R

完全整数除法指令：DIV

指令执行结果，IN1/IN2=OUT。

4 种除法指令的梯形图如图 4-27 所示。

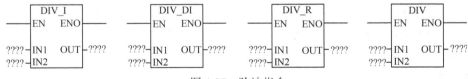

图 4-27　除法指令

在 STL 中，除法指令的指令格式为：

整数除法指令：/I IN2，OUT

双整数除法指令：/D IN2，OUT

实数除法指令：/R IN2，OUT

完全整数除法指令：DIV IN2，OUT

指令执行结果是：OUT/IN2=OUT。

这里 IN1 与 OUT 是同一个存储单元。

各除法指令的操作数寻址范围与对应的乘法指令相同。

影响各个除法指令的特殊继电器：SM1.0（零），SM1.1（溢出），SM1.2（负），SM1.3（被0 除）。

影响允许输出 ENO 正常工作的出错条件：SM1.1（溢出），SM4.3（运行时间），0006（间接寻址）。

在整数除法中，两个 16 位的整数相除，产生 1 个 16 位的整数商，不保留余数。

例如，/I VW10，VD100 的运算过程见表 4-17。

表 4-17　整数除法的运算过程

操 作 数	地 址 单 元	单元长度（字节）	运 算 前 值	运算结果值
IN1	VW102	2	2013	40
IN2	VW10	2	50	50
OUT	VD100	2	2013	40

在完全整数除法中，2 个 16 位的整数相除，产生 1 个 32 位结果，其中，低 16 位存商，高 16 位存余数。低 16 位在做除法运算前，被用来存放被除数，即 IN1 与 OUT 的低 16 位是同一个存储单元。

例如，DIV VW10，VD100 的运算过程见表 4-18。

表 4-18　完全整数除法的运算过程

操 作 数	地 址 单 元	单元长度（字节）	运 算 前 值	运算结果值	
IN1	VW102	2	2013	40	
IN2	VW10	2	50	50	
OUT	VD100	4	2013	VW100	13
				VW102	40

算术运算指令应用举例：一个实数算术运算综合应用的示例如图 4-28 所示。

4.2.5　数学函数指令

除 SQRT 外，其他数学函数需要 CPU224 1.0 以上版本支持。

在 S7-200 的 CPU22X 系列中，除了加减乘除运算外，还有求平方根运算；在 CPU224 1.0 版本以上，还可以做指数运算、对数运算、求三角函数的正弦、余弦及正切值。这些都是双字长的实数运算。

1. 平方根函数 SQRT

SQRT 指令的功能是将一个双字长（32 位）的实数 IN 开平方，得到 32 位的结果 OUT。

在 LAD 及 FBD 中，平方根函数以功能框的形式编程，指令名称为SQRT。EN 为允许输入端，ENO 为允许输出端。

当允许输入有效时，执行求平方根运算，执行结果是：
SQRT（IN）=OUT。

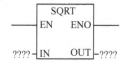

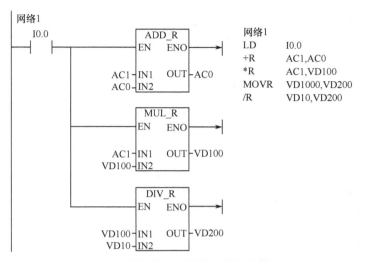

图 4-28　实数算术运算指令综合应用示例

在 STL 中，SQRT 指令的指令格式是：SQRT IN，OUT。

指令执行结果是：SQRT（IN）=OUT。

影响 SQRT 指令的特殊继电器：SM1.0（零），SM1.1（溢出），SM1.2（负）。

影响允许输出 ENO 正常工作的出错条件为：SM1.1（溢出），SM4.3（运行时间），0006（间接寻址）。

操作数 IN 及 OUT 的寻址范围见表 4-19。

表 4-19　数学函数指令中 IN 及 OUT 的寻址范围

操 作 数	类 型	寻 址 范 围
IN	REAL	VD，ID，QD，MD，SD，SMD，LD，AC，*VD，*AC，*LD 和常数
OUT	REAL	VD，ID，QD，MD，SD，SMD，LD，AC，*VD，*AC，*LD

2. 自然对数函数指令 LN

LN 指令的功能是将一个双字长的 32 位实数 IN 取自然对数，得到 32 位的实数结果 OUT。

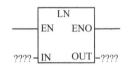

LAD 及 FBD 中，对数函数以功能框的形式编程，指令名称为 LN。EN 为允许输入端，ENO 为允许输出端，当允许输入有效时，执行求对数运算，执行结果是：LN（IN）=OUT。

在 STL 中，LN 指令的指令格式是：LN IN，OUT。

指令执行结果是：LN（IN）=OUT。

影响 LN 指令的特殊继电器：SM1.0（零），SM1.1（溢出），SM1.2（负），SM4.3（运行时间）。

影响允许输出 ENO 正常工作的出错条件为：SM1.1（溢出），0006（间接寻址）。

操作数 IN 及 OUT 的寻址范围见表 4-19。

当求解以 10 为底的常用对数时，可以用实数除法指令/R 或 DIV_R 除以 2.302 585（LN10= 2.302 585）即可。

【例 4-1】　求以 10 为底的 60（存放在 VD0）的常用对数，结果存放到 AC0。运算的梯形图及语句表如图 4-29 所示。

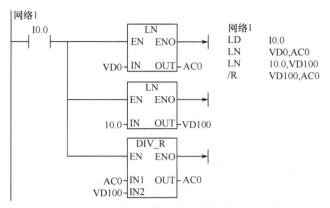

图 4-29 求常用对数运算的梯形图及语句表

3. 指数函数指令 EXP

EXP 指令的功能是将一个双字长（32 位）的实数 IN 取以 e 为底的指数，得到 32 位的实数结果 OUT。

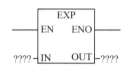

在 LAD 及 FBD 中，指数函数以功能框的形式编程，指令名称为 EXP。EN 为允许输入端，ENO 为允许输出端。当允许输入有效时，执行求指数函数运算，执行结果是：EXP（IN）=OUT。

在 STL 中，EXP 指令的指令格式是：EXP IN，OUT。

指令执行结果是：EXP（IN）=OUT。

影响 EXP 指令的特殊继电器：SM1.0（零），SM1.1（溢出），SM1.2（负），SM4.3（运行时间）。

影响允许输出 ENO 正常工作的出错条件为：SM1.1（溢出），0006（间接寻址）。

操作数 IN 及 OUT 的寻址范围见表 4-19。

当求解以任意常数为底的指数时，可以用指数指令和对数指令相配合来完成。例如：求 17 的 5 次方，$17^5 = EXP（5*LN（17））$。

4. 正弦函数指令 SIN

SIN 指令的功能是求 1 个双字长（32 位）的实数弧度值 IN 的正弦值，得到 32 位的实数结果 OUT。

如果 IN 是以角度值表示的实数，要先将角度值转化为弧度值。方法：应用实数乘法指令 ×R 或 MUL_R，用角度值乘以 π/180 即可。

在 LAD 及 FBD 中，正弦函数以功能框的形式编程，指令名称为 SIN。EN 为允许输入端，ENO 为允许输出端。当允许输入有效时，执行求正弦函数运算，执行结果是：SIN（IN）=OUT。

在 STL 中，SIN 指令的指令格式是：SIN IN，OUT。

指令执行结果是：SIN（IN）=OUT。

影响 SIN 指令的特殊继电器：SM1.0（零），SM1.1（溢出），SM1.2（负），SM4.3（运行时间）。

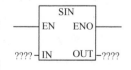

影响允许输出 ENO 正常工作的出错条件为：SM1.1（溢出），0006（间接寻址）。

操作数 IN 及 OUT 的寻址范围见表 4-19。

【例 4-2】 求 SIN150° 的值，梯形图及语句表如图 4-30 所示。

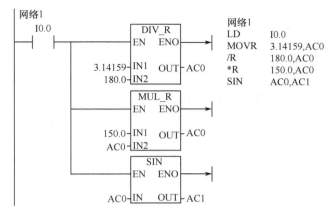

图 4-30　求正弦函数的梯形图及语句表

5．余弦函数指令 COS

COS 指令的功能是求一个双字长（32 位）的实数弧度值 IN 的余弦值，得到 32 位的实数结果 OUT。

如果 IN 是以角度值表示的实数，要先将角度值转化为弧度值。方法：应用实数乘法指令 ×R 或 MUL_R，用角度值乘以π/180 即可。

在 LAD 及 FBD 中，余弦函数以功能框的形式编程，指令名称为 COS。EN 为允许输入端，ENO 为允许输出端，当允许输入 EN 有效时，执行求余弦函数运算，执行结果是：

COS（IN）=OUT。

在 STL 中，COS 指令的指令格式是：COS IN，OUT。

指令执行结果是：COS（IN）=OUT。

影响 COS 指令的特殊继电器：SM1.0（零），SM1.1（溢出），SM1.2（负），SM4.3（运行时间）。

影响允许输出 ENO 正常工作的出错条件为：SM1.1（溢出），0006（间接寻址）。

操作数 IN 及 OUT 的寻址范围见表 4-19。

6．正切函数指令 TAN

TAN 指令的功能是求 1 个双字长（32 位）的实数弧度值 IN 的正切值，得到 32 位的实数结果 OUT。

如果 IN 是以角度值表示的实数，要先将角度值转化为弧度值。方法：应用实数乘法指令 ×R 或 MUL_R，用角度值乘以π/180 即可。

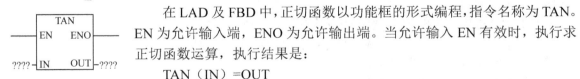

在 LAD 及 FBD 中，正切函数以功能框的形式编程，指令名称为 TAN。EN 为允许输入端，ENO 为允许输出端。当允许输入 EN 有效时，执行求正切函数运算，执行结果是：

TAN（IN）=OUT

在 STL 中，TAN 指令的指令格式是：TAN IN，OUT。

指令执行结果是：TAN（IN）=OUT。

影响 TAN 指令的特殊继电器：SM1.0（零），SM1.1（溢出），SM1.2（负），SM4.3（运行时间）。

影响允许输出 ENO 正常工作的出错条件为：SM1.1（溢出），0006（间接寻址）。

操作数 IN 及 OUT 的寻址范围见表 4-19。

4.2.6 增减指令

增减指令又称为自动加 1 或自动减 1 指令。数据长度可以是字节、字、双字。

1. 字节加 1 指令 INCB 和字节减 1 指令 DECB

当允许输入端 EN 有效时，INCB 将 1 字节长的无符号数 IN 自动加 1；DECB 是将 1 字节长的无符号数 IN 自动减 1，输出结果 OUT 为 1 个字节长的无符号数。

在梯形图 LAD 及功能块图 FBD 中，INCB 和 DECB 以功能框的形式编程，指令名称及指令执行结果分别如下。

字节加 1 指令：指令名称 INC_B，指令执行结果：IN+1=OUT。

字节减 1 指令：指令名称 DEC_B，指令执行结果：IN−1=OUT。

在语句表 STL 中，字节加 1 指令格式为：INCB OUT，执行结果：OUT+1=OUT。字节减 1 指令格式为：DECB OUT，执行结果：OUT−1=OUT。

操作数 IN 及 OUT 的寻址范围见表 4-20。

表 4-20　字节增减指令中 IN 及 OUT 的寻址范围

操 作 数	类 型	寻 址 范 围
IN	BYTE	VB，IB，QB，MB，SB，SMB，LB，AC，*VD，*AC，*LD 和常数
OUT	BYTE	VB，IB，QB，MB，SB，SMB，LB，AC，*VD，*AC，*LD

2. 字加 1 指令 INCW 和字减 1 指令 DECW

当允许输入端 EN 有效时，INCW 将 1 个字长的有符号数 IN 自动加 1；DECW 是将一个字长的有符号数 IN 自动减 1，输出结果 OUT 为 1 个字长的有符号数。

在梯形图 LAD 及功能块图 FBD 中，INCW 和 DECW 以功能框的形式编程，指令名称和指令执行结果分别如下。

字加 1 指令：指令名称 INC_W，指令执行结果：IN+1=OUT。

字减 1 指令：指令名称 DEC_W，指令执行结果：IN−1=OUT。

在语句表 STL 中，指令格式为：

字加 1 指令 INCW OUT，指令执行结果：OUT+1=OUT。

字减 1 指令 DECW OUT，指令执行结果：OUT−1=OUT。

操作数 IN 及 OUT 的寻址范围见表 4-21。

表 4-21　字增减指令中 IN 及 OUT 的寻址范围

操 作 数	类 型	寻 址 范 围
IN	WORD	VW，IW，QW，MW，SW，SMW，LW，AC，*VD，*AC，*LD 和常数
OUT	WORD	VW，IW，QW，MW，SW，SMW，LW，AC，*VD，*AC，*LD

3．双字加 1 指令 INCD 和双字减 1 指令 DECD

当允许输入端 EN 有效时，INCD 将 1 个双字长（32 位）的有符号数 IN 自动加 1；DECD 是将 1 个双字长（32 位）的有符号数 IN 自动减 1，输出结果 OUT 为 1 个双字长的有符号数。

在梯形图 LAD 及功能块图 FBD 中，INCD 和 DECD 以功能框的形式编程，指令名称和指令执行结果分别如下。

双字加 1 指令：指令名称 INC_D，指令执行结果：IN+1=OUT。

双字减 1 指令：指令名称 DEC_D，指令执行结果：IN−1=OUT。

在语句表 STL 中，指令格式为：

双字加 1 指令 INCD：OUT+1=OUT。

双字减 1 指令 DECD：OUT−1=OUT。

操作数 IN 及 OUT 的寻址范围见表 4-22。

表 4-22　双字增减指令中 IN 及 OUT 的寻址范围

操 作 数	类 型	寻 址 范 围
IN	DWORD	VD，ID，QD，MD，SD，SMD，LD，AC，*VD，*AC，*LD 和常数
OUT	DWORD	VD，ID，QD，MD，SD，SMD，LD，AC，*VD，*AC，*LD

4.2.7　逻辑运算指令

逻辑运算指令是对逻辑数（无符号数）进行处理，包括逻辑与、逻辑或、逻辑异或，取反等逻辑操作，数据长度可以是字节、字、双字。

1．字节逻辑运算指令 ANDB，ORB，XORB，INVB

字节逻辑运算指令包括字节与 ANDB，字节或 ORB，字节异或 XORB，字节取反 INVB 指令。在梯形图 LAD 及功能块图 FBD 中，字节逻辑运算指令以功能框的形式编程，指令的名称分别如下。

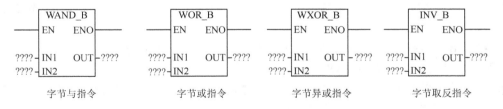

① 字节与指令 ANDB：当允许输入 EN 有效时，对 2 个 1 字节长的逻辑数 IN1 和 IN2，按位相与，得到 1 字节的运算结果放 OUT。

② 字节或指令 ORB：当允许输入 EN 有效时，对 2 个 1 字节长的逻辑数 IN1 和 IN2，按位相或，得到 1 字节的运算结果放 OUT。

③ 字节异或指令 XORB：当允许输入 EN 有效时，对两个 1 字节长的逻辑数 IN1 和 IN2，按位异或，得到 1 字节的运算结果放 OUT。

④ 字节取反指令 INVB：当允许输入 EN 有效时，对 1 字节长的逻辑数 IN，按位取反，得到 1 字节的运算结果放 OUT。

在语句表 STL 中，IN2(或 IN)与 OUT 为同一个存储单元，字节逻辑运算的指令格式如下。

① 字节与指令：ANDB IN1，OUT

指令执行结果为：IN1 ANDB IN2（OUT）= OUT。

② 字节或指令：ORB IN1，OUT

指令执行结果为：IN1 ORB IN2（OUT）= OUT。

③ 字节异或指令：XORB IN1，IN2（OUT）

指令执行结果为：IN1 XORB IN2（OUT）= OUT。

④ 字节取反指令：INVB OUT

指令执行结果为：INVB IN（OUT）= OUT。

字节逻辑运算中操作数 IN1，IN2，IN 及 OUT 的寻址范围见表 4-23。

表 4-23　字节逻辑运算中 IN1，IN2，IN 及 OUT 的寻址范围

操 作 数	类 型	寻 址 范 围
IN1，IN2 IN	BYTE	VB，IB，QB，MB，SB，SMB，LB，AC，*VD，*AC，*LD 和常数
OUT	BYTE	VB，IB，QB，MB，SB，SMB，LB，AC，*VD，*AC，*LD

影响字节逻辑运算指令的特殊继电器：SM1.0（零）。

影响允许输出 ENO 正常工作的出错条件为：SM4.3（运行时间），0006（间接寻址）。

2．字逻辑运算指令 ANDW，ORW，XORW，INVW

字逻辑运算指令包括字与 ANDW，字或 ORW，字异或 XORW，字取反 INVW 指令。

在梯形图 LAD 及功能块图 FBD 中，字逻辑运算指令以功能框的形式编程，指令名称分别如下。

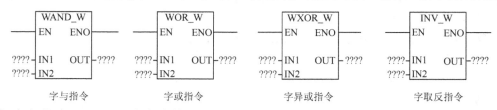

| 字与指令 | 字或指令 | 字异或指令 | 字取反指令 |

① 字与指令 ANDW：当允许输入 EN 有效时，对两个 1 字长的逻辑数 IN1 和 IN2，按位相与，得到 1 个字长的运算结果放 OUT。

② 字或指令 ORW：当允许输入 EN 有效时，对两个 1 字长的逻辑数 IN1 和 IN2，按位相或，得到 1 个字长的运算结果放 OUT。

③ 字异或指令 XORW：当允许输入 EN 有效时，对两个 1 字长的逻辑数 IN1 和 IN2，按位异或，得到 1 个字长的运算结果放 OUT。

④ 字取反指令 INVW：当允许输入 EN 有效时，对 1 个字长的逻辑数 IN，按位取反，得到 1 个字长的运算结果放 OUT。

在语句表 STL 中，IN2（或 IN）与 OUT 为同一个存储单元，字节逻辑运算的指令格式如下。

① 字与指令：ANDW IN1，OUT

指令执行结果为：IN1 ANDW IN2（OUT）= OUT。

② 字或指令：ORW IN1，OUT

指令执行结果为：IN1 ORW IN2（OUT）= OUT。

③ 字异或指令：XORW IN1，IN2（OUT）

指令执行结果为：IN1 XORW IN2（OUT）= OUT。

④ 字取反指令：INVW OUT

指令执行结果为：INVW IN（OUT）= OUT

字逻辑运算中操作数 IN1，IN2，IN 及 OUT 的寻址范围见表 4-24。

表 4-24　字逻辑运算中 IN1，IN2，IN 及 OUT 的寻址范围

操 作 数	类 型	寻 址 范 围
IN1，IN2 IN	WORD	VW，IW，QW，MW，SW，SMW，LW，T，C，AC，*VD，*AC，*LD 和常数
OUT	WORD	VW，IW，QW，MW，SW，SMW，LW，T，C，AC，*VD，*AC，*LD

影响字逻辑运算指令的特殊继电器：SM1.0（零）。

影响允许输出 ENO 正常工作的出错条件为：SM4.3（运行时间），0006（间接寻址）。

3．双字逻辑运算指令 ANDD，ORD，XORD，INVD

双字逻辑运算指令包括双字与 ANDD，双字或 ORD，双字异或 XORD，双字取反 INVD 指令。

在梯形图 LAD 及功能块图 FBD 中，双字逻辑运算指令以功能框的形式编程，指令的名称分别如下。

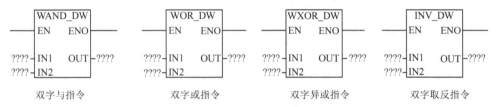

双字与指令　　　　双字或指令　　　　双字异或指令　　　　双字取反指令

① 双字与指令 ANDD：当允许输入 EN 有效时，对两个双字长的逻辑数 IN1 和 IN2，按位相与，得到 1 个双字长的运算结果放 OUT。

② 双字或指令 ORD：当允许输入 EN 有效时，对两个双字长的逻辑数 IN1 和 IN2，按位相或，得到 1 个双字长的运算结果放 OUT。

③ 双字异或指令 XORD：当允许输入 EN 有效时，对两个双字长的逻辑数 IN1 和 IN2，按位异或，得到 1 个双字长的运算结果放 OUT。

④ 双字取反指令 INVD：当允许输入 EN 有效时，对 1 个双字长的逻辑数 IN，按位取反，得到 1 个双字长的运算结果放 OUT。

在语句表 STL 中，IN2 或 IN 与 OUT 为同一个存储单元，字节逻辑运算的指令格式如下。

① 双字与指令：ANDD IN1，OUT

指令执行结果为：IN1 ANDD IN2（OUT）= OUT。

② 双字或指令：ORD IN1，OUT

指令执行结果为：IN1 ORD IN2（OUT）＝OUT。

③ 双字异或指令：XORD IN1，IN2（OUT）

指令执行结果为：IN1 XORD IN2（OUT）＝OUT。

④ 双字取反指令：INVD OUT

指令执行结果为：INVD IN（OUT）＝OUT。

双字逻辑运算中操作数 IN1，IN2，IN 及 OUT 的寻址范围见表 4-25。

表 4-25　双字逻辑运算中 IN1，IN2，IN 及 OUT 的寻址范围

操 作 数	类 型	寻 址 范 围
IN1，IN2 IN	DWORD	VD，ID，QD，MD，SMD，LD，AC，HC，*VD，*AC，*LD 和常数
OUT	DWORD	VD，ID，QD，MD，SMD，LD，AC，*VD，*AC，*LD

影响双字逻辑运算指令的特殊继电器：SM1.0（零）。

影响允许输出 ENO 正常工作的出错条件为：SM4.3（运行时间），0006（间接寻址）。

【例 4-3】　逻辑运算指令的梯形图及语句表如图 4-31 所示。

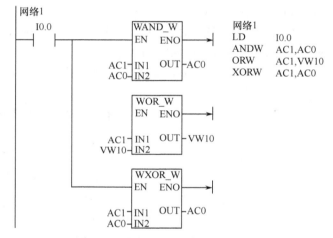

图 4-31　逻辑运算的梯形图及语句表

指令执行情况见表 4-26。

表 4-26　逻辑运算指令执行情况

指 令		字与 ANDW		字或 ORW		字异或 XORW
执行前	AC1	0001 1111 0110 1101	AC1	0001 1111 0110 1101	AC1	0001 1111 0110 1101
	AC0	1101 0011 1110 0110	VW10	1101 0011 1010 0000	AC0	0001 0011 0110 0100
执行后	AC0	0001 0011 0110 0100	VW10	1101 1111 1110 1101	AC0	0000 1100 0000 1001

4.3　数据处理指令

数据处理指令包括数据传送、移位、交换、填充指令。

4.3.1 传送类指令

传送类指令用于在各个编程元件之间进行数据传送。根据每次传送数据的数量，可分为单个传送指令和块传送指令。

1. 单个传送指令 MOVB，BIR，BIW，MOVW，MOVD，MOVR

单个传送指令每次传送 1 个数据，传送数据的类型分为字节传送、字传送、双字传送和实数传送。

（1）字节传送指令 MOVB，BIR，BIW

字节传送指令可分为周期性字节传送指令和立即字节传送指令。

① 周期性字节传送指令 MOVB。

在梯形图中，周期性字节传送指令以功能框的形式编程，指令名称为 MOV_B。当允许输入 EN 有效时，将一个无符号的单字节数据 IN 传送到 OUT 中。

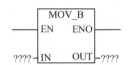

影响允许输出 ENO 正常工作的出错条件为：SM4.3（运行时间），0006（间接寻址）。

在语句表中，周期性字节传送指令 MOVB 的指令格式为：MOVB IN，OUT。

IN 和 OUT 的寻址范围见表 4-27。

表 4-27　IN 和 OUT 的寻址范围

操 作 数	类 型	寻 址 范 围
IN	BYTE	VB，IB，QB，MB，SB，SMB，LB，AC，*VD，*AC，*LD 和常数
OUT	BYTE	VB，IB，QB，MB，SB，SMB，LB，AC，*VD，*AC，*LD

② 立即字节传送指令 BIR，BIW。

立即读字节传送指令 BIR：当允许输入 EN 有效时，BIR 指令立即读取（不考虑扫描周期）当前输入继电器区中由 IN 指定的字节，并传送到 OUT。

在梯形图中，立即读字节传送指令以功能框的形式编程，指令名称为：MOV_BIR。当允许输入 EN 有效时，将 1 个无符号的单字节数据 IN 传送到 OUT 中。

影响允许输出 ENO 正常工作的出错条件为：SM4.3（运行时间），0006（间接寻址）。

在语句表中，立即读字节传送指令 BIR 的指令格式为：BIR IN，OUT。

IN 和 OUT 的寻址范围见表 4-28。

表 4-28　IN 和 OUT 的寻址范围

操 作 数	类 型	寻 址 范 围
IN	BYTE	IB
OUT	BYTE	VB，IB，QB，MB，SB，SMB，LB，AC，*VD，*AC，*LD

立即写字节传送指令 BIW：当允许输入 EN 有效时，BIW 指令立即将由 IN 指定的字节数据写入（不考虑扫描周期）输出继电器中由 OUT 指定的字节。

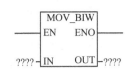

在梯形图中，立即写字节传送指令以功能框的形式编程，指令名称为：MOV_BIW。当允许输入 EN 有效时，将 1 个无符号的单字节数据 IN 立即传送到 OUT 中。

影响允许输出 ENO 正常工作的出错条件为：SM4.3（运行时间），0006（间接寻址）。

在语句表中，立即写字节传送指令 BIW 的指令格式为：BIW IN，OUT。

IN 和 OUT 的寻址范围见表 4-29。

表 4-29　IN 和 OUT 的寻址范围

操 作 数	类 型	寻 址 范 围
IN	BYTE	VB，IB，QB，MB，SB，SMB，LB，AC，*VD，*AC，*LD 和常数
OUT	BYTE	QB

（2）字传送指令 MOVW

字传送指令 MOVW 将 1 个字长的有符号整数数据 IN 传送到 OUT。

在梯形图中，字传送指令以功能框的形式编程，当允许输入 EN 有效时，将 1 个无符号的单字长数据 IN 传送到 OUT 中。

影响允许输出 ENO 正常工作的出错条件为：SM4.3（运行时间），0006（间接寻址）。

在语句表中，字传送指令 MOVW 的指令格式为：MOVW IN，OUT。

IN 和 OUT 的寻址范围见表 4-30。

表 4-30　IN 和 OUT 的寻址范围

操 作 数	类 型	寻 址 范 围
IN	WORD	VW，IW，QW，MW，SW，SMW，LW，T，C，AC，*VD，*AC，*LD 和常数
OUT	WORD	VW，IW，QW，MW，SW，SMW，LW，T，C，AC，*VD，*AC，*LD

（3）双字传送指令 MOVD

双字传送指令 MOVD 将 1 个双字长的有符号整数数据 IN 传送到 OUT。

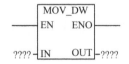

在梯形图中，双字传送指令以功能框的形式编程，指令名称为：MOV_DW。当允许输入 EN 有效时，将 1 个有符号的双字长数据 IN 传送到 OUT 中。

影响允许输出 ENO 正常工作的出错条件为：SM4.3（运行时间），0006（间接寻址）。

在语句表中，双字传送指令 MOVD 的指令格式为：MOVD IN，OUT。

IN 和 OUT 的寻址范围见表 4-31。

表 4-31　IN 和 OUT 的寻址范围

操 作 数	类 型	寻 址 范 围
IN	DWORD	VD，ID，QD，MD，SMD，LD，AC，HC，*VD，*AC，*LD 和常数
OUT	DWORD	VD，ID，QD，MD，SMD，LD，AC，*VD，*AC，*LD

（4）实数传送指令 MOVR

实数传送指令 MOVR 将 1 个双字长的实数数据 IN 传送到 OUT。

在梯形图中，实数传送指令以功能框的形式编程，当允许输入 EN 有效时，将 1 个有符号的双字长实数数据 IN 传送到 OUT 中。

影响允许输出 ENO 正常工作的出错条件为：SM4.3（运行时间），0006（间接寻址）。

在语句表中，实数传送指令 MOVR 的指令格式为：MOVR IN，OUT。

IN 和 OUT 的寻址范围见如表 4-32。

表 4-32　IN 和 OUT 的寻址范围

操 作 数	类 型	寻 址 范 围
IN	REAL	VD，ID，QD，MD，SMD，LD，AC，HC，*VD，*AC，*LD 和常数
OUT	REAL	VD，ID，QD，MD，SMD，LD，AC，*VD，*AC，*LD

2. 块传送指令 BMB，BMW，BMD

块传送指令用来进行一次传送多个数据，将最多可达 255 个的数据组成 1 个数据块，数据块的类型可以是字节块、字块和双字块。

（1）字节块传送指令 BMB

字节块传送指令 BMB 的功能是：当允许输入 EN 有效时，将从输入字节 IN 开始的 N 个字节型数据传送到从 OUT 开始的 N 个字节存储单元。

（2）字块传送指令 BMW

字块传送指令 BMW 的功能是：当允许输入 EN 有效时，将从输入字 IN 开始的 N 个字型数据传送到从 OUT 开始的 N 个字存储单元。

（3）双字块传送指令 BMD

双字块传送指令 BMD 的功能是：当允许输入 EN 有效时，将从输入双字 IN 开始的 N 个双字型数据传送到从 OUT 开始的 N 个双字存储单元。

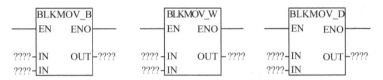

块传送指令在梯形图中以功能框形式编程，影响允许输出 ENO 正常工作的出错条件为：SM4.3（运行时间），0006（间接寻址），0091（数超界）。

在语句表中，块传送指令的指令格式如下。

字节块传送指令：BMB IN，OUT，N。

字块传送指令：　BMW IN，OUT，N。

双字块传送指令：BMD IN，OUT，N。

块传送指令的 IN，N，OUT 的寻址范围见表 4-33。

表 4-33　IN，N，OUT 的寻址范围

指 令	操 作 数	类 型	寻 址 范 围
BMB	IN	BYTE	VB，IB，QB，MB，SMB，LB，AC，HC，*VD，*AC，*LD
	OUT	BYTE	VB，IB，QB，MB，SMB，LB，AC，HC，*VD，*AC，*LD
	N	BYTE	VB，IB，QB，MB，SMB，LB，AC，*VD，*AC，*LD

指 令	操 作 数	类 型	寻 址 范 围
BMW	IN	WORD	VW，IW，QW，MW，SMW，LW，AIW，T，C，AQW，AC，HC，*VD，*AC，
	OUT	WORD	*LD
	N	BYTE	VB，IB，QB，MB，SMB，LB，AC，*VD，*AC，*LD
BMD	IN	DWORD	VD，ID，QD，MD，SMD，SD，LD，AC，HC，*VD，*AC，*LD
	OUT	DWORD	
	N	BYTE	VB，IB，QB，MB，SMB，LB，AC，*VD，*AC，*LD 和常数

4.3.2 移位指令

移位指令在 PLC 控制中是比较常用的，根据移位的数据长度可分为字节型移位，字型移位和双字型移位；根据移位的方向可分为左移和右移，还可进行循环移位。

1. 左移和右移指令

左移或右移指令的功能是将输入数据 IN 左移或右移 N 位后，把结果送到 OUT。

左移或右移指令的特点如下。

● 被移位的数据是无符号的。

● 在移位时，存放被移位数据的编程元件的移出端与特殊继电器 SM1.1 连接，移出位进入 SM1.1（溢出），另一端自动补 0。

● 移位次数 N 与移位数据的长度有关，如 N 小于实际的数据长度，则执行 N 次移位。如 N 大于数据长度，则执行移位的次数等于实际数据长度的位数。

● 移位次数 N 为字节型数据。

左移和右移指令影响的特殊继电器：SM1.0（零），当移位操作结果为 0 时，SM1.0 自动置位；SM1.1（溢出）的状态由每次移出位的状态决定。

影响允许输出 ENO 正常工作的出错条件为：SM4.3（运行时间），0006（间接寻址）。

（1）字节左移指令 SLB（Shift Left Byte）和字节右移指令 SRB（Shift Right Byte）

在梯形图中，字节左移指令或字节右移指令以功能框的形式编程，指令名称分别为：SHL_B 和 SHR_B。

当允许输入 EN 有效时，将字节型输入数据 IN 左移或右移 N 位（$N \leqslant 8$）后，送到 OUT 指定的字节存储单元。

在语句表中，字节左移指令 SLB 或字节右移指令 SRB 的指令格式如下。

字节左移指令：SLB OUT，N（OUT 与 IN 为同一个存储单元）

字节右移指令：SRB OUT，N（OUT 与 IN 为同一个存储单元）

例如，SLB MB1，2 的执行结果见表 4-34。

表 4-34　SRB 指令的执行结果

移位次数	编程元件	数据	SM1.1	说　明
0	MB1	10101010	X	移位前
1	MB1	01010101	0	右移 1 位，移出位 0 进入 SM1.1，左端补 0
2	MB1	00101010	1	右移 1 位，移出位 1 进入 SM1.1，左端补 0

（2）字左移指令 SLW（Shift Left Word）和字右移指令 SRW（Shift Right Word）

在梯形图中，字左移指令 SLW 或字右移指令 SRW 以功能框的形式编程，指令的名称分别为：SHL_W 和 SHR_W。

当允许输入 EN 有效时，将字型输入数据 IN 左移或右移 N 位（N≤16）后，送到 OUT 指定的字存储单元。

在语句表中，字左移指令 SLW 或字右移指令 SRW 的指令格式如下。

字左移指令：SLW OUT，N（OUT 与 IN 为同一个存储单元）

字右移指令：SRW OUT，N（OUT 与 IN 为同一个存储单元）

（3）双字左移指令 SLD（Shift Left Double word）和双字右移指令 SRD（Shift Right Double word）

在梯形图中，双字左移指令 SLD 或双字右移指令 SRD 以功能框的形式编程，当允许输入 EN 有效时，将双字型输入数据 IN 左移或右移 N 位（N≤32）后，送到 OUT 指定的双字存储单元。

在语句表中，双字左移指令 SLD 或双字右移指令 SRD 的指令格式如下。

双字左移指令：SLD OUT，N（OUT 与 IN 为同一个存储单元）

双字右移指令：SRD OUT，N（OUT 与 IN 为同一个存储单元）

2．循环左移和循环右移指令

循环移位的特点如下。

● 被移位的数据是无符号的。

● 在移位时，存放被移位数据的编程元件的移出端既与另一端连接，又与特殊继电器 SM1.1 连接，移出位在被移到另一端的同时，也进入 SM1.1（溢出），另一端自动补 0。

● 移位次数 N 与移位数据的长度有关，如 N 小于实际的数据长度，则执行 N 次移位。如 N 大于数据长度，则执行移位的次数为 N 除以实际数据长度的余数。

● 移位次数 N 为字节型数据。

循环移位指令影响的特殊继电器：SM1.0（零），当移位操作结果为 0 时，SM1.0 自动置位；SM1.1（溢出）的状态由每次移出位的状态决定。

影响允许输出 ENO 正常工作的出错条件为：SM4.3（运行时间），0006（间接寻址）。

（1）字节循环左移指令 RLB（Rotate Left Byte）和字节循环右移指令 RRB（Rotate Right Byte）

在梯形图中，字节循环移位指令以功能框的形式编程，指令名称分别为：ROL_B 和 ROR_B。

当允许输入 EN 有效时，把字节型输入数据 IN 循环移位 N 位后，送到由 OUT 指定的字节。

在语句表中，字节循环移位指令的指令格式如下。

字节循环左移指令：RLB OUT，N

字节循环右移指令：RRB OUT，N

（2）字循环左移指令 RLW（Rotate Left Word）和字循环右移指令 RRW（Rotate Right Word）

在梯形图中，字循环移位指令以功能框的形式编程，指令名称分别为：ROL_W 和 ROR_W。当允许输入 EN 有效时，把字型输入数据 IN 循环移位 N 位后，送到由 OUT 指定的字。

在语句表中，字循环移位指令的指令格式如下。

字循环左移指令：RLW OUT，N

字循环右移指令：RRW OUT，N

（3）双字循环左移指令 RLD（Rotate Left Double word）和双字循环右移指令 RRD（Rotate Right Double word）

在梯形图中，双字循环移位指令以功能框的形式编程，指令名称分别为：ROL_DW 和 ROR_DW。当允许输入 EN 有效时，把双字型输入数据 IN 循环移位 N 位后，送到由 OUT 指定的双字存储单元。

在语句表中，字循环移位指令的指令格式如下。

双字循环左移指令：RLD OUT，N

双字循环右移指令：RRD OUT，N

3. 移位寄存器指令 SHRB（Shift Register Bit）

在顺序控制或步进控制中，应用移位寄存器编程是很方便的。

在梯形图中，移位寄存器以功能框的形式编程，指令名称为：SHRB。它有 3 个数据输入端：DATA 为移位寄存器的数据输入端；S_BIT 为组成移位寄存器的最低位；N 为移位寄存器的长度。

移位寄存器的特点如下。

- 移位寄存器的数据类型无字节型、字型、双字型之分，移位寄存器的长度 N（≤64）由程序指定。

- 移位寄存器的组成：

最低位为 S_BIT；

最高位的计算方法为 MSB=（|N|−1+（S_BIT 的位号））/8；

最高位的字节号：MSB 的商+ S_BIT 的字节号；

最高位的位号：MSB 的余数。

例如：S_BIT=V33.4，N=14，则 MSB=（14−1+4）/8=17/8=2…1

最高位的字节号：33+2=35，最高位的位号：1，最高位为：V35.1。

移位寄存器的组成：V33.4～V33.7，V34.0～V34.7，V35.0，V35.1，共 14 位。

- $N>0$ 时，为正向移位，即从最低位向最高位移位。

- $N<0$ 时，为反向移位，即从最高位向最低位移位。

- 移位寄存器指令的功能是：当允许输入端 EN 有效时，如果 $N>0$，则在每个 EN 的前沿，将数据输入 DATA 的状态移入移位寄存器的最低位 S_BIT；如果 $N<0$，则在每个 EN 的前沿，将数据输入 DATA 的状态移入移位寄存器的最高位，移位寄存器的其他位按照 N 指定的方向（正向或反向），依次串行移位。

- 移位寄存器的移出端与 SM1.1（溢出）连接。

移位寄存器指令影响的特殊继电器：SM1.0（零），当移位操作结果为 0 时，SM1.0 自动置位；SM1.1（溢出）的状态由每次移出位的状态决定。

影响允许输出 ENO 正常工作的出错条件为：SM4.3（运行时间），0006（间接寻址），0091（操作数超界），0092（计数区错误）。

在语句表中，移位寄存器的指令格式为：SHRB DATA，S_BIT，N。

【例 4-4】 移位寄存器指令的应用如图 4-32 所示。

4.3.3 字节交换指令 SWAP

字节交换指令 SWAP，专用于对 1 个字长的字型数据进行处理，指令功能是将字型输入数据 IN 的高位字节与低位字节进行交换，因此又可称为半字交换指令。

在梯形图中，字节交换指令 SWAP 以功能框的形式编程，指令名称为：SWAP。当允许输入 EN 有效时，将 IN 中的数据进行半字交换。

影响允许输出 ENO 的出错条件为：SM4.3（运行时间），0006（间接寻址）。

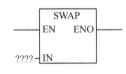

在语句表中，SWAP 指令的指令格式为：SWAP IN。

4.3.4 填充指令 FILL

填充指令 FILL 用于处理字型数据，指令功能是将字型输入数据 IN 填充到从 OUT 开始的 N 个字存储单元。N 为字节型数据。

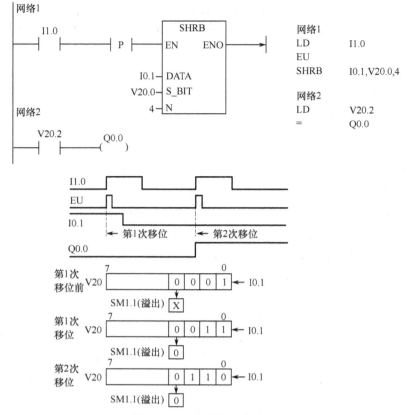

图 4-32　移位寄存器指令应用

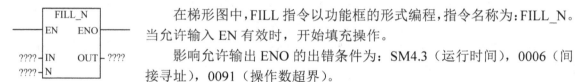

在梯形图中,FILL 指令以功能框的形式编程,指令名称为:FILL_N。当允许输入 EN 有效时,开始填充操作。

影响允许输出 ENO 的出错条件为:SM4.3(运行时间),0006(间接寻址),0091(操作数超界)。

在语句表中,FILL 指令的指令格式为:FILL IN,OUT,N。

4.4　表功能指令

在 S7-200 中的表格中,数据类型为字型数据,数据在表格中的存储形式见表 4-35。

表 4-35　表格的存储形式

存 储 单 元	数　据	存 储 说 明
VW10	0 005	VW10 为表格的首地址,数据 TL=0 005 为该表格的最大填表数
VW12	0 003	数据 EC=0 003(EC≤100)为该表中的实际填表数
VW14	1 234	数据 0
VW16	5 678	数据 1
VW18	9 012	数据 2
VW20	****	无效数据
VW22	****	无效数据

4.4.1 填表指令 ATT

填表指令 ATT（Add To Table）的功能是将字型数据 DATA 填加到首地址为 TBL 的表格中。

在梯形图中，填表指令以功能框的形式编程，指令名称为 AD_T_TBL。输入端 DATA 为字型数据输入端，TBL 为表格的首地址。当允许输入 EN 有效时，将输入的字型数据填写到指定的表格中。在填表时，新数据填写到表格中最后一个数据的后面，每填写一个数据，实际填表数 EC 将自动加 1。

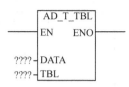

在语句表中，填表指令的指令格式为：ATT DATA，TBL。

例如，将 VW100 中的数据 1111 填加到表 4-35 中，指令格式为：ATT VW100，VW10。指令的执行情况如表 4-36 所示。

表 4-36　ATT 指令执行情况

操 作 数	存 储 单 元	执行前数据	执行后数据	说　　　明
DATA	VW100	1111	1111	被填表的数据及地址
TBL	VW10	0006	0006	TL=6，最大填表数为 6，不变
	VW12	0003	0004	EC=4，实际填表数由 3 自动变为 4
	VW14	1234	1234	数据 0
	VW16	5678	5678	数据 1
	VW18	9012	9012	数据 2
	VW20	****	1111	将 VW100 中的数据 1111 填到表中
	VW22	****	****	无效数据

填表指令影响特殊继电器 SM1.4（表溢出）。

影响允许输出 ENO 的出错条件为：SM4.3（运行时间），0006（间接寻址），0091（操作数超界）。

4.4.2 表中取数指令

在 S7-200 中，可以将表中的字型数据按照先进先出或后进先出的方式取出，送到指定的存储单元。每次取出一个数据，实际填表数 EC 自动减 1。

1. 先进先出指令 FIFO（First Input First Output）

在梯形图中，FIFO 以功能框的形式编程，指令名称为：FIFO。当允许输入 EN 有效时，从 TAB 指定的表中，取出最先进入表中的第一个数据，送到 DATA 指定的字型存储单元。剩余数据依次上移一位。

FIFO 指令影响的特殊继电器为 SM1.5（表空）。

影响允许输出 ENO 正常工作的出错条件为：SM4.3（运行时间），0006（间接寻址），0091（操作数超界）。

在语句表中，FIFO 的指令格式为：FIFO TBL，DATA。

例如，对表 4-36 执行 FIFO VW10，AC0 指令，执行结果如表 4-37 所示。

表 4-37　FIFO 指令执行结果

操 作 数	存储单元	执行前数据	执行后数据	说　　明
DATA	AC0	空	1234	从表中取出的第一个数据
TBL	VW10	0006	0006	TL=6，最大填表数为 6，不变
	VW12	0004	0003	EC=4，实际填表数由 4 自动变为 3
	VW14	1234	5678	数据 0
	VW16	5678	9012	数据 1
	VW18	9012	1111	数据 2
	VW20	1111	****	无效数据
	VW22	****	****	无效数据

2. 后进先出指令 LIFO（Last Input First Output）

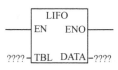

在梯形图中，LIFO 以功能框的形式编程，指令名称为：LIFO。当允许输入 EN 有效时，从 TAB 指定的表中，取出最后进入表中的数据，送到 DATA 指定的字型存储单元。剩余数据位置不变。

LIFO 指令影响的特殊继电器为 SM1.5（表空）。不要从一个空表中取数据，否则 SM1.5 为 ON。

影响允许输出 ENO 正常工作的出错条件为：SM4.3（运行时间），0006（间接寻址），0091（操作数超界）。

在语句表中，LIFO 的指令格式为：LIFO TBL，DATA。

例如，对表 4-36，执行 LIFO VW10，AC0 指令，执行结果如表 4-38 所示。

表 4-38　LIFO 指令执行结果

操 作 数	存储单元	执行前数据	执行后数据	说　　明
DATA	AC0	空	1111	从表中取出的最后一个数据
TBL	VW10	0006	0006	TL=6，最大填表数为 6，不变
	VW12	0004	0003	EC=4，实际填表数由 4 自动变为 3
	VW14	1234	1234	数据 0
	VW16	5678	5678	数据 1
	VW18	9012	9012	数据 2
	VW20	1111	****	无效数据
	VW22	****	****	无效数据

4.4.3　查表指令 FND?

查表指令 FND? 的功能是从首地址为 TBL 的字型数据表中，找出符合 PTN 及 CMD 条件的数据在表中的编号（编号范围为 0～99），存放到 INDX 中。

FND? 中的? 是比较运算符：=,<>,<和>。

在梯形图中，查表指令以功能框的形式编程，指令名称为：TBL_FIND。它共有 4 个数据输入端。

```
          ┌──────────┐
          │ TBL_FIND │
        ──┤EN    ENO ├──
          │          │
    ????──┤TBL       │
    ????──┤PTN       │
    ????──┤INDX      │
    ????──┤CMD       │
          └──────────┘
```

TBL：表格的首地址

PTN：用于比较的数据

CMD：比较运算符号？的编码

    1：＝

    2：＜＞

    3：＜

    4：＞

INDX：用来存放表中符合查表条件的数据的地址

在执行查表指令前，应先对 INDX 的内容清 0。当允许输入 EN 有效时，从 INDX 开始搜索 TBL，查找符合 PTN 和 CMD 的数据，如果没有发现符合条件的数据，则将 EC 的值存放到 INDX 中。如果找到一个符合条件的数据，则将该数据的表中地址（数据编号）存放到 INDX 中。如果想继续查找符合条件的数据，必须先对 INDX 的地址进行加 1，并对内容清 0，以重新激活查表指令。

查表指令不影响特殊继电器。影响允许输出 ENO 正常工作的出错条件为：SM4.3（运行时间），0006（间接寻址），0091（操作数超界）。

在语句表中，查表指令的指令格式如下。

查找条件＝PTN 的指令格式：FND＝TBL，PTN，INDX

查找条件＜＞PTN 的指令格式：FND＜＞TBL，PTN，INDX

查找条件＜PTN 的指令格式：FND＜TBL，PTN，INDX

查找条件＞PTN 的指令格式：FND＞TBL，PTN，INDX

例如，对表 4-36 进行查表操作：FND＞VW10，VW60，AC0。

查表指令的执行结果如表 4-39 所示。

表 4-39　查表指令的执行结果

操　作　数	存储单元	执行前数据	执行后数据	说　　　明
PTN	VW60	8000	8000	用来比较的数据及地址
INDX	AC0	0	2	符合查表条件的数据编号：数据 2
CMD	无	4	4	查表条件，4 表示大于
TBL	VW10	0006	0006	TL=6，最大填表数为 6，不需要
	VW12	0003	0003	EC=3，实际填表数
	VW14	1234	1234	数据 0
	VW16	5678	5678	数据 1
	VW18	9012	9012	数据 2
	VW20	****	****	无效数据
	VW22	****	****	无效数据

4.5　转　换　指　令

转换指令的功能是对操作数的类型进行转换。利用转换指令，可以实现数据类型的转换，完成数据类型到 ASCII 码字符串的转换，进行编码和译码操作，还可产生七段码的输出。

4.5.1 数据类型转换指令

在进行数据处理时，不同性质的操作指令需要不同数据类型的操作数。数据类型转换指令的功能是将一个固定的数值，根据操作指令对数据类型的需要进行相应类型的转换。

1. 字节与整数转换指令 BTI, ITB

（1）字节到整数的转换指令 BTI（Byte To Integer）

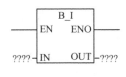

在梯形图中，字节到整数的转换指令以功能框形式编程，指令名称为：B_I。当允许输入 EN 有效时，将字节型输入数据 IN，转换成整数型数据送到 OUT。

影响允许输出 ENO 正常工作的出错条件为：SM4.3（运行时间），0006（间接寻址）。

在语句表中，BTI 指令的指令格式为：BTI IN，OUT。

（2）整数到字节的转换指令 ITB（Integer To Byte）

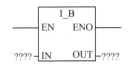

在梯形图中，整数到字节的转换指令以功能框形式编程，指令的名称为：I_B。当允许输入 EN 有效时，将字节型整数输入数据 IN，转换成字节型数据送到 OUT。当输入数据 IN 超过字节型数据表示范围（0～255）时，产生溢出。

ITB 指令影响的特殊继电器：SM1.1（溢出）。

影响允许输出 ENO 正常工作的出错条件为：SM1.1（溢出），SM4.3（运行时间），0006（间接寻址）。

在语句表中，ITB 指令的指令格式为：ITB IN，OUT。

2. 整数与双整数转换指令 ITD, DTI

（1）整数到双整数转换指令 ITD（Integer To Double integer）

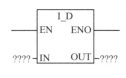

在梯形图中，整数到双整数转换指令以功能框形式编程，指令的名称为：I_D。当允许输入 EN 有效时，将整数型输入数据 IN，转换成双整数型数据（包含符号）送到 OUT。

影响允许输出 ENO 正常工作的出错条件为：SM4.3（运行时间），0006（间接寻址）。

在语句表中，ITD 指令的指令格式为：ITD IN，OUT。

（2）双整数到整数转换指令 DTI（Double integer To Integer）

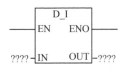

在梯形图中，双整数到整数转换指令以功能框形式编程，指令名称为：D_I。当允许输入 EN 有效时，将双整数型输入数据 IN，转换成整数型数据送到 OUT。当输入数据 IN 超过整数型数据表示范围时，产生溢出。

DTI 指令影响的特殊继电器：SM1.1（溢出）。

影响允许输出 ENO 正常工作的出错条件为：SM1.1（溢出），SM4.3（运行时间），0006（间接寻址）。

在语句表中，DTI 指令的指令格式为：DTI IN，OUT。

3. 双整数与实数转换指令 ROUND, TRUNC, DTR

（1）实数到双整数转换指令（小数部分四舍五入）ROUND

在梯形图中，实数到双整数转换指令以功能框形式编程，指令的名称为：ROUND。当允许输入 EN 有效时，将实数型输入数据 IN，转换成双整数型数据（对 IN 中的小数部分进行四舍五入处理），转换结果送到 OUT。

ROUND 指令影响的特殊继电器：SM1.1（溢出）。

影响允许输出 ENO 正常工作的出错条件为：SM1.1（溢出），SM4.3（运行时间），0006（间接寻址）。

在语句表中，ROUND 指令的指令格式为：ROUND IN，OUT。

（2）实数到双整数转换指令（小数部分舍去）TRUNC（Truncate）

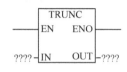

在梯形图中，实数到双整数转换指令以功能框形式编程，指令名称为：TRUNC。当允许输入 EN 有效时，将实数型输入数据 IN，转换成双整数型数据（舍去 IN 中的小数部分），送到 OUT。

TRUNC 指令影响的特殊继电器：SM1.1（溢出）。

影响允许输出 ENO 正常工作的出错条件为：SM1.1（溢出），SM4.3（运行时间），0006（间接寻址）。

在语句表中，TRUNC 指令的指令格式为：TRUNC IN，OUT。

（3）双整数到实数转换指令 DTR（Double integer To Real）

在梯形图中，双整数到实数的转换指令以功能框形式编程，指令名称为：DI_R。当允许输入 EN 有效时，将双整数型输入数据 IN，转换成实数型数据送到 OUT。

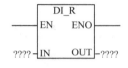

影响允许输出 ENO 正常工作的出错条件为：SM4.3（运行时间），0006（间接寻址）。在语句表中，双整数到实数转换指令的指令格式为：DTR IN，OUT

4. 整数与 BCD 码转换指令 IBCD，BCDI

（1）整数到 BCD 码转换指令 IBCD

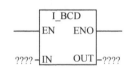

在梯形图中，IBCD 指令以功能框形式编程，指令的名称为 I_BCD。当允许输入 EN 有效时，将整数型输入数据 IN，转换成 BCD 码输入数据送到 OUT。当输入数据 IN 超过 BCD 码的表示范围（0～9999），SM1.6 置位。

IBCD 指令影响的特殊继电器：SM1.6（BCD 错误）。

影响允许输出 ENO 正常工作的出错条件为：SM1.6（BCD 错误），SM4.3（运行时间），0006（间接寻址）。

在语句表中，IBCD 指令的指令格式为：IBCD OUT。

（2）BCD 码到整数转换指令 BCDI

在梯形图中，BCDI 指令以功能框形式编程，指令的名称为：BCD_I。当允许输入 EN 有效时，将 BCD 输入数据 IN，转换成整数型输入数据送到 OUT。当输入数据 IN 超过 BCD 码的表示范围（0～9999），SM1.6 置位。

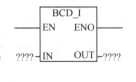

BCDI 指令影响的特殊继电器：SM1.6（BCD 错误）。

影响允许输出 ENO 正常工作的出错条件为：SM1.6（BCD 错误），SM4.3（运行时间），0006（间接寻址）。

在语句表中，BCDI 指令的指令格式为：BCDI OUT。

4.5.2 编码和译码指令

1. 编码指令 ENCO（Encode）

编码指令的功能是对字型输入数据的最低有效位的位号进行编码后，送到输出字节的低 4 位。

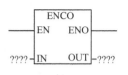

在梯形图中，编码指令以功能框的形式编程，指令名称为：ENCO。当允许输入 EN 有效时，将字型输入数据 IN 的最低有效位（值为 1 的位）的位号（00～15）进行编码，编码结果送到由 OUT 指定字节的低 4 位。

影响允许输出 ENO 正常工作的出错条件为：SM4.3（运行时间），0006（间接寻址）。

在语句表中，编码指令的指令格式为：ENCO IN，OUT。

例如，编码指令 ENCO AC1，MB0 的执行结果见表 4-40。

表 4-40　ENCO 指令的执行结果

操　作　数	IN	OUT	说　　明
存储单元	AC1	MB0	将 AC1 的最低有效位（第 5 位）进行编码，并将编码结果 0101 送 MB0 的低 4 位
执行前数据	00000100 00100000	*********	
执行后数据	00000100 00100000	00000101	

2. 译码指令 DECO（Decode）

译码指令的功能是将字节型输入数据的低 4 位内容译成位号，并将输出字的该位置 1，其余位置 0。

在梯形图中，译码指令以功能框的形式编程，指令的名称为：DECO。当允许输入 EN 有效时，将字节型输入数据 IN 的低 4 位的内容译成位号（00～15），且将由 OUT 指定字的该位置 1，其余位置 0。

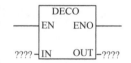

影响允许输出 ENO 正常工作的出错条件为：SM4.3（运行时间），0006（间接寻址）。

在语句表中，译码指令的指令格式为：DECO IN，OUT

例如，译码指令 DECO MB0，AC1 的执行结果见表 4-41。

表 4-41　DECO 指令的执行结果

操　作　数	IN	OUT	说　　明
存储单元	MB0	AC1	对 MB0 的低 4 位（0011）进行译码，并根据译码结果（3），将 AC1 的第 3 位置 1，其余位置 0
执行前数据	00000011	********* *********	
执行后数据	00000011	00000000 00001000	

4.5.3 七段显示码指令 SEG

如果在 PLC 的输出端上接数码管，可应用七段显示码指令 SEG（Segment），将输入字节的低 4 位所对应的数据，直接显示在数码管上。

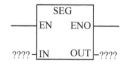

在梯形图中，七段显示码指令以功能框的形式编程，当允许输入 EN 有效时，将字节型输入数据 IN 的低 4 位对应的七段显示码（0～F），输出到 OUT 指定的字节单元。如果该字节单元是输出继电器字节 QB，则可直接驱动数码管。

影响允许输出 ENO 正常工作的出错条件为：SM4.3（运行时间），0006（间接寻址）。

在语句表中，七段显示码指令的指令格式为：SEG IN，OUT。

4.5.4 字符串转换指令

字符串转换指令是将用标准字符编码（即 ASCII 码）表示的 0～9，A～F 的字符串，与十六进制数、整数、双整数及实数之间进行转换。

1．ASCII 码到十六进制数指令 ATH（ASCII To Hex）

在梯形图中，ATH 指令以功能框的形式编程，指令名称为 ATH。它有 2 个数据输入端及 1 个输出端。

IN：开始字符的字节首地址。

LEN：字符串长度，字节型，最大长度 255。

OUT：输出字节的首地址。

当允许输入 EN 有效时，把从输入数据 IN 开始的长度为 LEN 的 ASCII 码，转换为十六进制数，并将结果送到首地址为 OUT 的字节存储单元。

如果输入数据中有非法的 ASCII 字符，则终止转换操作，特殊继电器 SM1.7 置 1。

在语句表中，ATH 的指令格式为：ATH IN，LEN，OUT。

例如，ATH VB10，VB20，3 的指令执行结果见表 4-42。

表 4-42　ATH 指令的执行结果

首　地　址	字　节　1	字　节　2	字　节　3	说　　明
VB10	0011 0010（2）	0011 0100（4）	0100 0101（E）	原信息的存储形式及 ASCII 编码
VB20	24	EX	XX	转换结果信息编码，X 表示原内容不变

2．十六进制数到 ASCII 码指令 HTA（Hex To ASCII）

在梯形图中，HTA 指令以功能框的形式编程，指令名称为：HTA。

IN：十六进制数开始位的字节首地址。

LEN：转换位数，字节型，最大长度 255。

OUT：输出字节的首地址。

当允许输入 EN 有效时，把从输入数据 IN 开始的长度为 LEN 位的十六进制数，转换成 ASCII 码，并将结果送到首地址为 OUT 的字节存储单元。

如果输入数据中有非法的 ASCII 字符，则终止转换操作，特殊继电器 SM1.7 置 1。

在语句表中，HTA 的指令格式为：HTA IN，LEN，OUT。

3．整数到 ASCII 码指令 ITA

在梯形图中，整数到 ASCII 码指令以功能框的形式编程，指令名称为：ITA。

IN：整数数据输入。

FMT：转换精度或转换格式（小数位的表示方式）。

OUT：连续 8 个输出字节的首地址。

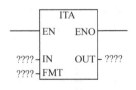

当允许输入 EN 有效时，把整数输入数据 IN，根据 FMT 指定的转换精度，转换成始终是 8 个字符的 ASCII 码，并将结果送到首地址为 OUT 的 8 个连续字节存储单元。

FMT 的定义如下：

MSB							LSB
0	0	0	0	C	n	n	n

在 FMT 中，高 4 位必须是 0，C 为小数点的表示方式：C=0 时，用小数点来分割整数和小数；C=1 时，用逗号来分割整数和小数。nnn 表示在首地址为 OUT 的 8 个连续字节中，小数的位数，nnn=000～101，分别对应 0～5 个小数位，小数部分的对位方式为右对齐。

例如，在 C=0，nnn=011 时，用小数点进行格式化处理的数据格式，在 OUT 中的表示方式见表 4-43。

表 4-43　经 FMT 后的数据格式

IN	OUT	OUT+1	OUT+2	OUT+3	OUT+4	OUT+5	OUT+6	OUT+7
12				0	.	0	1	2
−123			−	0	.	1	2	3
1234				1	.	2	3	4
−12345			−	1	2	.	3	4	5

在语句表中，ITA 的指令格式为：ITA IN，FMT，OUT。

4．双整数到 ASCII 码指令 DTA

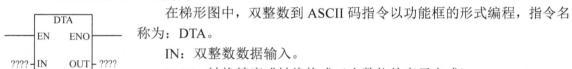

在梯形图中，双整数到 ASCII 码指令以功能框的形式编程，指令名称为：DTA。

IN：双整数数据输入。

FMT：转换精度或转换格式（小数位的表示方式）。

OUT：连续 12 个输出字节的首地址。

当允许输入 EN 有效时，把双整数输入数据 IN，根据 FMT 指定的转换精度，转换成始终是 8 个字符的 ASCII 码，并将结果送到首地址为 OUT 的 12 个连续字节存储单元。

FMT 的定义如下：

MSB							LSB
0	0	0	0	C	n	n	n

在 FMT 中，高 4 位必须是 0，C 为小数点的表示方式：C=0 时，用小数点来分割整数和小数；C=1 时，用逗号来分割整数和小数。nnn 表示在首地址为 OUT 的 12 个连续字节中，小数的位数，nnn=000～101，分别对应 0～5 个小数位，小数部分的对位方式为右对齐。

例如，在 C=0，nnn=100 时，用小数点进行格式化处理的数据格式，在 OUT 中的表示方式见表 4-44。

表 4-44　经 FMT 后的数据格式

IN	OUT	OUT+1	OUT+2	OUT+3	OUT+4	OUT+5	OUT+6	OUT+7	OUT+8	OUT+9	OUT+10	OUT+11
12							0	.	0	0	1	2
−123						−	0	.	0	1	2	3
1234							0	.	1	2	3	4
−1234567					−	1	2	3	.	4	5	6	7

在语句表中，DTA 的指令格式为：DTA IN，FMT，OUT。

5. 实数到 ASCII 码指令 RTA

在梯形图中，实数到 ASCII 码指令以功能框的形式编程，指令的
名称为：RTA。

IN：实数数据输入。

FMT：转换精度或转换格式（小数位的表示方式）。

OUT：连续 3～15 个输出字节的首地址。

当允许输入 EN 有效时，把整数输入数据 IN，根据 FMT 指定的转换精度，转换成始终是
8 个字符的 ASCII 码，并将结果送到首地址为 OUT 的 8 个连续字节存储单元。

FMT 的定义如下：

MSB							LSB
S	S	S	S	C	n	n	n

在 FMT 中，高 4 位 SSSS 表示 OUT 为首地址的连续存储单元的字节数，SSSS=3～15。C
为小数点的表示方式：C=0 时，用小数点来分割整数和小数；C=1 时，用逗号来分割整数和小
数。nnn 表示在首地址为 OUT 的 8 个连续字节中，小数的位数，nnn=000～101，小数部分的
对位方式为右对齐。

例如，在 SSSS=0110，C=0，nnn=001 时，用小数点进行格式化处理的数据格式，在 OUT
中的表示方式见表 4-45。

表 4-45　经 FMT 后的数据格式

IN	OUT	OUT+1	OUT+2	OUT+3	OUT+4	OUT+5
1234.5	1	2	3	4	.	5
0.0004				0	.	0
1.96				2	.	0
−3.6571			−	3	.	7

在语句表中，RTA 的指令格式为：RTA IN，FMT，OUT。

小　　结

本章介绍了 SIMATIC 指令集所包含的基本指令及使用方法，在基本指令中，位操作指令
是最常用的，也是最重要的，是其他所有指令应用的基础。

位操作指令：包括逻辑控制指令、定时器指令、计数器指令和比较指令。位操作指令在
PLC 内通过逻辑堆栈进行位运算，可以实现传统的继电器控制系统所能完成的控制任务。

运算指令：包括四则运算、逻辑运算、数学函数指令，增强了小型 PLC 对数值类数据处
理的能力。S7-200 是具有最强运算功能的小型 PLC。

非数值类数据处理指令：包括数据的传送、移位、交换、填充和类型转换指令，使 PLC
的应用领域进一步拓宽。

表功能指令：完成对字型数据表的存取和查找功能。

通过基本指令的使用和编程，对 S7-200 PLC 使用梯形图编程的认识进一步加深。

① 在梯形图中，用户程序是多个程序网络（Network）的有序组合。

② 每个程序网络是各种编程元件的触点、线圈及功能框，在左、右母线之间的编程元件

的有序排列。

③ 与能流无关的线圈和功能框可以直接接在左母线上；与能流有关的线圈和功能框不能直接接在左母线上。

④ 在绝大多数的功能框上，有允许输入端 EN 和允许输出端 ENO，EN 和 ENO 都是布尔量。对于要执行指令的功能框，EN 输入端必须存在能流。如果指令执行正确，输出端 ENO 将把能流向下传送。如果在执行指令过程中存在错误，则能流终止在当前的功能框。

⑤ 具有 EN 和 ENO 的功能框是允许串级连接的，即前一个功能框的 ENO 端与后一个功能框的 EN 端相连。

习 题 4

4-1 根据波形图，设计梯形图。

（1）产品分拣控制，如图 4-33 所示。

（2）电动机星-角启动，如图 4-34 所示。

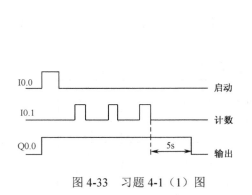

图 4-33 习题 4-1（1）图

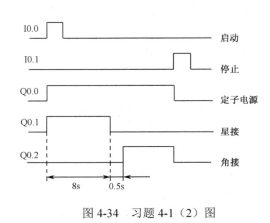

图 4-34 习题 4-1（2）图

（3）信号灯控制，如图 4-35 所示。

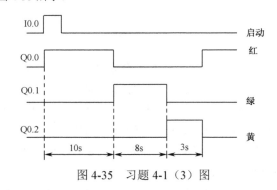

图 4-35 习题 4-1（3）图

4-2 进行鼠笼型电动机的可逆运行控制，要求：

（1）启动时，可根据需要选择旋转方向；

（2）可随时停车；

（3）需要反向旋转时，按反向启动按钮，但是必须等待 6s 后才能自动接通反向旋转的主电路。

4-3 用语句表编写一段程序，计算 SIN50°的值。

4-4 编写一段程序，完成将 VW6 的低 8 位"取反"后送入 VW10。

4-5 编写一个循环计数程序，计数范围 1～1000。

4-6 某锅炉的鼓风机和引风机的控制时序图如图 4-36 所示，要求鼓风机比引风机晚 10s 启动，引风机比鼓风机晚 18s 停机，请设计梯形图控制程序。

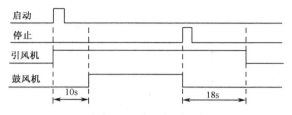

图 4-36 控制时序图

4-7 编写一段梯形图程序，要求：

（1）有 20 个字型数据存储在从 VB100 开始的存储区，求这 20 个字型数据的平均值。

（2）如果平均值小于 1000，则将这 20 个数据移到从 VB200 开始的存储区，这 20 个数据的相对位置在移动前后不变。

（3）如果平均值大于等于 1000，则绿灯亮。

4-8 设计一个报时器。

（1）具有整点报时功能。按上、下午区分，1 点和 13 点接通音响 1s；2 点和 14 点接通音响 2 次，每次持续时间 1s，间隔 1s；3 点和 15 点接通音响 3 次，每次持续时间 1s，间隔 1s，依次类推。

（2）具有随机报时功能。可根据外部设定在某时某分报时，报时时接通一个音乐电路 5s，若不进行复位，可连续报时 3 次，每次间隔 3s。

（3）通过报时方式选择开关，选择上述两种报时功能。

4-9 设计 1 个 3 台电动机的顺序控制程序。

（1）启动操作：按启动按钮 SB1，电动机 M1 启动，10s 后电动机 M2 自动启动，又经过 8s，电动机 M3 自动启动。

（2）停车操作：按停止按钮 SB2，电动机 M3 立即停车；5s 后，电动机 M2 自动停车；又经过 4s，电动机 M1 自动停车。

4-10 设计 1 个智力竞赛抢答控制装置。

（1）当出题人说出问题且按下开始按钮 SB1 后，在 10s 之内，4 个参赛者中只有最早按下抢答按钮的人抢答有效。

（2）每个抢答桌上安装 1 个抢答按钮，1 个指示灯。抢答有效时，指示灯快速闪亮 3s，赛场中的音响装置响 2s。

（3）10s 后抢答无效。

4-11 设计一个报警电路。

（1）当发生异常情况时，报警灯 HL 闪烁，闪烁频率为 ON 0.5s，OFF 0.5s。报警蜂鸣器 HA 有音响输出。

（2）值班员听到报警后，按报警响应按钮 SB1，报警灯 HL 由闪烁变为常亮，报警蜂鸣器 HA 停止音响。

（3）按下报警解除按钮 SB2，报警灯熄灭。

（4）为测试报警灯和报警蜂鸣器的好坏，可用测试按钮 SB3 随时测试。

4-12 有 3 台电动机，要求启动时，每隔 10min 依次启动 1 台，每台运行 8h 后自动停机。在运行中可用停止按钮将 3 台电动机同时停机。

4-13 某大厦欲统计进出大厦的人数，在唯一的门廊里设置了两个光电检测器，如图 4-37 所示，当有人进出时就会遮住光信号，检测器就会输出 ON 状态，反之为 OFF 状态。

当检测器 A 的光信号被遮住时，若检测器 B 发出上升沿信号时，可以认为有人进入大厦，若 B 发出下降沿信号，可以认为有人走出大厦。其时序图如图 4-38 所示。

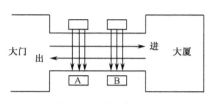

图 4-37　大厦平面图

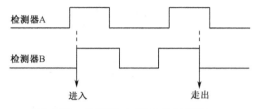

图 4-38　检测器 A 和 B 的时序图

试设计一段程序，统计大厦内现有人数，达到限定人数（如 500 人）时，发出报警信号。

4-14 有两台绕线式电动机，为限制绕线式电动机的启动电流，在每台电动机的转子回路串接 3 段启动电阻。两台电动机分别操作。

（1）电动机 M1 采用时间控制原则进行控制（如按下启动按钮后，间隔 5s，依次切除转子电阻）。

（2）电动机 M2 采用电流控制原则进行控制（3 只过电流继电器线圈的吸合值相同，释放值不同）。

试设计一段程序，实现上述要求。

4-15 有 4 组节日彩灯，每组由红、绿、黄 3 盏顺序排放，请实现下列控制要求：

（1）每 0.5s 移动 1 个灯位；

（2）每次亮 1s；

（3）可用 1 个开关选择点亮方式：①每次点亮 1 盏彩灯；②每次点亮 1 组彩灯。

4-16 某装料小车可以从任意位置启动左行，到达左端压下行程开关 LS1，小车开始装料，15s 后装料结束自动开始右行，到达右端，压下行程开关 LS2，小车开始卸料，10s 后小车卸料完毕，自动左行去装料，如此自动往复循环，直到按下停止按钮，小车停止运行。试设计该小车的自动控制程序。

第5章 S7-200 的应用指令

PLC 的应用指令或称功能指令，是指在完成基本逻辑控制、定时控制、顺序控制的基础上，PLC 制造商为满足用户不断提出的一些特殊控制要求而开发的那些指令，如在第 4 章所介绍的基本指令中，除位操作指令外，对运算指令、数据处理指令、表功能指令和转换指令，有时也称为应用指令。PLC 的应用指令越多，它的功能就越强。在本书中，对那些可简化复杂控制问题的指令，可优化程序结构的指令，可提高系统可靠性的指令，归结为应用指令。

在本章中，主要介绍程序控制类指令和特殊指令，对于通信控制类指令，将在第 7 章介绍。本章的主要内容如下。

- 程序控制类指令：包括空操作指令，结束及暂停指令，看门狗指令，跳转指令，子程序指令，循环指令，顺序控制器指令，与 ENO 指令等。
- 特殊指令：包括时钟指令，中断指令，高速计数器指令，高速脉冲输出指令，PID 指令等。

本章的重点是掌握程序控制类指令的正确使用方法，深入了解特殊指令的功能及指令执行过程。通过本章及第 4 章的学习，对 S7-200 的指令系统有全面地认识和理解，能够根据需要，对比较复杂的控制问题，编制出梯形图程序。

5.1 程序控制类指令

程序控制类指令主要用于程序结构的优化。

5.1.1 空操作指令 NOP

空操作指令主要是为了方便对程序的检查和修改，预先在程序中设置一些 NOP 指令，在修改和增加指令时，可使程序地址的更改量达到最小。NOP 指令对运算结果和用户程序执行无任何影响，也不影响特殊继电器和允许输出 ENO。

空操作指令的指令格式为：NOP N。

操作数 N 是标号，N 的取值范围为 0～255 的常数。

5.1.2 结束及暂停指令

1. 结束指令 END，MEND

结束指令的功能是结束主程序，它只能在主程序中使用，而不能在子程序或中断程序中使用。

END 指令是条件结束指令，MEND 是无条件结束指令。通常 END 指令用于主程序的内部，利用系统的状态或程序执行的结果，也可以根据 PLC 外设置的切换条件来调用 END 指令，使主程序结束。这样可利用 END 指令处理突发事件。MEND 指令用于程序的最后，无条件终止用户程序的执行，返回到主程序的第一条指令。在梯形图中，结束指令以线圈形式编程。在语句表中，结束指令的指令格式为：END。

2. 暂停指令 STOP

暂停指令的功能是将 PLC 主机 CPU 的工作方式由 RUN 切换到 STOP 方式，CPU 在 1.4s 内终止 PLC 的运行。因此，STOP 与 END 指令均能用于处理突发紧急事件。

STOP 指令既可以在主程序中使用，也可以在子程序和中断程序中使用。如果在中断程序中执行 STOP 指令，则中断处理立即结束，并忽略所有挂起的中断，返回主程序执行到 MEND 后，将 PLC 切换到 STOP 方式。

STOP 指令在梯形图中以线圈的形式编程。在语句表中，暂停指令的指令格式为：STOP。

5.1.3 警戒时钟刷新指令 WDR

在 PLC 中，为避免出现程序死循环的情况，有 1 个专门监视扫描周期的警戒时钟，常称为看门狗定时器 WDT，WDT 的设定值稍微大于程序的扫描周期，在正常的每个扫描周期中，PLC 都要对 WDT 进行 1 次复位（刷新）操作，使得 WDT 不能动作。如果出现某个扫描周期大于 WDT 的设定值的情况，WDT 认为出现程序异常，发出信号给 CPU，做异常处理。

在 S7-200 中，WDT 的设定值为 300ms，如果希望扫描时间超过 300ms（有时在调用中断服务程序或子程序时，可能使得扫描时间超过 300ms），可利用 WDR（Watch_Dog Reset）指令对 WDT 进行 1 次复位（刷新）操作。

在使用 WDR 指令时，如在循环程序中加入 WDR 指令，则可能使一次扫描时间拖得很长，而在一次扫描结束之前，系统的下列操作将被禁止。

① 除自由口通信外的通信。

② 除立即 I/O 外的 I/O 刷新。

③ 强制刷新。

④ 特殊继电器的刷新。

⑤ 运行时间诊断。

- 中断程序中的 STOP 指令；

- 当扫描时间超过 25s 时，10ms 和 100ms 的定时器不能正确计时。

在梯形图中，WDR 以线圈的形式编程。在语句表中，其指令格式为：WDR。

【例 5-1】 END，STOP 及 WDR 指令的应用如图 5-1 所示。

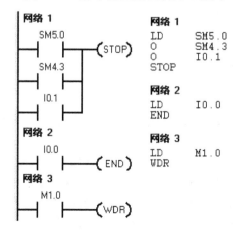

图 5-1 END，STOP 及 WDR 指令

5.1.4 跳转指令

跳转指令的功能是根据不同的逻辑条件，有选择地执行不同的程序。利用跳转指令，可使程序结构更加灵活，减少扫描时间，从而加快了系统的响应速度。

执行跳转指令需要用两条指令配合使用，跳转开始指令 JMP n 和跳转标号指令 LBL n，n 是标号地址，n 的取值范围是 0～255 的字型类型。

跳转指令 JMP 和 LBL 必须配合应用在同一个程序块中，即 JMP 和 LBL 可同时出现在主程序中，或者同时出现在子程序中，或者同时出现在中断程序中。不允许从主程序中跳转到子程序或中断程序，也不允许从某个子程序或中断程序中跳转到主程序或其他的子程序或中断程序。

在梯形图中，跳转开始指令 JMP n 以线圈形式编程，跳转标号指令 LBL n 以功能框形式编程。

【例 5-2】 某生产线对产品进行加工处理，同时利用增减计数器对成品进行累计，每当检测到 100 个成品时，就要跳过某些控制程序，直接进入小包装控制程序。每当检测到 900 个成品（9 个小包装），直接进入大包装控制程序。相关的控制程序如图 5-2 所示。

5.1.5 子程序指令

在进行计算机的结构化程序设计时，常常采用子程序设计技术。在 PLC 的程序设计中，也不例外。对那些需要经常执行的程序段，设计成子程序的形式，并为每个子程序赋与不同的编号，在程序执行的过程中，可随时调用某个编号的子程序。

1．子程序调用指令和返回指令

子程序调用指令 CALL 的功能是将程序执行转移到编号为 n 的子程序。

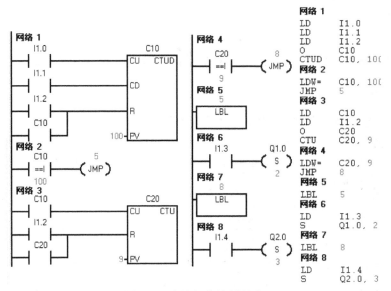

图 5-2 成品包装控制程序

子程序的入口用指令 SBR n 表示，在子程序执行过程中，如果满足条件返回指令 CRET 的返回条件，则结束该子程序，返回到原调用处继续执行；否则，将继续执行该子程序到最后一条：无条件返回指令 RET，结束该子程序的运行，返回到原调用处。

在梯形图中，子程序调用指令以功能框形式编程，子程序返回指令以线圈形式编程，如图 5-3 所示。

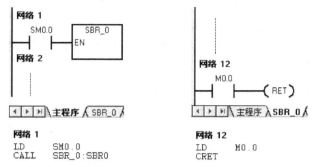

图 5-3　子程序指令编程

2. 子程序调用过程的特点

① 在子程序（n）调用过程中，CPU 把程序控制权交给子程序（n），系统将当前逻辑堆栈的数据自动保存，并将栈顶置 1，堆栈中的其他数据置 0。当子程序执行结束后，通过返回指令自动恢复原来逻辑堆栈的数据，把程序控制权重新交给原调用程序。

② 因为累加器可在调用程序和被调子程序之间自由传递数据，所以累加器的值在子程序调用开始时不需要另外保存，在子程序调用结束时也不用恢复。

③ 允许子程序嵌套调用，嵌套深度最多为 8 重。

④ S7-200 不禁止子程序递归调用（自己调用自己），但使用时要慎重。

⑤ 用 STEP 7-Micro/WIN32 软件编程时，编程人员不用手工输入 RET 指令，而是由软件自动加在每个子程序的结束处。

3. 带参数的子程序调用

子程序在调用过程中，允许带参数调用。

（1）子程序参数

子程序在带参数调用时，最多可以带 16 个参数。每个参数包含变量名、变量类型和数据类型。这些参数在子程序的局部变量表中进行定义。

（2）变量名

由不超过 8 个字符的字母和数字组成，但第一个字符必须是字母。

（3）变量类型

在子程序带参数调用时可以使用 4 种变量类型，根据数据传递的方向，依次安排这些变量类型在局部变量表中的位置。

① IN 类型（传入子程序型）。

IN 类型表示传入子程序参数，参数的寻址方式可以是：

- 直接寻址（如 VB20），将指定位置的数据直接传入子程序；
- 间接寻址（如 *AC1），将由指针决定的地址中的数据传入子程序；
- 立即数寻址（如 16#2345），将立即数传入子程序；
- 地址编号寻址（如 &VB100），将数据的地址值传入子程序。

② IN/OUT 类型（传入/传出子程序型）。

IN/OUT 类型表示传入/传出子程序参数，调用子程序时，将指定地址的参数传入子程序，子程序执行结束时，将得到的结果值返回到同一个地址。参数的寻址方式可以是直接寻址和间接寻址。

③ OUT 类型（传出子程序型）。

OUT 类型表示传出子程序参数，将从子程序返回的结果值传送到指定的参数位置。参数的寻址方式可以是直接寻址和间接寻址。

④ TEMP 类型（暂时型）。

TEMP 类型的变量，用于在子程序内部暂时存储数据，不能用来与主程序传递参数数据。

（4）使用局部变量表

局部变量表使用局部变量存储器 L，CPU 在执行子程序时，自动分配给每个子程序 64 个局部变量存储器单元，在进行子程序参数调用时，将调用参数按照变量类型 IN，IN/OUT，OUT 和 TEMP 的顺序依次存入局部变量表中。

当给子程序传递数据时，这些参数被存放在子程序的局部变量存储器中，当调用子程序时，输入参数被拷贝到子程序的局部变量存储器中，当子程序完成时，从局部变量存储器拷贝输出参数到指定的输出参数地址。

在局部变量表中，还要说明变量的数据类型，数据类型可以是：能流型、布尔型、字节型、字型、双字型、整数型、双整数型和实数型。

- 能流型：该数据类型仅对位输入操作有效，它是位逻辑运算的结果。对能流输入类型的数据，要安排在局部变量表的最前面。
- 布尔型：该数据类型用于单独的位输入和位输出。
- 字节型、字型、双字型：该数据类型分别用于说明 1 字节、2 字节和 4 字节的无符号的输入参数或输出参数。
- 整数和双整数型：该数据类型分别用于说明 2 字节和 4 字节的有符号的输入参数或输出参数。
- 实数型：该数据类型用于说明 IEEE 标准的 32 位浮点输入参数或输出参数。

在语句表中，带参数的子程序调用指令格式为：CALL n，Var1，Var2，…，Var m。

其中：n 为子程序号，Var1 到 Varm 为调用参数。

影响允许输出 ENO 正常工作的出错条件为：SM4.3（运行时间），0008（子程序嵌套超界）。

【例 5-3】 带参数的子程序调用如图 5-4 所示。

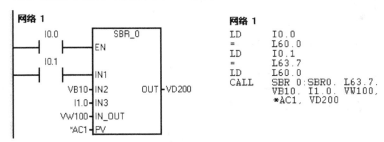

图 5-4 带参数的子程序调用

5.1.6 循环指令

在需要对某个程序段重复执行一定次数时，可采用循环程序结构。循环指令由循环开始指令 FOR 和循环结束指令 NEXT 组成。

1. 循环开始指令 FOR

循环开始指令 FOR 的功能是标记循环体的开始。

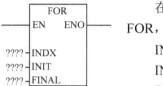

在梯形图中，循环开始指令以功能框的形式编程，功能框的名称为 FOR，它有 3 个输入端。

INDX：当前循环计数

INIT：循环初值

FINAL：循环终值

2. 循环结束指令 NEXT

循环结束指令 NEXT 的功能是标记循环体的结束，且将逻辑堆栈的栈顶置 1。

在梯形图中，循环结束指令以线圈的形式编程。

FOR 和 NEXT 必须成对使用，在 FOR 和 NEXT 之间构成循环体。当允许输入 EN 有效时，执行循环体，INDX 从 1 开始计数。每执行 1 次循环体，INDX 自动加 1，并且与终值相比较，如果 INDX 大于 FINAL，循环结束。

在 S7-200 中，循环指令允许嵌套使用，最大嵌套深度为 8 重。

在语句表中，循环指令的指令格式为：FOR INDX，INIT，FINAL NEXT。

【例 5-4】 两重循环指令的应用如图 5-5 所示。

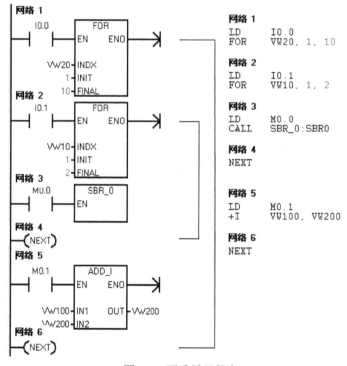

图 5-5　两重循环程序

在图 5-5 中，当允许输入 I0.0 为 1 时，执行外循环体：作 10 次整数加法。当 I0.1 为 1 时，执行内循环体：调用 2 次子程序。在 I0.0 和 I0.1 同时为 1 期间，每做 1 次加法运算，调用 2 次子程序。

5.1.7 顺序控制继电器 SCR 指令

在 PLC 的程序设计中，经常采用顺序控制继电器来完成顺序控制和步进控制，因此顺序控制继电器指令也常常称为步进控制指令。

在顺序控制或步进控制中，常常将控制过程分成若干个顺序控制继电器（Sequence Control Relay，SCR）段，一个 SCR 段有时也称为一个控制功能步，简称步。每个 SCR 都是一个相对稳定的状态，都有段开始，段结束，段转移。在 S7-200 中，有 3 条简单的 SCR 指令与之对应。

1．SCR 指令

（1）段开始指令 LSCR（Load Sequence Control Relay）

段开始指令的功能是标记一个 SCR 段（或一个步）的开始，其操作数是状态继电器 Sx.y（如 S0.0），Sx.y 是当前 SCR 段的标志位，当 Sx.y 为 1 时，允许该 SCR 段工作。

（2）段转移指令 SCRT（Sequence Control Relay Transition）

段转移指令的功能是将当前的 SCR 段切换到下一个 SCR 段，其操作数是下一个 SCR 段的标志位 Sx.y（如 S0.1）。当允许输入有效时，进行切换，即停止当前 SCR 段工作，启动下一个 SCR 段工作。

（3）段结束指令 SCRE（Sequence Control Relay End）

段结束指令的功能是标记一个 SCR 段（或一个步）的结束。每个 SCR 段必须使用段结束指令来表示该 SCR 段的结束。

在梯形图中，段开始指令以功能框的形式编程，指令名称为 SCR，段转移和段结束指令以线圈形式编程。

在语句表中，SCR 的指令格式为：LSCR Sx.y
　　　　　　　　　　　　　　　SCRT Sx.y
　　　　　　　　　　　　　　　SCRE

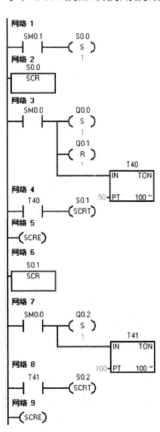

图 5-6　单流程步进控制

【例 5-5】　一个简单的顺序结构的步进控制如图 5-6 所示。

2．SCR 指令的特点

① SCR 指令的操作数（或编程元件）只能是状态继电器 Sx.y；反之，状态继电器 S 可应用的指令并不仅限于 SCR，它还可以应用 LD，LDN，A，AN，O，ON，=，S，R 等指令。

② 一个状态继电器 Sx.y 作为 SCR 段标志位，可以用于主程序、子程序或中断程序中，但是只能使用 1 次，不能重复使用。

③ 在一个 SCR 段中，禁止使用循环指令 FOR/NEXT、跳转指令 JMP/LBL 和条件结束指令 END。

3．在状态流程图中使用步进指令编程

在大中型 PLC 中，可直接使用 S7-GRAPH 语言处理比较复杂的顺序控制或步进控制问题。而在小型 PLC 的程序设计中，对于大量遇到的顺序控制或步进控制问题，如果能采用状态流程图的设计方法，再使用步进指令将其转化成梯形图程

序，就可完成比较复杂的顺序控制或步进控制任务。

设计状态流程图的方法：首先将全部控制过程分解为若干个独立的控制功能步（顺序段），确定每步的启动条件和转换条件。每个独立的步分别用方框表示，根据动作顺序用箭头将各个方框连接起来，在相邻的两步之间用短横线表示转换条件。在每步的右边画上要执行的控制程序。

（1）顺序结构的步进控制

单纯顺序结构的步进控制比较简单，其状态流程图及步进控制程序如图 5-7 所示。

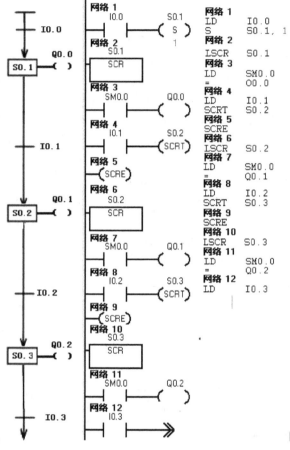

图 5-7　顺序结构的步进控制

（2）选择分支结构的步进控制

图 5-8 是选择分支结构的状态流程图和控制程序，进入分支选择时，或者状态继电器 S0.2 为 1（由 I0.1 决定），或者状态继电器 S0.4 为 1（由 I0.4 决定），状态继电器 S0.1 自动复位。状态继电器 S0.6 的状态由 I0.3 或 I0.6 决定，当 S0.6 为 1 时，上一步的状态继电器 S0.3 或 S0.5 自动复位。

（3）并行分支结构的步进控制

图 5-9 是并行分支结构的状态流程图和控制程序。

在状态流程图中，用水平双线表示并行分支开始和结束。在设计并行结构的各个分支时，为提高系统工作效率，应尽量使各个支路的工作时间接近一致。

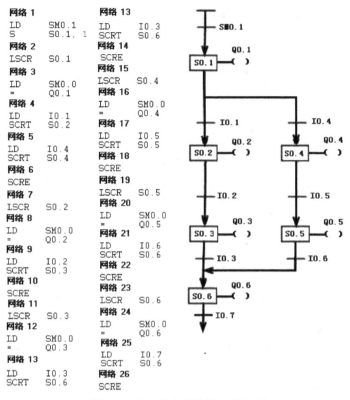

网络 1	网络 13		
LD SM0.1	LD I0.3		
S S0.1, 1	SCRT S0.6		
网络 2	网络 14		
LSCR S0.1	SCRE		
网络 3	网络 15		
LD SM0.0	LSCR S0.4		
= Q0.1	网络 16		
网络 4	LD SM0.0		
LD I0.1	= Q0.4		
SCRT S0.2	网络 17		
网络 5	LD I0.5		
LD I0.4	SCRT S0.5		
SCRT S0.4	网络 18		
网络 6	SCRE		
SCRE	网络 19		
网络 7	LSCR S0.5		
LSCR S0.2	网络 20		
网络 8	LD SM0.0		
LD SM0.0	= Q0.5		
= Q0.2	网络 21		
网络 9	LD I0.6		
LD I0.2	SCRT S0.6		
SCRT S0.3	网络 22		
网络 10	SCRE		
SCRE	网络 23		
网络 11	LSCR S0.6		
LSCR S0.3	网络 24		
网络 12	LD SM0.0		
LD SM0.0	= Q0.6		
= Q0.3	网络 25		
网络 13	LD I0.7		
LD I0.3	SCRT S0.6		
SCRT S0.6	网络 26		
	SCRE		

图 5-8　选择分支结构的步进控制

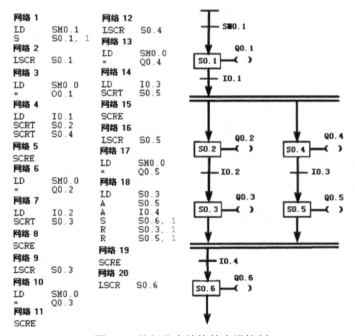

网络 1	网络 12	
LD SM0.1	LSCR S0.4	
S S0.1, 1	网络 13	
网络 2	LD SM0.0	
LSCR S0.1	= Q0.4	
网络 3	网络 14	
LD SM0.0	LD I0.3	
= Q0.1	SCRT S0.5	
网络 4	网络 15	
LD I0.1	SCRE	
SCRT S0.2	网络 16	
SCRT S0.4	LSCR S0.5	
网络 5	网络 17	
SCRE	LD SM0.0	
网络 6	= Q0.5	
LD SM0.0	网络 18	
= Q0.2	LD S0.3	
网络 7	A S0.5	
LD I0.2	A I0.4	
SCRT S0.3	S S0.6, 1	
网络 8	R S0.3, 1	
SCRE	R S0.5, 1	
网络 9	网络 19	
LSCR S0.3	SCRE	
网络 10	网络 20	
LD SM0.0	LSCR S0.6	
= Q0.3		
网络 11		
SCRE		

图 5-9　并行分支结构的步进控制

（4）循环结构的步进控制

　　循环结构是选择分支结构的一个特例，它用于一个顺序控制过程的多次或往复运行。图 5-10 为一个循环结构的状态流程图及控制程序。

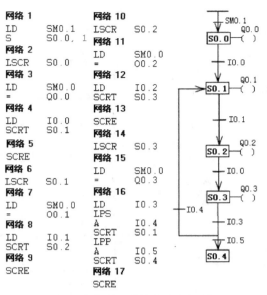

网络 1
LD SM0.1
S S0.0, 1
网络 2
LSCR S0.0
网络 3
LD SM0.0
= Q0.0
网络 4
LD I0.0
SCRT S0.1
网络 5
SCRE
网络 6
LSCR S0.1
网络 7
LD SM0.0
= Q0.1
网络 8
LD I0.1
SCRT S0.2
网络 9
SCRE

网络 10
LSCR S0.2
网络 11
LD SM0.0
= Q0.2
网络 12
LD I0.2
SCRT S0.3
网络 13
SCRE
网络 14
LSCR S0.3
网络 15
LD SM0.0
= Q0.3
网络 16
LD I0.3
LPS
A I0.4
SCRT S0.1
LPP
A I0.5
SCRT S0.4
网络 17
SCRE

图 5-10　循环结构的步进控制

（5）复合结构的状态流程图

在一个比较复杂的控制系统中，其状态流程图往往是复合结构，即分支中有分支，分支中有循环或循环中有分支等。图 5-11 表示了一个复合结构的状态流程图。

4．步进控制指令应用举例

有 3 台电动机 M1，M2，M3。

按启动按钮后，M1 立即启动，3s 后 M2 自动启动，又经过 4s, M3 自动启动；

按停止按钮后，M3 立即停止，4s 后 M2 自动停止，又经过 3s, M1 自动停车。

控制过程示意图如图 5-12 所示。

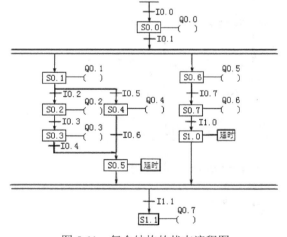

图 5-11　复合结构的状态流程图

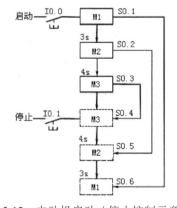

图 5-12　电动机启动／停止控制示意图

输入点分配，启动按钮：I0.0，停止按钮：I0.1。

输出点分配，M1：Q0.1，M2：Q0.2，M3：Q0.3。

梯形图控制程序如图 5-13 所示。

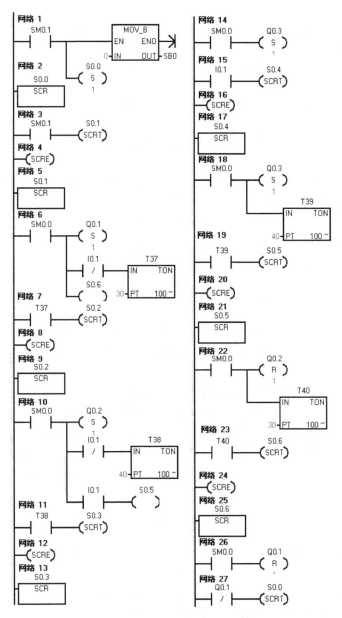

图 5-13 梯形图控制程序

5.1.8 与 ENO 指令 AENO

ENO（Enable Output）是在 S7-200 的梯形图 LAD 及功能块图 FBD 中以功能框形式编程时的允许输出端，如果允许输入有效，并且指令执行正确，ENO 就能将能量流向下传递，允许程序继续执行。

在图 5-14 中，整数加法操作 ADD_I 的功能框，与填表操作 AD_T_TBL 功能框串联在一起，如果整数加法指令执行正确，则直接进行填表操作。

AENO 指令只能在语句表 STL 中使用，其功能是对于在梯形图中出现功能框后串联功能框或线圈时，在语句表中的描述。

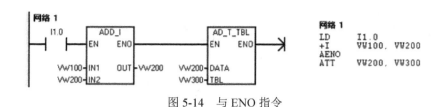

图 5-14　与 ENO 指令

5.2　特殊指令

每个 PLC 制造厂家在生产 PLC 的过程中，都要有意识地增加一些特殊的硬件，以实现某些特殊的功能，SIEMENS 公司也不例外。通过特殊指令对这些具有特殊功能的硬件进行编程，就可能使某些比较复杂的控制任务的程序编制变得简单容易。

在 S7-200 中，涉及的特殊功能有：实时时钟的设定和读取，中断处理，通信，高速计数，高速脉冲输出，PID 控制等。

5.2.1　实时时钟指令

在 S7-200 中，可以通过实时时钟设定指令安排一个 8 字节的时钟缓冲区存放当前的日期和时间数据，在 PLC 控制系统运行期间，可通过读实时时钟指令进行运行监视，或者作运行记录。

1. 设定实时时钟指令 TODW（Time of Day Write）

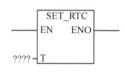

在梯形图中，设定实时时钟指令以功能框的形式编程，指令名为：SET_RTC（Set Real-Time Clock）。输入端 T 为 8 字节时钟缓冲区的起始地址，数据类型为字节型。设定实时时钟指令的功能是将正确的日期和时间数据写入以 T 为首地址的连续 8 字节的时钟缓冲区。时钟缓冲区的格式见表 5-1。

表 5-1　时钟缓冲区的格式

字节	T	T+1	T+2	T+3	T+4	T+5	T+6	T+7
含义	年	月	日	时	分	秒	0	星期几
范围	00～99	00～12	00～31	00～23	00～59	00～59	0	01～07

在星期几的范围中，01～07 分别代表星期日、星期一、……、星期六。

在语句表中，设定实时时钟指令的指令格式为：TODW T。

2. 读实时时钟指令 TODR（Time of Day Read）

在梯形图中，读实时时钟指令以功能框的形式编程，指令名为：READ_RTC（Read Real-Time Clock）。输入端 T 为时钟缓冲区的首地址。

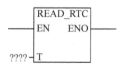

读实时时钟指令的功能是，当允许输入 EN 有效时，系统读当前的日期和时间，并将其装入一个首地址为 T 的 8 字节缓冲区。T 为字节型数据。

在语句表中，读实时时钟指令的格式为：TODR T

影响实时时钟指令允许输出 ENO 正常工作的出错条件：SM4.3（运行时间），0006（间接寻址），000C（时钟模块不存在）。

在 S7-200 中，使用实时时钟指令时要注意：

- 日期和时间数据要用 BCD 码表示。

- CPU 不检查输入的日期和时间数据是否正确，如 2 月 30 日，系统仍然认为是有效日期，所以要保证输入数据的正确性。

- 不要在主程序和子程序中同时使用 TODW 或 TODR 指令。如果在主程序中执行 TODR 时，又出现了执行包括 TODR 指令的中断程序，则不执行中断程序中的 TODR 指令。

5.2.2　中断指令

在计算机控制中，对于那些可考虑的不定期产生的急需处理事件，常常通过采用中断处理技术来完成，当 CPU 响应中断请求后，会暂时停止当前正在执行的程序，进行现场保护，在将累加器、逻辑堆栈、寄存器及特殊继电器的状态和数据保存起来后，转到相应的中断服务程序中去处理。一旦处理结束，立即恢复现场，将保存起来的现场数据和状态重新装入，返回到原程序继续执行。

在 S7-200 中，中断服务程序的调用和处理由中断指令来完成。

1．中断事件的描述

在 PLC 中，有很多的信息和事件能够引起中断，一般可分为系统内部中断和用户引起的中断。系统的内部中断是由系统来处理的，如编程器、数据处理器、某些智能单元等，可能随时会向 CPU 发出中断请求，而对这种中断请求的处理，PLC 是自动完成的。而由用户引起的一方面是来自控制过程的中断，常常称为过程中断，另一方面是来自 PLC 内部的定时功能，这种中断常常称为时基中断。

（1）过程中断

来自过程中断的信息要求 CPU 立即处理，否则将错过时机，甚至可能造成事故。对这种过程中断信息的输入或者是通过专用中断控制模板，或者是在 CPU 单元上特殊安排几个地址输入中断信息。这样就需要用户通过设计中断服务程序并设定中断服务程序入口地址，来处理中断事件。

在 S7-200 中，过程中断可分为通信中断和输入 / 输出中断。通信中断包括通信口 0 和通信口 1 产生的中断；输入 / 输出中断包括外部输入中断、高速计数器中断和高速脉冲串输出中断。

① 通信中断：是指 S7-200 的串行通信口可以通过梯形图或语句表编程的方法来设置波特率、奇偶校验和通信协议等参数，对通信口的这种操作方式，又称为自由口通信。利用接收和发送中断可简化程序对通信的控制。

② 外部输入中断：来自过程中断的信息可以通过 I0.0，I0.1，I0.2，I0.3 的前沿或后沿输入到 PLC 中，以加快系统的响应速度。

③ 高速计数器中断：在应用高速计数器的场合下，当高速计数器的当前值等于设定值时，或者当计数方向发生改变时，或者当高速计数器外部复位时，都可能使高速计数器向 CPU 提出中断请求。

④ 高速脉冲串输出中断：当 PLC 完成输出给定数量的高速脉冲串时，可引起中断。

（2）时基中断

在 S7-200 中，时基中断可以分为定时中断和定时器中断。

① 定时中断：定时中断响应周期性的事件，周期时间以 1ms 为计量单位，最小周期为 5ms，最大周期为 255ms。

定时中断有两种类型：定时中断 0 和定时中断 1。对于定时中断 0，把周期时间写入特殊继电器 SMB34；对于定时中断 1，把周期时间写入特殊继电器 SMB35。利用定时中断可以设定采样周期，实现对模拟量的数据采样，进而完成 PID 控制。

② 定时器中断：定时器中断是利用指定的定时器设定的时间产生中断。在 S7-200 中，指定的定时器为 1ms 的通电延时定时器 T32 和断电延时定时器 T96。

在 S7-200 的 CPU 22X 中，可以响应最多 34 个中断事件，每个中断事件分配不同的编号，中断事件号见表 5-2。

表 5-2　中断事件号表

事件号	中断事件描述	CPU221	CPU222	CPU224	CPU226
0	I0.0 上升沿中断	Y	Y	Y	Y
1	I0.0 下降沿中断	Y	Y	Y	Y
2	I0.1 上升沿中断	Y	Y	Y	Y
3	I0.1 下降沿中断	Y	Y	Y	Y
4	I0.2 上升沿中断	Y	Y	Y	Y
5	I0.2 下降沿中断	Y	Y	Y	Y
6	I0.3 上升沿中断	Y	Y	Y	Y
7	I0.3 下降沿中断	Y	Y	Y	Y
8	通信口 0：接收字符	Y	Y	Y	Y
9	通信口 0：发送字符完成	Y	Y	Y	Y
10	定时中断 0，SMB34	Y	Y	Y	Y
11	定时中断 1，SMB35	Y	Y	Y	Y
12	高速计数器 0：CV=PV（当前值=设定值）	Y	Y	Y	Y
13	高速计数器 1：CV=PV（当前值=设定值）			Y	Y
14	高速计数器 1：输入方向改变			Y	Y
15	高速计数器 1：外部复位			Y	Y
16	高速计数器 2：CV=PV（当前值=设定值）			Y	Y
17	高速计数器 2：输入方向改变			Y	Y
18	高速计数器 2：外部复位			Y	Y
19	PTO 0 脉冲串输出完成中断	Y	Y	Y	Y
20	PTO 1 脉冲串输出完成中断	Y	Y	Y	Y
21	定时器 T32 CT=PT 中断	Y	Y	Y	Y
22	定时器 T96 CT=PT 中断	Y	Y	Y	Y
23	通信口 0：接收信息完成	Y	Y	Y	Y
24	通信口 1：接收信息完成				Y
25	通信口 1：接收字符				Y
26	通信口 1：发送字符完成				Y
27	高速计数器 0：输入方向改变	Y	Y	Y	Y
28	高速计数器 0：外部复位	Y	Y	Y	Y
29	高速计数器 4：CV=PV（当前值=设定值）	Y	Y	Y	Y
30	高速计数器 4：输入方向改变	Y	Y	Y	Y
31	高速计数器 4：外部复位	Y	Y	Y	Y
32	高速计数器 3：CV=PV（当前值=设定值）	Y	Y	Y	Y
33	高速计数器 5：CV=PV（当前值=设定值）	Y	Y	Y	Y

2．中断程序的调用原则

（1）中断优先级

在 S7-200 的中断系统中，将全部中断事件按中断性质和轻重缓急分配不同的优先级，使得当多个中断事件同时发出中断请求时，按照优先级从高到低进行排队，优先级的顺序按照中断性质依次是通信中断、高速脉冲串输出中断、外部输入中断、高速计数器中断、定时中断、定时器中断。各个中断事件的优先级见表 5-3。

表 5-3　中断事件的优先级表

事件号	中断事件描述	组优先级	组内类型	组内优先级
8	通信口 0：单字符接收完成			0
9	通信口 0：发送字符完成	通信中断	通信口 0	0
23	通信口 0：接收信息完成			0
24	通信口 1：接收信息完成	最高级		1
25	通信口 1：单字符接收完成		通信口 1	1
26	通信口 1：发送字符完成			1
19	PTO 0 脉冲串输出完成中断		脉冲串输出	0
20	PTO 1 脉冲串输出完成中断			1
0	I0.0 上升沿中断			2
2	I0.1 上升沿中断			3
4	I0.2 上升沿中断			4
6	I0.3 上升沿中断			5
1	I0.0 下降沿中断			6
3	I0.1 下降沿中断			7
5	I0.2 下降沿中断		外部输入	8
7	I0.3 下降沿中断			9
12	高速计数器 0：CV=PV（当前值=设定值）			10
27	高速计数器 0：输入方向改变	I/O 中断		11
28	高速计数器 0：外部复位			12
13	高速计数器 1：CV=PV（当前值=设定值）			13
14	高速计数器 1：输入方向改变			14
15	高速计数器 1：外部复位			15
16	高速计数器 2：CV=PV			16
17	高速计数器 2：输入方向改变			17
18	高速计数器 2：外部复位			18
32	高速计数器 3：CV=PV（当前值=设定值）			19
29	高速计数器 4：CV=PV（当前值=设定值）		高速计数器	20
30	高速计数器 4：输入方向改变			21
31	高速计数器 4：外部复位			22
33	高速计数器 5：CV=PV（当前值=设定值）			23
10	定时中断 0，SMB34	时基中断	定时	0
11	定时中断 1，SMB35			1
21	定时器 T32：CT=PT 中断	最低级	定时器	2
22	定时器 T96：CT=PT 中断			3

（2）中断队列

在 PLC 中，CPU 一般在指定的优先级内按照先来先服务的原则响应中断事件的中断请求，在任何时刻，CPU 只执行一个中断程序。当 CPU 按照中断优先级响应并执行一个中断程序时，就不会响应其他中断事件的中断请求（尽管此时可能会有更高级别的中断事件发出中断请求），直到将当前的中断程序执行结束。在 CPU 执行中断程序期间，对新出现的中断事件仍然按照中断性质和优先级的顺序分别进行排队，形成中断队列。CPU22X 系列的中断队列的长度见表 5-4。如果超过规定的中断队列长度，则产生溢出，使特殊继电器置位。

表 5-4 中断队列的长度及溢出位

中断队列	CPU221	CPU222	CPU224	CPU226	溢出位
通信中断	4 个	4 个	4 个	4 个	SM4.0
I/O 中断	16 个	16 个	16 个	16 个	SM4.1
时基中断	8 个	8 个	8 个	8 个	SM4.2

在 S7-200 中，无中断嵌套功能，但在中断程序中可以调用一个嵌套子程序，因为累加器和逻辑堆栈在中断程序和被调用的子程序中是公用的。

多个中断事件可以调用同一个中断服务程序，但是同一个中断事件不能同时指定调用多个中断服务程序，否则，当某个中断事件发生时，CPU 只调用为该事件指定的最后一个中断服务程序。

3．中断调用指令

（1）开中断指令 ENI（Enable Interrupt）和关中断指令 DISI（Disable Interrupt）

① 开中断指令的功能是全局地开放所有被连接的中断事件，允许 CPU 接收所有中断事件的中断请求。开中断指令在梯形图中以线圈的形式编程，无操作数。

开中断指令在语句表中的指令格式为：ENI

② 关中断指令的功能是全局地关闭所有被连接的中断事件，禁止 CPU 接收各个中断事件的中断请求。在梯形图中，关中断指令以线圈的形式编程，无操作数。

关中断指令在语句表中的指令格式为：DISI

当 CPU 进入 RUN 状态时，禁止中断，但是可以通过执行开中断指令 ENI，全面开放中断。当 CPU 执行关中断指令 DISI 后，中断队列仍会产生，但是不执行中断程序。

（2）中断连接指令 ATCH（Attach）

中断连接指令的功能是建立一个中断事件 EVNT 与一个标号为 INT 的中断服务程序的联系，并对该中断事件开放。

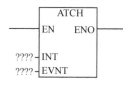

中断连接指令 ATCH 在梯形图中以功能框的形式编程，指令名称为 ATCH。它有两个数据输入端：INT 为中断服务程序的标号，用字节型常数输入；EVNT 为中断事件号，用字节型常数输入。当允许输入有效时，连接与中断事件 EVNT 相关联的 INT 中断程序。

在 S7-200 的 CPU22X 中，可连接的中断事件数及中断事件号见表 5-5。

表 5-5 可连接的中断事件表

CPU 型号	CPU221	CPU222	CPU224	CPU226
可连接的中断事件数	25		31	34
可连接的中断事件号	0～12，19～23，27～33		0～23，27～33	0～33

在语句表中，中断连接指令的指令格式为：ATCH INT，EVNT

影响允许输出 ENO 正常输出的出错条件为：SM4.3（运行时间），0006（间接寻址）。

① 中断分离指令 DTCH（Detach）。

中断分离指令的功能是取消某个中断事件 EVNT 与所有中断程序的关联，并对该事件关中断。

在梯形图中，中断分离指令以功能框的形式编程，指令名称为 DTCH，只有一个数据输入端：EVNT，用以指明要被分离的中断事件。当允许输入有效时，切断由 EVNT 指定的中断事件与所有中断程序的联系。

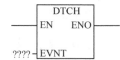

在语句表中，中断分离指令的指令格式为：DTCH EVNT

② 中断返回指令 RETI（Return Interrupt）和 CRETI（Conditional Return Interrupt）。

中断返回指令的功能是，当中断结束时，通过中断返回指令退出中断服务程序，返回到主程序。RETI 是无条件返回指令，CRETI 是有条件返回指令。

【例 5-6】 一个中断调用程序如图 5-15 所示。

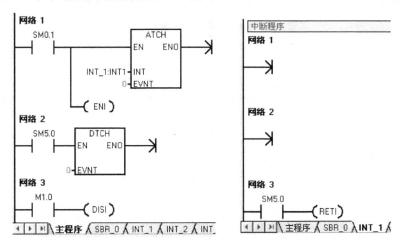

图 5-15　中断调用程序

4．中断服务程序的编制要求

① 用中断程序的标号来区别每个中断程序。

② 中断服务程序越短越好。

③ 在中断服务程序中，不能使用开中断指令 ENI、关中断指令 DISI、定义高速计数器指令 HDEF、步进段开始指令 LSCR 和条件结束指令 END。

④ 中断服务程序的最后一条指令一定是无条件返回指令 RETI （在 STEP 7-Micro/WIN32 中，RETI 指令是由编程软件在编译时自动加上的），也可以在中断程序内使用有条件返回指令 CRETI 结束中断程序。

5.2.3　通信指令

通信指令的功能是在 PLC 与上位机之间，或者是在 PLC 与 PLC 之间交换信息。S7-200 的通信指令包括：

XMT：自由口发送指令

RCV：自由口接收指令

NETR：网络读指令

NETW：网络写指令

SPA：设定口地址指令

GPA：获取口地址指令

上述通信指令的具体功能及使用方法，将在本书的第 7 章中介绍。

5.2.4 高速计数器指令

普通计数器是按照顺序扫描的方式进行工作，在每个扫描周期中，对计数脉冲只能进行一次累加。然而，当输入脉冲信号的频率比 PLC 的扫描频率高时，如果仍然采用普通计数器进行累加，必然会丢失很多输入脉冲信号。在 PLC 中，处理比扫描频率高的输入信号的任务是由高速计数器（High Speed Counter）来完成的。

在 S7-200 的 CPU22X 中，高速计数器数量及其地址编号见表 5-6。

表 5-6　高速计数器的数量及编号

CPU 类型	CPU221	CPU222	CPU224	CPU226
高速计数器数量	4		6	
高速计数器编号	HC0，HC3～HC5		HC0～HC5	

1．输入端的连接

每个高速计数器对它所支持的时钟、方向控制、复位和启动都有专用的输入点，通过中断控制完成预定的操作。每个高速计数器专用的输入点见表 5-7。

表 5-7　高速计数器的输入点

高速计数器编号	输入点
HC0	I0.0，I0.1，I0.2
HC1	I0.6，I0.7，I1.0，I1.1
HC2	I1.2，I1.3，I1.4，I1.5
HC3	I0.1
HC4	I0.3，I0.4，I0.5
HC5	I0.4

在表 5-7 中所用到的输入点，如果不使用高速计数器，可作为一般的数字量输入点，或者作为输入/输出中断的输入点。只有在使用高速计数器时，才分配给相应的高速计数器，实现由高速计数器产生的中断（在 PLC 的实际应用中，每个输入点的作用是唯一的，不能对某一个输入点分配多个用途，因此要合理分配每一个输入点的用途）。各个高速计数器引起的中断事件见表 5-8。

表 5-8　高速计数器中断事件

高速计数器编号	当前值等于设定值中断		计数方向改变中断		外部信号复位中断	
	事件号	优先级	事件号	优先级	事件号	优先级
HC0	12	10	27	11	28	12
HC1	13	13	14	14	15	15
HC2	16	16	17	17	18	18
HC3	32	19	无	无	无	无
HC4	29	20	30	21	31	22
HC5	33	23	无	无	无	无

2．高速计数器的状态字节

为了监视高速计数器的工作状态，执行由高速计数器引起的中断事件，每个高速计数器都在特殊继电器区 SMB 安排一个状态字节，其格式见表 5-9。

表 5-9　高速计数器的状态字节

HC0	HC1	HC2	HC3	HC4	HC5	描　述
SM36.0	SM46.0	SM56.0	SM136.0	SM146.0	SM156.0	不用
SM36.1	SM46.1	SM56.1	SM136.1	SM146.1	SM156.1	不用
SM36.2	SM46.2	SM56.2	SM136.2	SM146.2	SM156.2	不用
SM36.3	SM46.3	SM56.3	SM136.3	SM146.3	SM156.3	不用
SM36.4	SM46.4	SM56.4	SM136.4	SM146.4	SM156.4	不用
SM36.5	SM46.5	SM56.5	SM136.5	SM146.5	SM156.5	当前计数方向的状态位： 0=减计数，1=增计数
SM36.6	SM46.6	SM56.6	SM136.6	SM146.6	SM156.6	当前值等于设定值的状态位： 0=不等于，1=等于
SM36.7	SM46.7	SM56.7	SM136.7	SM146.7	SM156.7	当前值大于设定值的状态位： 0=小于等于，1=大于

只有执行高速计数器的中断程序时，状态字节的状态位才有效。

3．高速计数器的工作模式

每个高速计数器都有多种工作模式，可通过编程，使用定义高速计数器指令 HDEF 来选定工作模式。

（1）各个高速计数器的工作模式

HC0 是一个通用的增／减计数器，可通过编程来选择 8 种不同的工作模式，HC0 的工作模式见表 5-10。

表 5-10　HC0 的工作模式

模式	描　述		控制位	I0.0	I0.1	I0.2
0	具有内部方向控制的单相增／减计数器		SM37.3=0，减	脉冲		
1			SM37.3=1，增			复位
3	具有外部方向控制的单相增／减计数器		I0.1=0，减	脉冲	方向	
4			I0.1=1，增			复位
6	具有增／减计数脉冲输入端的双相计数器		外部输入控制	脉冲增	脉冲减	
7						复位
9	A/B 相正交计数器	A 超前 B，顺时针	外部输入控制	A 相脉冲	B 相脉冲	
10		B 超前 A，逆时针				复位

HC1 共有 12 种工作模式，见表 5-11。

表 5-11 HC1 的工作模式

模式	描 述	控制位	I0.6	I0.7	I1.0	I1.1
0	具有内部方向控制的单相增/减计数器	SM47.3=0，减 SM47.3=1，增	脉冲			
1					复位	
2						启动
3	具有外部方向控制的单相增/减计数器	I0.7=0，减 I0.7=1，增	脉冲	方向		
4					复位	
5						启动
6	具有增/减计数脉冲输入端的双相计数器	外部输入控制	脉冲增	脉冲减		
7					复位	
8						启动
9	A/B 相正交计数器	外部输入控制	A 相脉冲	B 相脉冲		
10	A 相超前 B 相 90°，顺时针旋转				复位	
11	B 相超前 A 相 90°，逆时针旋转					启动

HC2 共有 12 种工作模式，见表 5-12。

表 5-12 HC2 的工作模式

模式	描 述	控制位	I1.2	I1.3	I1.4	I1.5
0	具有内部方向控制的单相增/减计数器	SM57.3=0，减 SM57.3=1，增	脉冲			
1					复位	
2						启动
3	具有外部方向控制的单相增/减计数器	I1.3=0，减 I1.3=1，增	脉冲	方向		
4					复位	
5						启动
6	具有增/减计数脉冲输入端的双相计数器	外部输入控制	脉冲增	脉冲减		
7					复位	
8						启动
9	A/B 相正交计数器	外部输入控制	A 相脉冲	B 相脉冲		
10	A 相超前 B 相 90°，顺时针旋转				复位	
11	B 相超前 A 相 90°，逆时针旋转					启动

HC3 只有一种工作模式，见表 5-13。

表 5-13 HC3 的工作模式

模式	描 述	控制位	I0.1
0	具有内部方向控制的单相增/减计数器	SM137.3=0，减；SM137.3=1，增	脉冲

HC4 共有 8 种工作模式，见表 5-14。

HC5 只有一种工作模式，见表 5-15。

表 5-14　HC4 的工作模式

模式	描　　述		控制位	I0.3	I0.4	I0.5
0	具有内部方向控制的单相增 / 减计数器		SM147.3=0，减	脉冲		
1			SM147.3=1，增			复位
3	具有外部方向控制的单相增 / 减计数器		I0.1=0，减	脉冲	方向	
4			I0.1=1，增			复位
6	具有增 / 减计数脉冲输入端的双相计数器		外部输入控制	脉冲增	脉冲减	
7						复位
9	A/B 相正交计数器	A 超前 B，顺时针	外部输入控制	A 相脉冲	B 相脉冲	
10		B 超前 A，逆时针				复位

表 5-15　HC5 的工作模式

模式	描　　述	控制位	I0.4
0	具有内部方向控制的单相增 / 减计数器	SM157.3=0，减；SM157.3=1，增	脉冲

（2）高速计数器的工作模式说明

从各个高速计数器的工作模式的描述中可以看到：6 个高速计数器所具有的功能不完全相同，最多可能有 12 种工作模式，可分为 4 种类型。下面以 HC1 的工作模式为例，说明高速计数器的工作模式。

① 具有内部方向控制的单相增 / 减计数器。

在模式 0、模式 1 和模式 2 中，HC1 可作为具有内部方向控制的单相增 / 减计数器，它根据 PLC 内部的特殊继电器 SM47.3 的状态（1 或 0）来确定计数方向（增或减），外部输入 I0.6 作为计数脉冲的输入端。在模式 1 和模式 2 中，I1.0 作为复位输入端。在模式 2 中，I1.1 作为启动输入端，其时序图如图 5-16 所示。

② 具有外部方向控制的单相增 / 减计数器。

在模式 3、模式 4 和模式 5 中，HC1 可作为具有外部方向控制的单相增 / 减计数器，它根据 PLC 外部输入点 I0.7 的状态（1 或 0）来确定计数方向（增或减），外部输入 I0.6 作为计数脉冲的输入端。在模式 4 和模式 5 中，I1.0 作为复位输入端。在模式 5 中，I1.1 作为启动输入端，其时序图如图 5-17 所示。

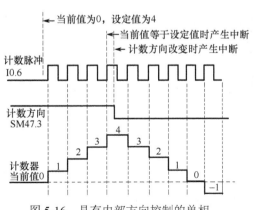

图 5-16　具有内部方向控制的单相
增 / 减计数器的时序图

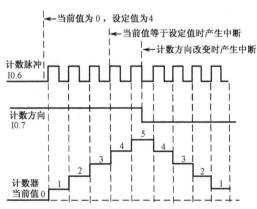

图 5-17　具有外部方向控制的单相
增 / 减计数器的时序图

③ 具有增/减计数脉冲输入端的双相计数器。

在模式6、模式7和模式8中，HC1可作为具有增/减脉冲输入的双相计数器，它根据PLC外部输入点I0.6和I0.7的状态（1或0）来确定计数方向（增或减），外部输入I0.6作为增计数脉冲的输入端，I0.7作为减计数脉冲的输入端。在模式7和模式8中，I1.0作为复位输入端。在模式8中，I1.1作为启动输入端，其时序图如图5-18所示。

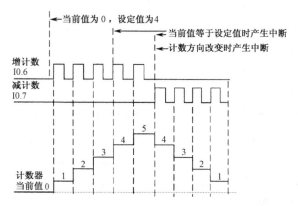

图5-18　具有增/减计数脉冲输入端的双相计数器的时序图

如果增计数脉冲的上升沿与减计数脉冲的上升沿出现的时间间隔在0.3ms之内，CPU会认为这两个计数脉冲是同时到来的，此时，计数器的当前值保持不变，也不会发出计数方向改变的信号。当增计数脉冲的上升沿与减计数脉冲的上升沿出现的时间间隔大于0.3ms，高速计数器就可以分别捕获到每一个独立事件。

④ A/B相正交计数器。

在模式9、模式10和模式11中，HC1可作为A/B相正交计数器（所谓正交，是指A，B两相输入脉冲相差90°）。外部输入I0.6为A相脉冲输入，I0.7为B相脉冲输入。在模式10和模式11中，I1.0作为复位输入信号。在模式11中，I1.1作为启动输入信号。

当A相脉冲超前B相脉冲90°时，计数方向为递增计数，当B相脉冲超前A相脉冲90°时，计数方向为递减计数。

正交计数器有两种工作状态：一种是输入1个计数脉冲时，当前值计1个数，此时的计数倍率为1，其时序图如图5-19所示。

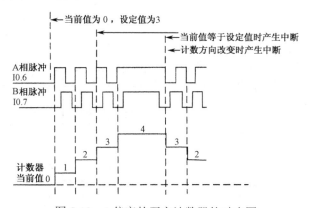

图5-19　1倍率的正交计数器的时序图

在许多位移测量系统中，常常采用光电编码盘，将光电编码盘的 A，B 两相输出信号作为高速计数器的输入信号，为提高测量精度，光电编码盘对 A，B 相脉冲信号作 4 倍频计数。当 A 相脉冲信号超前 B 相脉冲信号 90°时，为正转（顺时针转动）；当 B 相脉冲信号超前 A 相脉冲信号 90°时，为反转（逆时针转动）。为满足这种需要，正交计数器的另一种工作状态是输入 1 个计数脉冲时，当前值计 4 个数，此时的计数倍率为 4，其时序图如图 5-20 所示。

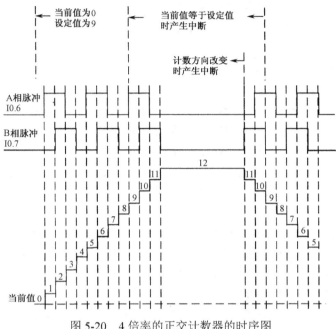

图 5-20　4 倍率的正交计数器的时序图

4．高速计数器指令

高速计数器的指令有 2 条：定义高速计数器指令 HDEF 和执行高速计数指令 HSC。

（1）定义高速计数器指令 HDEF（High-speed counter Definition）

HDEF 指令的功能是为某个要使用的高速计数器选定一种工作模式。每个高速计数器在使用前，都要用 HDEF 指令来定义工作模式，并且只能定义 1 次。

在梯形图中，定义高速计数器指令以功能框的形式编程，指令名称为 HDEF，它有两个数据输入端：HSC 为要使用的高速计数器编号，数据类型为字节型，数据范围为 0～5 的常数，分别对应 HC0～HC5；MODE 为高速计数器的工作模式，数据类型为字节型，数据范围为 0～11 的常数，分别对应 12 种工作模式。当允许输入 EN 有效时，为指定的高速计数器 HSC 定义工作模式 MODE。

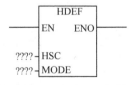

影响高速计数器允许输出 ENO 正常工作的出错条件为：SM4.3（运行时间），0003（输入冲突），0004（中断中的非法指令），000A（HSC 重新定义）。

在语句表中，定义高速计数器指令的指令格式为：HDEF HSC，MODE

（2）执行高速计数指令 HSC（High-Speed Counter）

HSC 指令功能是根据与高速计数器相关的特殊继电器确定的控制方式和工作状态，使高速计数器的设置生效，按照指定的工作模式执行计数操作。

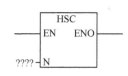

在梯形图中，执行高速计数指令是以功能框的形式编程，指令名称为HSC。它有一个数据输入端N：N为高速计数器的编号，数据类型为字型，数据范围为0～5的常数，分别对应高速计数器HC0～HC5。当允许输入EN有效时，启动N号高速计数器工作。

影响HSC指令允许输出ENO正常工作的出错条件为：SM4.3（运行时间），0001（在HDEF之前使用HSC），0005（同时使用HSC/PLS）。

在语句表中，执行高速计数指令的指令格式为：HSC N

5. 高速计数器的控制字节

每个高速计数器都对应一个特殊继电器的控制字节SMB，通过对控制字节指定位的编程，确定高速计数器的工作方式。S7-200在执行HSC指令前，首先要检验与每个高速计数器相关的控制字节，在控制字节中设置了启动输入信号和复位输入信号的有效电平，正交计数器的计数倍率，计数方向采用内部控制时的有效电平，是否允许改变计数方向，是否允许更新设定值，是否允许更新当前值，以及是否允许执行高速计数指令。

（1）启动、复位和计数倍率的选择

在高速计数器的12种工作模式中，模式0、模式3、模式6和模式9，是既无启动输入，又无复位输入的计数器。

在模式1、模式4、模式7和模式10中，是只有复位输入，而没有启动输入的计数器。

在模式2、模式5、模式8和模式11中，是既有启动输入，又有复位输入的计数器。

当启动输入有效时，允许计数器计数；当启动输入无效时，计数器的当前值保持不变。

当复位输入有效时，将计数器的当前值寄存器清零。

当启动输入无效，而复位输入有效时，则忽略复位的影响，计数器的当前值保持不变。

当复位输入保持有效，启动输入变为有效时，则将计数器的当前值寄存器清零。

在S7-200中，系统默认的复位输入和启动输入均为高电平有效，正交计数器为4倍频，如果想改变系统的默认设置，需要设置表5-15中的特殊继电器的第0，1，2位。

（2）计数方向、改变计数方向、改变设定值、改变当前值和执行高速计数的选择

各个高速计数器的计数方向的控制，设定值和当前值的控制和执行高速计数的控制，是由表5-16中各个相关控制字节的第3位至第7位决定的。

表 5-16　高速计数器的控制字节

HC0	HC1	HC2	HC3	HC4	HC5	描　述
SM37.0	SM47.0	SM57.0	–	SM147.0	–	复位输入控制： 0=高电平有效，1=低电平有效
–	SM47.1	SM57.1	–	–	–	启动输入控制： 0=高电平有效，1=低电平有效
SM37.2	SM47.2	SM57.2	–	SM147.2	–	倍率选择控制： 0=4倍频，1=1倍频
SM37.3	SM47.3	SM57.3	SM137.3	SM147.3	SM157.3	计数方向控制： 0=减计数，1=增计数
SM37.4	SM47.4	SM57.4	SM137.4	SM147.4	SM157.4	改变计数方向控制： 0=不改变，1=允许改变
SM37.5	SM47.5	SM57.5	SM137.5	SM147.5	SM157.5	改变设定值控制： 0=不改变，1=允许改变
SM37.6	SM47.6	SM57.6	SM137.6	SM147.6	SM157.6	改变当前值控制： 0=不改变，1=允许改变
SM37.7	SM47.7	SM57.7	SM137.7	SM147.7	SM157.7	高速计数控制： 0=禁止计数，1=允许计数

6．高速计数器的当前值寄存器和设定值寄存器

每个高速计数器都有 1 个 32 位的当前值寄存器和 1 个 32 位的设定值寄存器，当前值和设定值都是有符号的整数。为了向高速计数器装入新的当前值和设定值，必须先将当前值和设定值以双字的数据类型装入表 5-17 所示的特殊继电器中。

表 5-17　高速计数器的当前值和设定值

HC0	HC1	HC2	HC3	HC4	HC5	说　明
SMD38	SMD48	SMD58	SMD138	SMD148	SMD158	新当前值
SMD42	SMD52	SMD62	SMD142	SMD152	SMD162	新设定值

7．高速计数器的初始化

由于高速计数器的 HDEF 指令在进入 RUN 模式后只能执行 1 次，为了减少程序运行时间，优化程序结构，一般以子程序的形式进行初始化。下面以 HC1 为例，介绍高速计数器的各个工作模式的初始化步骤。

（1）模式 0，1，2 的初始化

● 利用 SM0.1 来调用一个初始化子程序。

● 在初始化子程序中，根据需要向 SMB47 装入控制字节。例如，SMB47=16#F8，其意义是：允许计数，允许写入新的当前值，允许写入新的设定值，计数方向为增计数，启动和复位信号均为高电平有效。

● 执行 HDEF 指令，其输入参数为：HSC 端为 1（选择 1 号高速计数器），MODE 端为 0/1/2（对应工作模式 0，模式 1，模式 2）。

● 将希望的当前计数值装入 SMD48（装入 0 可进行计数器清零操作）。

● 将希望的设定值装入 SMD52。

● 如果希望捕获当前值等于设定值的中断事件，编写与中断事件号 13 相关联的中断服务程序。

● 如果希望捕获外部复位中断事件，编写与中断事件号 15 相关联的中断服务程序。

● 执行 ENI（全局开中断）指令。

● 执行 HSC 指令。

● 退出初始化子程序。

（2）模式 3，4，5 的初始化

● 利用 SM0.1 来调用一个初始化子程序。

● 在初始化子程序中，根据需要向 SMB47 装入控制字节。例如，SMB47=16#F8，其意义是：允许计数，允许写入新的当前值，允许写入新的设定值，计数方向为增计数，启动和复位信号均为高电平有效。

● 执行 HDEF 指令，其输入参数为：HSC 端为 1（选择 1 号高速计数器），MODE 端为 3/4/5（对应工作模式 3，模式 4，模式 5）。

● 将希望的当前计数值装入 SMD48（装入 0 可进行计数器清零操作）。

● 将希望的设定值装入 SMD52。

● 如果希望捕获当前值等于设定值的中断事件，编写与中断事件号 13 相关联的中断服务程序。

● 如果希望捕获计数方向改变的中断事件，编写与中断事件号 14 相关联的中断复位程序。

- 如果希望捕获外部复位中断事件，编写与中断事件号 15 相关联的中断服务程序。
- 执行 ENI（全局开中断）指令。
- 执行 HSC 指令。
- 退出初始化子程序。

（3）模式 6，7，8 的初始化

- 利用 SM0.1 来调用一个初始化子程序。
- 在初始化子程序中，根据需要向 SMB47 装入控制字节。例如，SMB47=16#F8，其意义是：允许计数，允许写入新的当前值，允许写入新的设定值，计数方向为增计数，启动和复位信号均为高电平有效。
- 执行 HDEF 指令，其输入参数为：HSC 端为 1（选择 1 号高速计数器），MODE 端为 6/7/8（对应工作模式 6，模式 7，模式 8）。
- 将希望的当前计数值装入 SMD48（装入 0 可进行计数器清零操作）。
- 将希望的设定值装入 SMD52。
- 如果希望捕获当前值等于设定值的中断事件，编写与中断事件号 13 相关联的中断服务程序。
- 如果希望捕获计数方向改变的中断事件，编写与中断事件号 14 相关联的中断复位程序。
- 如果希望捕获外部复位中断事件，编写与中断事件号 15 相关联的中断服务程序。
- 执行 ENI（全局开中断）指令。
- 执行 HSC 指令。
- 退出初始化子程序。

（4）模式 9，10，11 的初始化

- 利用 SM0.1 来调用一个初始化子程序。
- 在初始化子程序中，根据需要向 SMB47 装入控制字节。例如，SMB47=16#F8，其意义是：允许计数，允许写入新的当前值，允许写入新的设定值，计数方向为增计数，启动和复位信号均为高电平有效，计数频率为 4 倍频。如果 SMB47=16#FC，其意义是：允许计数，允许写入新的当前值，允许写入新的设定值，计数方向为增计数，启动和复位信号均为高电平有效，计数频率为 1 倍频。
- 执行 HDEF 指令，其输入参数为：HSC 端为 1（选择 1 号高速计数器），MODE 端为 9/10/11（对应工作模式 9，模式 10，模式 11）。
- 将希望的当前计数值装入 SMD48（装入 0 可进行计数器清零操作）。
- 将希望的设定值装入 SMD52。
- 如果希望捕获当前值等于设定值的中断事件，编写与中断事件号 13 相关联的中断服务程序。
- 如果希望捕获计数方向改变的中断事件，编写与中断事件号 14 相关联的中断复位程序。
- 如果希望捕获外部复位中断事件，编写与中断事件号 15 相关联的中断服务程序。
- 执行 ENI（全局开中断）指令。
- 执行 HSC 指令。
- 退出初始化子程序。

8. 高速计数器应用举例

某产品包装生产线应用高速计数器对产品进行累计和包装，每检测到 1000 个产品时，自动启动包装机进行包装，计数方向可由外部信号控制，采用的 PLC 为 S7-200 的 CPU222。

设计步骤：

① 选择高速计数器，确定工作模式。

在本例题中，选择的高速计数器为 HC0，由于要求计数方向可由外部信号控制，且不要求复位信号输入，确定工作模式为模式 3。采用当前值等于设定值的中断事件，中断事件号为12，启动包装机工作子程序。高速计数器的初始化采用子程序。

② 用 SM0.1 调用高速计数器初始化子程序，子程序号为 SBR_1。

③ 向 SMB37 写入控制字，SMB37=16#F8。

④ 执行 HDEF 指令，输入参数：HSC 为 0，MODE 为 3。

⑤ 向 SMD38 写入当前值，SMD38=0。

⑥ 向 SMD42 写入设定值，SMD42=1000。

⑦ 执行建立中断连接指令 ATCH，输入参数：INT 为 INT_0，EVNT 为 12。

⑧ 编写中断服务程序 INT0，在本例题中为调用包装机控制子程序，子程序号为 SBR_2。

⑨ 执行全局开中断指令 ENI。

⑩ 执行 HSC 指令，对高速计数器编程并投入运行。

梯形图程序如图 5-21 所示。

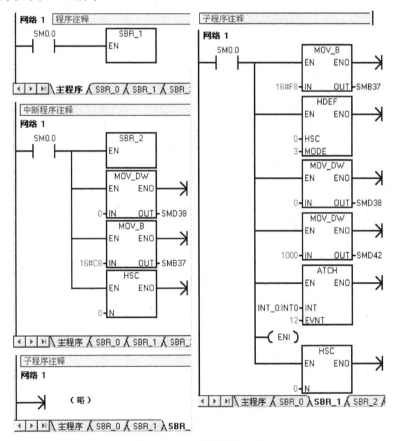

图 5-21　高速计数器应用

5.2.5　高速脉冲输出指令 PLS

在需要对负载进行高精度控制时，例如对步进电机的控制，需要对步进电机提供一系列的脉冲，PLC 的高速脉冲输出功能就是为了满足这种需要而开发的。

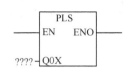

高速脉冲输出指令 PLS（Pulse）在梯形图中以功能框的形式编程，指令名称是 PLS，其功能是当允许输入 EN 有效时，检测各个相关特殊继电器的状态，激活由控制字节定义的高速脉冲输出操作。PLS 指令只有一个输入端 Q，字型数据，只能取常数 0 或 1，对应从 Q0.0 或 Q0.1 输出高速脉冲。

1．高速脉冲输出端子

在 S7-200 中，只有输出继电器 Q0.0 和 Q0.1 具有高速脉冲输出功能，如果不需要进行高速脉冲输出时，Q0.0 和 Q0.1 可以作为普通的数字量输出点使用。一旦需要使用高速脉冲输出功能时，必须通过 Q0.0 和 Q0.1 输出高速脉冲，此时，如果对 Q0.0 和 Q0.1 执行输出刷新，强制输出，立即输出等指令时，均无效。

2．高速脉冲输出形式

高速脉冲输出有两种输出形式：高速脉冲序列（或称高速脉冲串）输出 PTO（Pulse Train Output）和脉冲宽度调制输出 PWM（Pulse Width Modulation），可通过特殊继电器来定义输出形式，输出形式可以是 PTO/PWM 的任意组合。

（1）与高速脉冲输出控制相关的特殊继电器

在 S7-200 中，如果使用高速脉冲输出功能，则对应 Q0.0 和 Q0.1 的每一路 PTO/PWM 输出，都对应一些特殊继电器，包括 1 个 8 位的状态字节（SMB66，对应 Q0.0，或 SMB76，对应 Q0.1），1 个 8 位的控制字节（SMB67 或 SMB77），2 个 16 位的时间寄存器（SMB68 或 SMB78，存周期时间，SMB70 或 SMB80，存脉宽时间），1 个 32 位的脉冲计数器（SMB72 或 SMB82），1 个 8 位的段数寄存器（SMB166 或 SMB176），1 个 16 位的偏移地址寄存器（SMB168 或 SMB178）。通过这些特殊继电器，来控制高速脉冲输出的工作状态，输出形式及设置各种参数。

① 高速脉冲输出的状态字节。

在采用 PTO 输出形式时，Q0.0 或 Q0.1 是否空闲，是否溢出，当采用多个脉冲串输出时，输出终止的原因，这些信息在程序运行时，自动使状态字节置位或复位。状态字节的功能描述见表 5-18。

表 5-18　高速脉冲输出的状态字节

Q0.0	Q0.1	功　能　描　述
SMB66.0	SMB76.0	不用
SMB66.1	SMB76.1	
SMB66.2	SMB76.2	
SMB66.3	SMB76.3	
SMB66.4	SMB76.4	PTO 包络表因计算错误而终止：0=无错误，1=终止
SMB66.5	SMB76.5	PTO 包络表因用户命令而终止：0=无错误，1=终止
SMB66.6	SMB76.6	PTO 管线溢出：0=无溢出，1=有溢出
SMB66.7	SMB76.7	PTO 空闲：0=执行中，1=空闲

② 高速脉冲输出的控制字节。

高速脉冲输出的控制字节用来设置 PTO/PWM 的输出形式，时间基准，更新方式，PTO 的单段或多段输出选择等，其功能描述见表 5-19。

表 5-19 高速脉冲输出的控制字节

Q0.0	Q0.1	功 能 描 述
SMB67.0	SMB77.0	允许更新 PTO/PWM 周期值：0=不更新，1=更新
SMB67.1	SMB77.1	允许更新 PWM 脉冲宽度值：0=不更新，1=更新
SMB67.2	SMB77.2	允许更新 PTO 脉冲输出数：0=不更新，1=更新
SMB67.3	SMB77.3	PTO/PWM 的时间基准选择：0=μs，1=ms
SMB67.4	SMB77.4	PWM 的更新方式：0=异步更新，1=同步更新
SMB67.5	SMB77.5	PTO 单段/多段输出选择：0=单段，1=多段
SMB67.6	SMB77.6	PTO/PWM 的输出模式选择：0=PTO，1=PWM
SMB67.7	SMB77.7	允许 PTO/PWM 脉冲输出：0=禁止，1=允许

在控制字节中，所有位的默认值均为 0，如果希望改变系统的默认值，可参照表 5-20 给出的控制字节的内容，选择并确定控制字节的取值。

表 5-20 PTO/PMW 控制字节参考值

控制字节	允许	输出方式	时基	更新输出脉冲	更新脉宽	更新周期
16#81	是	PTO	1μs	不	不	更新
16#84	是	PTO	1μs	更新	不	不
16#85	是	PTO	1μs	更新	不	更新
16#89	是	PTO	1ms	不	不	更新
16#8C	是	PTO	1ms	更新	不	不
16#8D	是	PTO	1ms	更新	不	更新
16#A0	是	PTO	1μs	不	不	不
16#C1	是	PWM	1μs	不	不	更新
16#C2	是	PWM	1μs	不	更新	不
16#C3	是	PWM	1μs	不	更新	更新
16#C9	是	PWM	1ms	不	不	更新
16#CA	是	PWM	1ms	不	更新	更新
16#CB	是	PWM	1ms	不	更新	更新

③ 其他相关的特殊继电器。

在 S7-200 的高速脉冲输出控制中，用于存储周期时间值，脉宽时间值，PTO 的脉冲数，多段 PTO 的段数及偏移地址的特殊继电器见表 5-21。

（2）PTO 输出形式

PTO 输出形式是指从 Q0.0 或（和）Q0.1 输出指定周期的一段或几段方波脉冲序列，周期值为 16 位无符号数据，周期范围为 50～65 535μs 或 2～65 535ms，占空比为 50%，一般对周期值的设定为偶数，否则会引起输出波形占空比的失真。每段脉冲序列中，脉冲的数量为 32 位数据，可分别设定为 1～4 294 967 295。

表 5-21　高速脉冲输出控制的其他相关特殊继电器

Q0.0	Q0.1	功 能 描 述
SMW68	SMW78	存储 PTO/PWM 周期值，字型数据，数据范围 2~65 535
SMW70	SMW80	存储 PWM 的脉宽值，字型数据，范围 0~65 535
SMD72	SMD82	存储 PTO 的脉冲数，双字型数据，范围 1~4 294 967 295
SMB166	SMB176	存储多段 PTO 的段数，字节型数据，范围 1~255
SW168	SMW178	存储多段 PTO 包络表的起始偏移地址，字型数据

在 PTO 输出形式中，允许连续输出多个方波脉冲序列（脉冲串），每个脉冲串的周期和脉冲数可以不同。当需要输出多个脉冲串时，允许这些脉冲串进行排队，形成管线，在当前的脉冲串输出完成后，立即输出新的脉冲串。根据管线的实现方式，可分为单段 PTO 和多段 PTO。

① 单段管线 PTO。在单段管线 PTO 输出时，管线中只能存放 1 个脉冲串的控制参数（入口地址）。在当前脉冲串输出期间，就要对与下一个脉冲串相关的特殊继电器进行更新，待当前的脉冲串输出完成后，通过执行 PLS 指令，就可以立即输出新的脉冲串，实现多段脉冲串的连续输出。

采用单段管线 PTO 的优点是：各个脉冲串的时间基准可以不同。

采用单段管线 PTO 的缺点是：编程复杂且烦琐，当参数设置不当时，会造成各个脉冲串连接的不平滑。

② 多段管线 PTO。当采用多段管线 PTO 输出高速脉冲串时，需要在变量存储器区（V）中建立一个包络表，在包络表中存储各个脉冲串的参数，当执行 PLS 指令时，CPU 自动按顺序从包络表中调出各个脉冲串的入口地址，连续输出各个脉冲串。

包络表由包络段数和各段构成，每段长度为 8 字节，用于存储脉冲周期值（16 位），周期增量值（16 位），脉冲计数值（32 位）。编程时必须装入包络表的偏移首地址。在表 5-22 中，给出了一个 3 段包络表的格式。

表 5-22　包络表的格式

字节偏移地址	存 储 说 明
VBn	包络表中的段数，字节型数据，数据范围：1~255（0 不产生 PTO 输出）
VWn+1	第 1 段脉冲串的初始周期值，字型数据，数据范围：2~65 535
VWn+3	第 1 段脉冲串的周期增量值，有符号整数，范围：−32 768~+32 767
VDn+5	第 1 段脉冲串的输出脉冲数，无符号整数，范围：1~4 294 967 295
VWn+9	第 2 段脉冲串的初始周期值，字型数据，数据范围：2~65 535
VWn+11	第 2 段脉冲串的周期增量值，有符号整数，范围：−32 768~+32 767
VDn+13	第 2 段脉冲串的输出脉冲数，无符号整数，范围：1~4 294 967 295
VWn+17	第 3 段脉冲串的初始周期值，字型数据，数据范围：2~65 535
VWn+19	第 3 段脉冲串的周期增量值，有符号整数，范围：−32 768~+32 767
VDn+21	第 3 段脉冲串的输出脉冲数，无符号整数，范围：1~4 294 967 295

采用多段管线 PTO 输出的优点是：编程简单，可按照程序设定的周期增量值自动增减脉冲周期。

采用多段管线 PTO 输出的缺点是：所有脉冲串的时间基准必须一致，当执行 PLS 指令时，包络表中的所有参数均不能改变。

（3）使用 PTO 指令功能的编程要点

① 确定高速脉冲串的输出端（Q0.0 或 Q0.1）和管线的实现方式（单段或多段）。

② 进行 PTO 的初始化，利用特殊继电器 SM0.1 调用初始化子程序。

③ 编写初始化子程序：

- 设置控制字节，将控制字写入 SMB67 或 SMB77；

- 写入初始周期值，周期增量值和脉冲个数；

- 如果是多段 PTO，则装入包络表的首地址（可以子程序的形式建立包络表）；

- 设置中断事件；

- 编写中断服务子程序；

- 设置全局开中断；

- 执行 PLS 指令；

- 退出子程序。

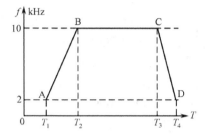

图 5-22 步进电机的运行曲线

（4）多段管线 PTO 输出控制应用举例

某台步进电机的运行曲线如图 5-22 所示，电机从 A 点（频率为 2kHz）开始加速运行，加速阶段的脉冲数为 400 个；到 B 点（频率为 10kHz）后变为恒速运行，恒速阶段的脉冲数为 4000 个；到 C 点（频率仍为 10kHz）后开始减速，减速阶段的脉冲数为 200 个；到 D 点（频率为 2kHz）后指示灯亮，表示从 A 点到 D 点的运行过程结束。

① 选择由 Q0.0 输出，由图 5-22 可知，选择 3 段管线（AB 段、BC 段和 CD 段）PTO 的输出形式。

② 确定周期值的时基单位，因为在 BC 段输出的频率最大，为 10kHz，对应的周期值为 100μs，因此选择时基单位为μs，向控制字节 SMB67 写入控制字 16#A0。

③ 确定初始周期值，周期增量值。

a. 初始周期值的确定比较容易，只要将每段管线初始频率换算成时间即可。

AB 段为 500μs，BC 段为 100μs，CD 段为 100μs。

b. 周期增量值的确定。

周期增量值的确定可通过计算来得到，计算公式为

$$(T_{n+1}-T_n)\ /N$$

式中，T_{n+1} 为该段结束的周期时间；T_n 为该段开始的周期时间；N 为该段的脉冲数。

④ 建立包络表。

设包络表的首地址为 VB100，包络表中的参数见表 5-23。

表 5-23　包络表的参数

V 变量存储器地址	参数名称		参数值
VB100	总包络段数		3
VW101	加速阶段	初始周期值	500μs
VW103		周期增量值	−1μs
VD105		输出脉冲数	400

V 变量存储器地址	参数名称		参数值
VW109	恒速阶段	初始周期值	100μs
VW111		周期增量值	0μs
VD113		输出脉冲数	4000
VW117	减速阶段	初始周期值	100μs
VW119		周期增量值	2μs
VD121		输出脉冲数	200

⑤ 设置中断事件，编写中断服务子程序。

当 3 段管线 PTO 输出完成时，对应的中断事件号是 19，用中断连接指令将中断事件号 19 与中断服务子程序 INT0 连接起来，编写中断服务子程序。

⑥ 设置全局开中断 ENI。

⑦ 执行 PLS 指令。

系统主程序的梯形图程序如图 5-23 所示，初始化子程序如图 5-24 所示，包络表子程序如图 5-25 所示，中断服务程序如图 5-26 所示。

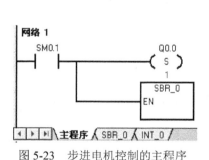

图 5-23　步进电机控制的主程序

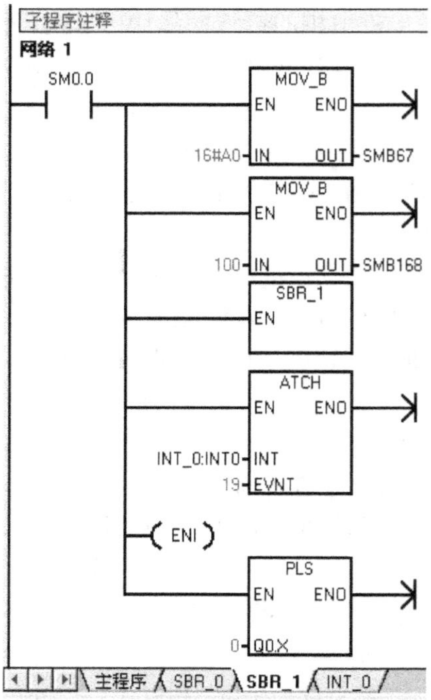

图 5-24　步进电机控制的初始化子程序

（5）PWM 输出形式

PWM 输出形式是指从 Q0.0 或 Q0.1 输出周期固定，脉冲宽度变化的脉冲信号。周期为 16 位无符号数，周期的增量单位为微秒（μs）或毫秒（ms），周期范围为 50～65 535μs 或 2～65 535ms，如果周期范围小于 2 个时间单位，则 CPU 默认为 2 个时间单位。在设置周期值时，一般应设定为偶数，否则会引起输出波形的占空比的失真。脉冲宽度为 16 位无符号数，脉冲宽度的增量单位为微秒（μs）或毫秒（ms），范围为 0～65 535μs 或 0～65 535ms，占空

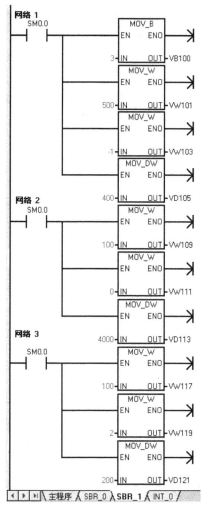

图 5-25　步进电机控制的包络表子程序

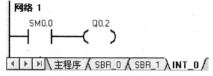

图 5-26　步进电机控制的中断服务程序

比为 0%～100%。当脉冲宽度大于或等于周期时，输出将连续接通，当脉冲宽度为 0 时，输出一直被关断。

在 PWM 的输出形式下的典型操作是当周期为常数时改变脉冲宽度，根据在改变脉冲宽度时，是否需要改变时间基准，可以分为同步更新和异步更新两种情况。

● 同步更新适用于不需要改变时间基准的情况，利用同步更新，使波形特性的变化发生在周期边沿，形成波形的平滑转换。一般的做法是将 PWM 输出反馈到一个中断输入点，如 I0.0，当需要改变脉宽时产生中断，在下一个 I0.0 的上升沿，脉宽的改变将与 PWM 的新周期同步发生。

● 异步更新操作一般是在需要改变时间基准时使用，但是异步更新可能会导致 PWM 功能暂时失效，造成被控制装置的振动。

使用 PWM 功能的编程要点：

① 确定高速 PWM 的输出端（Q0.0 或 Q0.1）。

② 进行 PWM 的初始化，利用特殊继电器 SM0.1 调用初始化子程序。

③ 编写初始化子程序。

● 设置控制字节，将控制字写入 SMB67（或 SMB77）。如 16#C1，其意义是，选择并允许 PWM 方式的工作，以微秒为时间基准，允许更新 PWM 的周期时间。

● 将字型数据的 PWM 周期值写入 SMW68（或 SMW78）。

● 将字型数据的 PWM 的脉冲宽度值写入 SMW70（或 SMW80）。

● 如果希望随时改变脉冲宽度，可以重新向 SMB67 装入控制字（16#C2 或 16#C3）。

● 执行 PLS 指令，PLC 自动对 PTO/PWM 的硬件做初始化编程。

● 退出子程序。

④ 如果希望在子程序中改变 PWM 的脉冲宽度，则：

● 将希望的脉冲宽度值写入 SMW70。

● 执行 PLS 指令，PLC 自动对 PTO/PWM 的硬件做初始化编程。

● 退出子程序。

⑤ 如果希望采用同步更新的方式，则：

● 执行开中断指令。

● 将 PWM 输出反馈到一个具有中断输入能力的输入点，建立与上升沿中断事件相关联的中断连接（此事件仅在一个扫描周期内有效）。

● 编写中断服务子程序，在中断程序中改变脉冲宽度，然后禁止上升沿中断。

● 执行 PLS 指令。

● 退出子程序。

（6）采用同步更新脉冲宽度的 PWM 输出控制举例

在图 5-27 中，是将 Q0.0 设置为 PWM 输出形式，脉冲周期值固定为 5000ms，初始脉冲宽度为 500ms，以后每个脉冲周期的脉冲宽度递增 500ms，当脉冲宽度增加到最大值 4500ms 时，脉冲宽度改变为每个脉冲周期递减 500ms，直到脉冲宽度减少到 0 后，每个脉冲周期又递增 500ms……通过 M0.0 来标记增加或减少脉冲宽度，初始化时 M0.0 标记为增加脉宽。为实现同步更新，将 Q0.0 与 I0.0 直接连接，使 PWM 输出反馈到中断输入点。

图 5-27 同步更新的 PWM 输出反馈到 I0.0

其 STL 程序如下：

```
//*********主程序*********
LD   SM0.1                 //在第一个扫描周期，SM0.1=1
CALL   0                   //调用初始化子程序，启动 PWM
LDW>= SMW70，VW0           //如果脉冲宽度大于等于（周期—脉冲宽度）
R   M0.0，1                //将 M0.0 置 0
LDW= SMW70，0             //如果脉冲宽度等于 0
```

CALL 0	// 重新调用初始化子程序，再次启动 PWM
LD I0.0	// 如果 I0.0=1
A　M0.0	// 并且 M0.0=1（脉宽增加）
ATCH　1，0	// 建立中断事件 0（I0.0 的上升沿）与中断服务程序 1 的联系
LD　I0.0	// 如果 I0.0=1
AN　M0.0	// 并且 M0.0=0（脉宽减少）
ATCH　2，0	// 建立中断事件 0（I0.0 的上升沿）与中断服务程序 2 的联系
MEND	// 主程序结束

// *********子程序 0*********

SBR　0	// 初始化 PWM
S M0.0，1	// 将 M0.0 置 1（脉宽增加）
MOVB 16#CB，SMB67	// 将控制字 16#CB 写入控制字节 SMB67
	// SMB67.0=1，允许周期更新
	// SMB67.1=1，允许脉宽更新
	// SMB67.3=1，时间基准为 1ms
	// SMB67.6=1，选择 PWM 输出形式
	// SMB67.7=1，允许高速 PWM 输出
MOVW　500，SMW70	// 初始脉宽为 500ms
MOVW　5000，SMW68	// 周期值为 5s
ENI	// 开中断
PLS 0	// 激活高速 PWM 输出
MOVW SMW68，VW0	// 将周期值写入 VW0
–I 500，VW0	// 将（周期—脉宽）的值写入 VW0
RET	// 子程序 0 结束

// *********中断服务程序 1***********

INT 1	// 增加脉宽
+I 500，SWM70	// 脉宽增加 500ms
PLS 0	// 激活高速 PWM 输出
DTCH 0	// 禁止中断事件 0
RETI	// 中断服务程序 1 结束

// *********中断服务程序 2***********

INT 2	// 减少脉宽
–I 500，SMW70	// 脉宽减少 500ms
PLS 0	// 激活高速 PWM 输出
DTCH 0	// 禁止中断事件 0
RETI	// 中断服务程序 2 结束

5.2.6　PID 回路控制指令

在过程控制中，经常涉及模拟量的控制，构成闭环控制系统。而对于模拟量的处理，除了要对模拟量进行采样检测外，一般还要对采样值进行 PID（比例+积分+微分）运算，根据运算结果，形成对模拟量的控制作用。

在 S7-200 中，通过 PID（Proportional Integral Derivative）回路指令来处理模拟量是非常方便的。

1. PID 算法

在闭环控制系统中，PID 调节器的控制作用是使系统在稳定的前提下，偏差最小。

设偏差（E）为系统给定值（SP）与过程变量（PV）之差，即回路偏差，则输出 $M(t)$ 与比例项、积分项和微分项的运算关系为

$$M(t) = K_c \times e + K_c \int_0^t e \mathrm{d}t + M_0 + K_c \times \mathrm{d}e / \mathrm{d}t \tag{5-1}$$

式中的各个量都是时间 t 的连续函数，K_c 为回路增益，M_0 为回路输出的初始值。

为了便于计算机处理，需要将连续函数通过周期性采样的方式离散化。

$$M_n = K_c \times e_n + K_I \cdot \sum_{i=1}^n e_i + M_0 + K_D \times (e_n - e_{n-1}) \tag{5-2}$$

式中：M_n 为第 n 个采样时刻计算出来的回路控制输出值；

e_n 为第 n 个采样时刻的回路偏差；

e_{n-1} 为第 $n-1$ 个采样时刻（即前一次采样）的回路偏差；

K_c 为回路增益；

K_I 为积分项的比例系数；

K_D 为微分项的比例系数；

M_0 为初始值。

在计算机中，实际使用公式（5-2）的改进形式：

$$M_n = MP_n + MI_n + MD_n \tag{5-3}$$

式中：M_n 为第 n 个采样时刻的 PID 计算值；

MP_n 为第 n 个采样时刻的比例项值；

MI_n 为第 n 个采样时刻的积分项值；

MD_n 为第 n 个采样时刻的微分项值。

$$MP_n = K_c \times (SP_n - PV_n) \tag{5-4}$$

式中：MP_n 为第 n 个采样时刻的比例项值；

K_c 为回路增益；

SP_n 为第 n 个采样时刻的给定值；

PV_n 为第 n 个采样时刻的过程变量值。

$$MI_n = K_c \times T_s / T_I \times (SP_n - PV_n) + MX \tag{5-5}$$

式中：MI_n 为第 n 个采样时刻的积分项值；

K_c 为回路增益；

T_s 为采样时间间隔；

T_I 为积分时间常数；

SP_n 为第 n 个采样时刻的给定值；

PV_n 为第 n 个采样时刻的过程变量值；

MX 为第 $n-1$ 个采样时刻的积分项值。

$$MD_n = K_c \times T_D / T_s \times (PV_{n-1} - PV_n) \tag{5-6}$$

式中：MD_n 为第 n 个采样时刻的微分项值；

K_c 为回路增益；

T_D 为微分时间常数；

T_s 为采样时间间隔；

PV_n 为第 n 个采样时刻的过程变量值；

PV_{n-1} 为第 $n-1$ 个采样时刻的过程变量值。

根据式（5-4）～式（5-6），将式（5-3）改写为

$$M_n = K_c \times (SP_n - PV_n) + K_c \times T_s / T_I \times (SP_n - PV_n) + MX + K_c \times T_D / T_s \times (PV_{n-1} - PV_n) \tag{5-7}$$

2．PID 参数表及初始化

在式（5-7）中，共包含 9 个参数，用于进行 PID 运算的监视和控制。在执行 PID 指令前，要建立一个 PID 参数表，PID 参数表的格式见表 5-24。

表 5-24　PID 参数表

地址偏移量	PID 参数	数据格式	I/O 类型	描　　述
0	PV_n		I	过程变量当前值，0.0～1.0
4	SP_n		I	给定值，0.0～1.0
8	M_n		I/O	输出值，0.0～1.0
12	K_c		I	回路增益，正、负常数
16	T_s	双字，实数	I	采样时间，单位为 s，正数
20	T_I		I	积分时间常数，单位为 min，正数
24	T_D		I	微分时间常数，单位为 min，正数
28	MX		I/O	积分项前值，0.0～1.0
32	PV_{n-1}		I/O	最近一次 PID 运算的过程变量值

为执行 PID 指令，要对 PID 参数表进行初始化处理，即将 PID 参数表中有关的参数（给定值 M_n、回路增益 K_c、采样时间 T_s、积分时间常数 T_I、微分时间常数 T_D），按照地址偏移量写入变量寄存器 V 中。一般是调用一个子程序，在子程序中，对 PID 参数表进行初始化处理。

例如，设 PID 参数表的首地址为 VD100，M_n 为 0.6，K_c 为 0.5，T_s 为 1s，T_I 为 10min，T_D 为 5min，则 PID 参数表的初始化程序如图 5-28 所示。

3．PID 回路控制指令

PID 指令的功能是进行 PID 运算。

在梯形图中，PID 指令以功能框的形式编程，指令名称为 PID。在功能框中有两个数据输入端：TBL 是参数表的首地址，是由变量寄存器 VB 指定的字节型数据；LOOP 是回路号，是 0～7 的常数。当允许输入 EN 有效时，根据 PID 参数表中的输入信息和组态信息，进行 PID 运算。

```
       ┌─────────┐
       │   PID   │
       │ EN   ENO│
       │         │
  ????─┤ TBL     │
  ????─┤ LOOP    │
       └─────────┘
```

在 S7-200 的应用程序中，最多可以使用 8 条 PID 指令，即在一个应用程序中，最多可以使用 8 个 PID 控制回路，一个 PID 控制回路只能使用 1 条 PID 指令，每个 PID 控制回路必须使用不同的回路号。

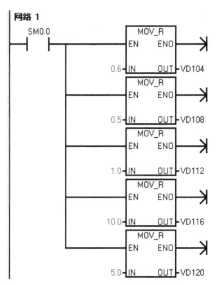

图 5-28　PID 参数表初始化子程序

影响允许输出 ENO 正常工作的出错条件为：SM1.1（溢出），SM4.3（运行时间），0006（间接寻址）。

在语句表中，PID 指令的指令格式为：PID TBL，LOOP。

4．PID 的组合选择

PID 运算是比例+积分+微分运算的组合，在很多控制场合，往往只需要 PID 中的 1 种或 2 种运算（如 PI 运算），不同运算功能的组合选择可以通过设定不同的参数来实现。

（1）不需要积分运算

此时，关闭积分控制回路，将积分时间常数设置为无穷大，虽然有初始值 *MX* 使积分项不为 0，但是其作用可忽略。

（2）不需要微分运算

此时，将微分时间常数设置为 0，即可关闭微分控制回路。

（3）不需要比例运算

此时，将回路增益 K_c 设置为 0，即可关闭比例控制回路，但是积分项和微分项与 K_c 有关系，因此约定，此时用于积分项和微分项的增益为 1。

5．输入模拟量的转换及标准化

每个 PID 控制回路有两个输入量，即给定量和过程变量。给定量一般为固定数值，而过程变量则受 PID 的控制作用。在实际控制问题中，无论是给定量还是过程变量都是工程实际值，它们的取值范围和测量单位可能不一致，因此在进行 PID 运算前，必须将工程实际值标准化，即转换成无量纲的相对值格式。

① 将工程实际值由 16 位整数转换为浮点数，即实数形式。

② 将实数形式的工程实际值转换为[0.0, 1]区间的无量纲相对值，即标准化值，又称为归一化值，转换公式为

$$R_{\text{Norm}} = R_{\text{Raw}} / S_{\text{pan}} + \text{Offset} \tag{5-8}$$

式中：R_{Norm} 为工程实际值的标准化值；

R_{Raw} 为工程实际值的实数形式值；

S_{pan} 为最大允许值减去最小允许值，通常取 32 000（单极性）或 64 000（双极性）；

Offset 取 0（单极性）或 0.5（双极性）。

对一个单极性的输入模拟量的转换及标准化程序如下：

```
XORD AC0，AC0              //清累加器 AC0
MOVW AIW0，AC0            //读模拟输入量到 AC0
LDW>= AC0，0              //如果模拟输入量为正
JMP 0                     //则转到标号为 0 的程序段
NOT                       //否则（模拟输入量为负）
ORD 16#FFFF0000，AC0      //AC0 中的符号处理
LBL 0                     //标号 0
BTR AC0，AC0              //将 32 位整数格式转换为实数格式
/R 32000.0，AC0           //将 AC0 中的实数值转换为标准化值
MOVR AC0，VD100           //将标准化值存入 PID 参数表的 TBL 中
```

6. 输出模拟量转换为工程实际值

在对模拟量进行 PID 运算后，对输出产生的控制作用是在[0.0～1]范围的标准化值，为了能够驱动实际的驱动装置，必须将其转换成工程实际值。

（1）将标准化值转换为按工程量标定的工程实际值的实数格式

这一步实质上是式（5-8）的逆运算，将式（5-8）赋以实际意义，并作整理得

$$R_{scal} = (M_n - \text{Offset}) \times S_{pan} \tag{5-9}$$

式中：R_{scal} 为按工程量标定的过程变量的实数格式；

M_n 为过程变量的标准化值；

S_{pan} 为最大允许值减去最小允许值，一般取 32 000（单极性）或 64 000（双极性）；

Offset 取 0（单极性）或 0.5（双极性）。

（2）将已标定的工程实际值的实数格式转换为 16 位整数格式

下面的程序段为 PID 控制回路输出转换为按工程量标定的整数值：

```
MOVR VD108，AC0           //将输出结果存放 AC0
–R 0.5，AC0               //对于双极性的场合（单极性时无此条语句）
×R 64000.0，AC0           //将 AC0 中的值按工程量标定
TRUNC AC0，AC0            //将实数转换为 32 位整数
MOVW AC0，AQW0            //将 16 位整数值输出到模拟量模板
```

7. PID 指令的控制方式

在 S7-200 中，PID 指令没有考虑手动／自动控制的切换方式，所谓自动方式是指，只要 PID 功能框的允许输入 EN 有效时，将周期性地执行 PID 运算指令。而手动方式是指 PID 功能框的允许输入 EN 无效时，不执行 PID 运算指令。

在程序运行过程中，如果 PID 指令的 EN 输入有效，即进行手动／自动控制切换，为了保证在切换过程中无扰动、无冲击，在手动控制过程中，就要将设定的输出值作为 PID 指令的一个输入（作为 M_n 参数写到 PID 参数表中），使 PID 指令根据参数表的值进行下列操作。

① 使 SP_n（设定值）=PV_n（过程变量）。

② 使 PV_{n-1}（前一次过程变量）=PV_n。

③ 使 MX（积分和）=M_n（输出值）。

一旦 EN 输入有效（从 0 到 1 的跳变），就从手动方式无扰切换到自动方式。

8．PID 指令应用举例

某水塔为居民区供水，为保证水压不变，须保持水位不变，为此需要用水泵供水，水泵电机由变频调速器驱动。假设给定量为满水位的 70%，调节量为水位，水位通过漂浮在水面的水位测量仪检测。PLC 根据水位的给定值和检测值，当水位达到满水位的 70% 时，通过输入点 I0.2 的置位，无扰切换到 PID 指令的自动控制方式，经 PID 运算，通过模拟量输出模板，输出到变频调速器，从而调节水泵电机的转数。

水位的变化范围是满水位的 0%～100%，水泵电机的转数是额定转数的 0%～100%，均为单极性信号。

现决定采用 PI 控制，控制参数为：K_c=0.3，T_s=0.2s，T_I=10min，开机后先由手动方式控制水泵电机，一直等到水位上升到满水位的 70% 时，自动执行 PID 指令。

① 选用的 PLC 为 S7-200 CPU222。

② 通过调用初始化子程序的方式调 PID 参数表，PID 参数表的首地址为 VD100，子程序编号为 SBR_0。

③ 采用定时中断的方式进行数据采样，中断服务程序编号为 INT_0。

主程序如图 5-29 所示，初始化子程序如图 5-30 所示，定时中断（数据采样）服务程序如图 5-31 所示。

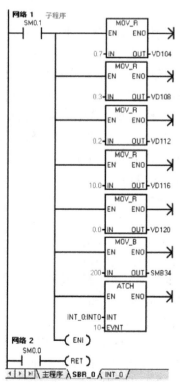

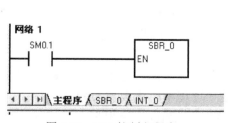

图 5-29　PID 控制主程序　　　　　　图 5-30　PID 控制参数表初始化子程序

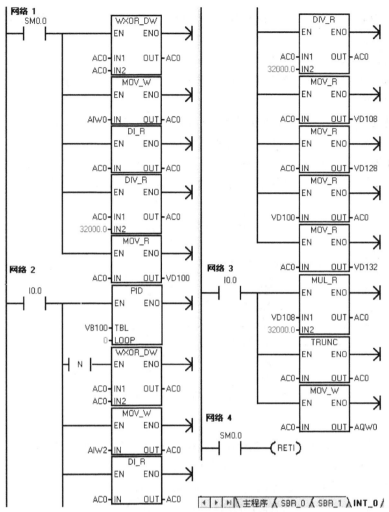

图 5-31 PID 控制定时中断服务程序

小　结

应用指令在 PLC 的实际应用中是不可缺少的，应用指令直接反映了 PLC 的性能优劣，应用指令在工程实际中的广泛应用，延伸和拓宽了 PLC 的应用领域。

① 为保证 PLC 系统安全可靠的工作，可以应用程序控制指令，通过编程的方法，改变 PLC 的运行状态。

② 为优化程序结构，增加程序的可读性，可以在程序中灵活运用循环指令、子程序指令、跳转指令、中断指令，以提高编程效率和水平。

③ 顺序控制器（步进）指令与状态流程图相配合，是完成顺序控制任务时经常使用的编程方法，这种编程方法的最大好处就是编程思路清晰，是需要重点掌握的编程方法。

④ 为实时监控 PLC 运行状态，记录运行数据，可以通过实时时钟指令对系统时钟进行设定及读取。

⑤ 在 PLC 的实时控制、在线通信及网络中，大量采用了中断技术，使系统可以响应某些

特殊的内部和外部事件。中断指令的运用，大大增强了 PLC 对可检测的和可预知的突发事件的处理能力。

编写中断服务程序的原则：短小精悍。

⑥ 使用高速计数器可以使 PLC 不受扫描周期的限制，实现对位置、行程、角度、速度等物理量的高精度检测。

⑦ 使用高速脉冲输出，可以完成对步进电机和伺服电机的高精度控制。

⑧ PID 指令的应用，使 PLC 可以实现闭环控制。

S7-200 系列 PLC 的应用指令，虽然使用指令简单，编写程序容易，但是这些应用指令都调用了大量的特殊继电器 SM，不仅要进行初始化处理，还经常涉及中断处理。

习　题　5

5-1　三段传送带的启动和停止控制如图 5-32 所示。

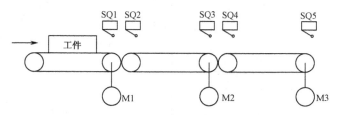

图 5-32　三段传送带的启动和停止控制图

控制要求：

（1）按下启动按钮，电动机 M1 运行，当行程开关 SQ1 检测到工件到来时，自动启动电动机 M2 运行。

（2）当行程开关 SQ2 检测到工件离开时，自动停止电动机 M1 运行。

（3）当行程开关 SQ3 检测到工件到来时，自动启动电动机 M3 运行。

（4）当行程开关 SQ4 检测到工件离开时，自动停止电动机 M2 运行。

（5）当行程开关 SQ5 检测到工件到来时，自动停止电动机 M3 运行。

（6）可随时停车。

5-2　冷加工生产线上有一个钻孔动力头，该动力头的加工过程如图 5-33 所示，要求如下：

（1）动力头在原位（压下限位开关 SL0）时，按启动按钮，接通电磁阀 YV1，动力头快进。

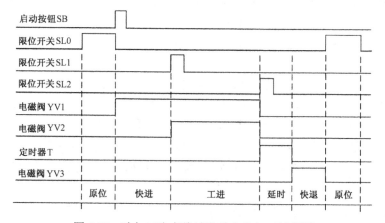

图 5-33　冷加工生产线钻孔动力头加工过程图

（2）动力头碰到限位开关 SL1 后，接通电磁阀 YV1 和 YV2，动力头由快进转为工进。

（3）动力头碰到限位开关 SL2 后，延时 10s。

（4）延时时间到，接通电磁阀 YV3，动力头快退。

（5）动力头退回到原位后（碰到限位开关 SL0）停车。

5-3 设计一个用高速脉冲输出控制步进电机的程序，控制要求如下：

（1）电机从 A 点用 900 个脉冲加速运行到 B 点，A 点的频率为 2kHz，B 点的频率为 20kHz。

（2）电机从 B 点到 C 点为恒速运行，用 10 000 个脉冲。

（3）电机从 C 点到 D 点为减速运行，D 点的频率为 4kHz，用 400 个脉冲。

（4）电机到 D 点后，恒速运行 10min 后自动停车。

5-4 设计一个温度调节系统，温度调节范围为 0～100℃。现在根据实际需要，控制温度在 80℃，采用 PID 控制。假定控制参数值为：T_s 为 0.5min，K_c 为 0.65，T_I 为 5min，T_D 为 1min。

5-5 用步进指令完成全自动洗衣机的自动控制。

全自动洗衣机的洗衣桶（外桶）和脱水桶（内桶）是以同一中心安放的。外桶固定，作盛水用；内桶可以旋转，作脱水（甩干）用。内桶的周围有很多小孔，使内桶和外桶的水流相通。洗衣机的进水和排水分别由进水电磁阀和排水电磁阀来执行。进水时，通过控制系统将进水电磁阀打开，经进水管将水注入外桶。排水时，通过控制系统将排水电磁阀打开，将水由外桶排到机外。洗涤正转、反转由洗涤电机驱动波盘的正、反转来实现，此时脱水桶并不旋转。脱水时，控制系统将离合器合上，由洗涤电机带动内桶正转进行甩干。高、低水位控制开关分别用来检测高、低水位。启动按钮用来启动洗衣机工作，停止按钮用来实现手动停止进水、排水、脱水及报警。排水按钮用来实现手动排水。其示意图如图 5-34 所示。

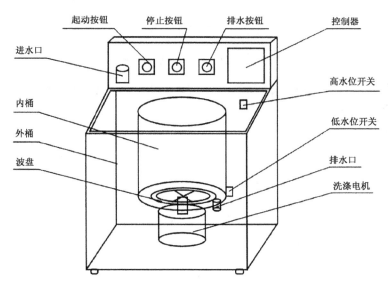

图 5-34 全自动洗衣机示意图

控制要求：该全自动洗衣机的控制要求可以用图 5-35 所示的流程图来表示。

按下启动按钮后，洗衣机开始进水。水满时（即水位到达高水位，高水位开关由 OFF 变 ON），PLC 停止进水，并开始洗涤正转，正转洗涤 15s 后暂停，暂停 3s 后开始洗涤反转。反洗 15s 后暂停。暂停 3s 后，若正、反洗未满 3 次，则返回从正洗开始的动作；若正、反洗满 3 次时，则开始排水。水位信号下降到低水位时（低水位开关由 ON 变 OFF）开始脱水并继续排水。脱水 10s 即完成一次从进水到脱水的大循环过程。若未完成 3 次大循环，则返回从进水开始的全部动作，进行下一次大循环；若完成了 3 次大循环，则进行洗完报警。报警10s后结束全部过程，自动停机。

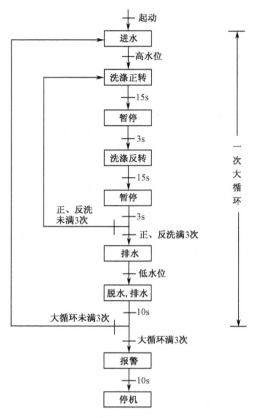

图 5-35　全自动洗衣机流程图

此外，还要求可以按排水按钮以实现手动排水；按停止按钮以实现手动停止进水、排水、脱水及报警。

第6章　可编程控制器控制系统应用设计

PLC 控制技术属于先进的实用技术。目前各种 PLC 在实际工程中已广泛应用,以 PLC 为主控制器的控制系统越来越多。应当说,在熟悉了 PLC 的组成和基本工作原理,掌握了 PLC 的指令系统及编程规则之后,就面临着如何将 PLC 应用到实际工程中的问题,即如何进行 PLC 控制系统的应用设计,使 PLC 能够实现对生产机械或生产过程的控制,并带来更可靠、更高的质量和更高的效益。

与其他计算机控制系统一样,PLC 控制系统的应用设计过程可以分为总体设计、可靠性设计、硬件设计和软件设计 4 个过程。也可以分为硬件设计和软件设计两个部分,将总体设计和可靠性设计并入硬件设计范畴。

本章的主要内容:
- PLC 控制系统的类型;
- PLC 控制系统设计的基本原则;
- PLC 控制系统的设计步骤;
- PLC 机型选择及硬件配置;
- PLC 控制系统的供电设计;
- PLC 控制系统的接地设计;
- PLC 控制系统的冗余设计;
- PLC 控制系统的安装及接线;
- PLC 控制系统应用程序设计举例。

本章要求:掌握 PLC 控制系统的设计原则,能够正确、合理地选择机型,初步熟悉 PLC 控制系统的可靠性设计的内容和方法。通过几个应用设计实例,掌握 PLC 控制系统的设计步骤和方法,对 PLC 控制系统的设计过程有一个完整清晰的思路。

6.1　PLC 控制系统的总体设计

PLC 控制系统的总体设计是进行 PLC 应用设计时至关重要的第一步。首先应当根据被控对象的要求,确定 PLC 控制系统的类型。

6.1.1　PLC 控制系统的类型

以 PLC 为主控制器的控制系统,有 4 种控制类型。

1. 单机控制系统

这种系统是由 1 台 PLC 控制 1 台设备或 1 条简易生产线,如图 6-1 所示。

单机系统构成简单,所需要的 I/O 点数较少,存储器容量小,可任意选择 PLC 的型号。注意:无论目前是否有通信联网的要求,都应当选择有通信功能的PLC,以适应将来系统功能扩充的需要。

2．集中控制系统

这种系统是由 1 台 PLC 控制多台设备或几条简易生产线，如图 6-2 所示。

图 6-1　单机控制系统　　　　　图 6-2　集中控制系统

集中控制系统的特点是多个被控对象的位置比较接近，且相互之间的动作有一定的联系。由于多个被控对象通过同 1 台 PLC 控制，因此各个被控对象之间的数据、状态的变化不需要另设专门的通信线路。

集中控制系统的最大缺点是如果某个被控对象的控制程序需要改变或 PLC 出现故障时，整个系统都要停止工作。对于大型的集中控制系统，可以采用冗余系统来克服这个缺点，此时要求 PLC 的 I/O 点数和存储器容量有较大的余量。

3．远程 I/O 控制系统

这种控制系统是集中控制系统的特殊情况，也是由 1 台 PLC 控制多个被控对象，但是却有部分 I/O 系统远离 PLC 主机，如图 6-3 所示。

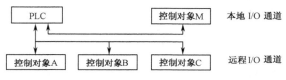

图 6-3　远程 I/O 控制系统

远程 I/O 控制系统适用于具有部分被控对象远离集中控制室的场合。PLC 主机与远程 I/O 通过同轴电缆传递信息，不同型号的 PLC 所能驱动的同轴电缆的长度不同，所能驱动的远程 I/O 通道的数量也不同，选择 PLC 型号时，要重点考察驱动同轴电缆的长度和远程 I/O 通道的数量。

4．分布式控制系统

这种系统有多个被控对象，每个被控对象由 1 台具有通信功能的 PLC 控制，由上位机通过数据总线与多台 PLC 进行通信，各个 PLC 之间也有数据交换，如图 6-4 所示。

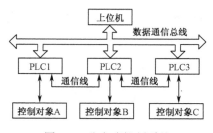

图 6-4　分布式控制系统

分布式控制系统的特点是多个被控对象分布的区域较大，相互之间的距离较远，每台 PLC 可以通过数据总线与上位机通信，也可以通过通信线与其他的 PLC 交换信息。分布式控制系统的最大好处是，某个被控对象或 PLC 出现故障时，不会影响其他的 PLC。

PLC 控制系统的发展是非常快的，从简单的单机控制系统，到集中控制系统，到分布式控制系统，目前又提出了 PLC 的 EIC 综合化控制系统，即将电气控制（Electric），仪表控制（Instrumentation）和计算机（Computer）控制集成于一体，形成先进的 EIC 控制系统。基于这种控制思想，在进行 PLC 控制系统的总体设计时，要考虑到如何同这种先进性相适应，并有利于系统功能的进一步扩展。

6.1.2　PLC 控制系统设计的基本原则

不同的设计者有着不同风格的设计方案，然而，系统的总体设计原则是不变的。PLC 控制系统的总体设计原则是：根据控制任务，在最大限度地满足生产机械或生产工艺对电气控制要求的前提下，运行稳定，安全可靠，经济实用，操作简单，维护方便。

任何一个电气控制系统所要完成的控制任务，都是为满足被控对象（生产控制设备、自动化生产线、生产工艺过程等）提出的各项性能指标，提高劳动生产率，保证产品质量，减轻劳动强度和危害程度，提升自动化水平。因此，在设计 PLC 控制系统时，应遵循的基本原则如下。

1．最大限度地满足被控对象提出的各项性能指标

为明确控制任务和控制系统应有的功能，设计人员在进行设计前，就应深入现场进行调查研究，搜集资料，与机械部分的设计人员和实际操作人员密切配合，共同拟定电气控制方案，以便协同解决在设计过程中出现的各种问题。

2．确保控制系统的安全可靠

电气控制系统的可靠性就是生命线，不能安全可靠工作的电气控制系统，是不可能长期投入生产运行的。尤其是在以提高产品数量和质量，保证生产安全为目标的应用场合，必须将可靠性放在首位。

3．力求控制系统简单

在能够满足控制要求和保证可靠工作的前提下，不失先进性，应力求控制系统结构简单。只有结构简单的控制系统才具有经济性、实用性的特点，才能做到使用方便和维护容易。

4．留有适当的余量

考虑到生产规模的扩大，生产工艺的改进，控制任务的增加，以及维护方便的需要，要充分利用 PLC 易于扩充的特点，在选择 PLC 的容量（包括存储器的容量、机架插槽数、I/O 点的数量等）时，应留有适当的余量。

6.1.3　PLC 控制系统的设计步骤

用 PLC 进行控制系统设计的一般步骤可参考如图 6-5 所示的流程。

下面就几个主要步骤，做进一步的解释和说明。

1．明确设计任务和技术条件

在进行系统设计之前，设计人员首先应该对被控对象进行深入的调查和分析，并熟悉工艺流程及设备性能。根据生产中提出来的问题，确定系统所要完成的任务。与此同时，拟定出设计任务书，明确各项设计要求、约束条件及控制方式。设计任务书是整个系统设计的依据。

2．选择 PLC 机型及硬件配置

目前，国内外 PLC 生产厂家生产的 PLC 品种已达数百个，其性能各有特点，价格也不尽相同。在设计 PLC 控制系统时，要选择最适宜的 PLC 机型，一般应考虑下列因素。

（1）系统的控制目标

设计 PLC 控制系统时，首要的控制目标就是：确保生产的安全可靠，能长期稳定运行，保证产品高质量，提高生产效率，改善信息管理等。如果要求以极高的可靠性为控制目标，构成 PLC 冗余控制系统，这时要从能够完成冗余控制的 PLC 型号中进行选择；如果以改善信息管理为控制目标，要首先考虑通信能力。

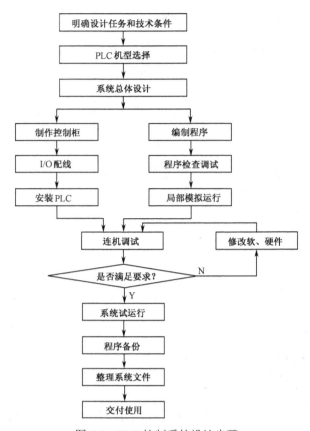

图 6-5　PLC 控制系统设计步骤

（2）PLC 的硬件配置

根据系统的控制目标和控制类型，从众多的 PLC 生产厂中初步选择几个具有一定知名度的公司，如 SIEMENS、OMRON、A-B 等，再根据被控对象的工艺要求及 I/O 系统考虑具体配置问题。

PLC 硬件配置时主要考虑以下几方面。

① CPU 能力。

CPU 的能力是 PLC 最重要的性能指标，在选择机型时，首先要考虑如何配置 CPU，主要从以下几个方面考虑：

• 处理器的个数及位数

配置 CPU 时，处理器的个数（是单处理器或者多处理器）的不同，处理器的位数不同（处理器的位数是选择 8 位、16 位或者 32 位），将直接影响 PLC 的性能。

• 存储器的容量及可扩展性

存储器的容量是指用于存储用户程序和数据的能力，从使用的角度出发，应考虑存储器的种类（RAM，EPROM，EEPROM），存储器的最大容量，是否可以扩展。这些将体现 PLC 控制系统构成的方便性和灵活性。

• 编程元件的能力

编程元件主要是指内部辅助继电器、定时器、计数器、特殊继电器等，编程元件的数量，定时器的计时范围和计时精度，计数器的计数方向和计数范围，这些将直接影响 PLC 控制系统的软件编程能力。

② I/O 系统。

PLC 控制系统的输入 / 输出点数的多少，是 PLC 系统设计时必须知道的参数，在进行硬件配置时这个参数具有两个含义：一个是实际的控制系统所需要的 I/O 点数，另一个是所考虑的 PLC 机型能够提供的 I/O 点数。

● 最大 I/O 点数的具体意义

各个 PLC 生产厂家在产品手册上给出的最大 I/O 点数所表示的确切含义有一些差异，有的表示输入 / 输出的点数之和，有的则分别表示最大输入点数和最大输出点数。一定要在充分考虑余量的基础上配置输入 / 输出点。

● 模拟量 I/O 点数与数字量 I/O 点数的关系

有的 PLC 模拟量 I/O 要占用数字量 I/O 的点数，有的 PLC 模拟量 I/O 与数字量 I/O 分别独立给出，且相互之间无影响。

● 远程 I/O 的考虑

当考虑远程 I/O 控制系统时，要配置带有远程 I/O 能力的 PLC，还要进一步考虑远程 I/O 的驱动能力，即可以远程驱动的点数及距离。

● 智能 I/O 的考虑

对某些特殊控制，如闭环控制、位置控制、温度控制、模糊控制等，可以考虑选用智能 I/O 模板，借助于这些智能 I/O，来实现某些复杂的控制。

● I/O 点数的余量

在配置输入 / 输出点时，要留有 20%~30% 的余量。一是方便系统功能扩充，二是避免 PLC 在满负荷下工作。

③ 指令系统。

PLC 的种类很多，因此它的指令系统是不完全相同的。可根据实际应用场合对指令系统提出的要求，选择相应的 PLC。从应用的角度考虑，有的场合以逻辑控制为主，有的场合需要算术运算，有的场合可能需要更先进、更复杂的控制功能。

● 总指令条数

PLC 的控制功能是通过执行指令来实现的，指令的数量越多，PLC 的功能就越强，这一点是毫无疑问的。

● 指令的表达形式

PLC 的指令表达形式就是指它的编程语言，可以有梯形图、语句表、流程图、顺序控制图、高级语言等多种表达形式，但是对于某个确定的机型，可能只有几种表达形式。

● 应用软件的程序结构

由用户编写的应用软件，其程序结构可分成两种形式：一种是模块化的程序结构，另一种是子程序式的程序结构。模块化的程序结构在编程和调试时都很方便，但是 PLC 处理速度较慢；子程序式的程序结构响应速度较快，但是在编程和调试时不太方便。

● 软件开发手段

所谓软件开发手段是指 PLC 生产厂家为方便用户利用通用计算机（IBM-PC 及其兼容机）编程及模拟调试而开发的专用软件。

④ 响应速度。

对于以数字量控制为主的 PLC 控制系统，PLC 的响应速度都可以满足要求，不必特殊考

虑 。而对于含有模拟量的 PLC 控制系统，特别是含有较多闭环控制的系统，必须考虑 PLC 的响应速度。一般从两个方面来考虑：一是执行指令时间；二是扫描周期。

● 执行指令时间

执行指令时间是指每处理 1k 条语句所需要的时间，在产品手册中可以查到。

● 扫描周期

如果最大扫描周期可以重新设定，则可以根据用户程序来设定恰当的最大扫描周期，减少系统的响应时间。

● 中断控制和直接 I/O 控制

在要求实时性好的场合，可以考虑中断控制或者采用直接 I/O 控制。

⑤ 其他考虑。

● 工程投资及性能价格比

在众多满足系统工艺控制要求的 PLC 中，根据工程投资，选择性能价格比较高的 PLC。

● 备品配件的统一性

根据机型统一的原则，尽可能考虑采用与本企业正在使用的同系列 PLC，以便于学习、使用和维护，备品配件通用，还可减少编程器的投资。

● 技术支持

在选择机型和硬件配置时，还应考虑包括技术培训、设计指导、系统维修等技术支持。

3．系统硬件设计

PLC 控制系统的硬件设计是指对 PLC 外部设备的设计。在硬件设计中，要进行输入设备的选择（如操作按钮、开关及计量保护装置的输入信号等），执行元件的选择（如接触器的线圈、电磁阀的线圈、指示灯等），以及控制台、柜的设计和选择，操作面板的设计。

通过对用户输入、输出设备的分析、分类和整理，进行相应的 I/O 地址分配，在 I/O 设备表中，应包含 I/O 地址、设备代号、设备名称及控制功能，应尽量将相同类型的信号，相同电压等级的信号地址安排在一起，以便于施工和布线，并依此绘制出 I/O 接线图。对于较大的控制系统，为便于软件设计，可根据工艺流程，将所需要的定时器、计数器及内部辅助继电器，变量寄存器也进行相应的地址分配。

4．系统软件设计

对于电气技术人员来说，控制系统软件的设计就是编写控制程序，经常用梯形图编写，可采用经验设计法或逻辑设计法。对于控制规模比较大的系统，可根据工艺流程图，将整个流程分解为若干步，确定每步的转换条件，配合分支、循环、跳转及某些特殊功能，以便很容易地转换为梯形图设计。对于传统的继电器控制线路的改造，可根据原系统的控制线路图，将某些桥式电路按照梯形图的编程规则进行改造后，可直接转换为梯形图。这种方法设计周期短，修改、调试程序简单方便。

软件设计可以与现场施工同步进行，以缩短设计周期。

5．系统的局部模拟运行

上述步骤完成后，便有了一个 PLC 控制系统的雏形，接着便进行模拟调试。在确保硬件工作正常的前提下，再进行软件调试。在调试控制程序时，应本着从上到下，先内后外，先局部后整体的原则，逐句逐段地反复调试。

6．控制系统联机调试

这是最后的关键性一步。应对系统性能进行评价后再作出改进。反复修改，反复调试，直到满足要求为止。为了判断系统各部件工作的情况，可以编制一些短小而针对性强的临时调试程序（待调试结束后再删除）。在系统联调中，要注意使用灵活的技巧，以便加快系统调试过程。

7. 编制系统的技术文件

在设计任务完成后，要编制系统的技术文件。技术文件一般应包括总体说明、硬件文件、软件文件和使用说明等，随系统一起交付使用。

6.2 PLC 控制系统的可靠性设计

可靠性是指系统能够无故障运行的能力。衡量可靠性的标准是故障率要低。PLC 是专门为工业生产环境设计的控制装置，一般不需要采取什么特殊措施，就可以直接在工业环境中使用。但是，如果环境过于恶劣，电磁干扰特别强烈，或安装使用不当，就可能影响 PLC 控制系统的正常运行，一旦系统出现故障，轻者影响生产，重者造成事故，后果不堪设想。因此，在设计过程中，始终要把安全可靠放在首位。

本节将重点讨论 PLC 控制系统的可靠性设计问题。

6.2.1 供电系统设计

我们所说的供电系统设计是指可编程控制器 CPU 工作电源、I/O 模板工作电源及控制系统完整的供电系统设计。

1. 系统供电设计

系统供电电源设计包括供电系统的一般性保护措施、可编程控制器电源模板的选择和典型供电电源系统的设计。

（1）供电系统的保护措施

可编程控制器一般都使用市电（220V，50Hz）。电网的冲击、频率的波动将直接影响到实时控制系统的精度和可靠性。有时电网的冲击也将给整个系统带来毁灭性的破坏。电网的瞬间变化也是经常不断发生的，因此可对 PLC 控制系统产生一定

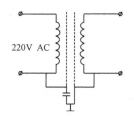

图 6-6　隔离变压器的连接

的干扰。为了提高系统的可靠性和抗干扰性能，在 PLC 供电系统中一般可采取隔离变压器、交流稳压器、UPS 电源、晶体管开关电源等措施。

① 隔离变压器。

隔离变压器的初级和次级之间采用隔离屏蔽层，用漆包线或铜箔等非导磁材料绕成，但电气设备上不能短路，然后引出一个头接地。在图 6-6 中，初、次级间的静电屏蔽层先与次级间的零电位线相接，再用电容耦合接地。采用了隔离变压器后可以隔离掉供电电源中的各种干扰信号，从而提高了系统的抗干扰性能。

② 交流稳压器。

为了抑制电网电压的波动，PLC 系统中应设置交流稳压器。在选择交流稳压器的容量时，应留出足够的余量，余量大小可按实际最大需求容量的 30% 计算。这样，一方面可充分保证稳压特性，另一方面有助于交流稳压器的可靠工作。在实际应用中，有些 PLC 本身对电源电压的波动就具有较强的适应性，此时也可不采用交流稳压器。

③ UPS 电源。

在某些实时控制中，系统的突然断电会造成较严重的后果，此时就要在供电系统中加入 UPS 电源供电，在 PLC 的应用软件中设置断电处理程序。当突然断电后，可自动切换到 UPS 电源供电，并按工艺要求执行断电处理程序，使生产设备处于安全状态。在选择 UPS 电源时也要注意所需的功率容量。

④ 晶体管开关电源。

晶体管开关电源主要是指稳压电源中的调整管以开关方式工作，用调节脉冲宽度的办法来调整直流电压。这种开关电源在电网或其他外加电源电压变化很大时，对其输出电压并没有多大影响，从而提高了系统抗干扰的能力。

目前，各公司生产的可编程控制器中，其电源模板采用的都是晶体管开关电源，所以在整个系统供电电源设计中不必再考虑加晶体管开关电源，只要注意可编程控制器电源模板对外加电源的要求就行了。

（2）电源模板的选择

可编程控制器 CPU 所需的工作电源一般都是 5V 直流电源，一般的编程接口和通信模板还需要 5.2V 和 24V 直流电源。这些电源都由可编程控制器本身的电源模板供给，所以在实际应用中要注意电源模板的选择。在选择电源模板时一般应考虑以下几点。

① 电源模板的输入电压。

PLC 的电源模板可能包括多种输入电压，有 220V 交流，110V 交流和 24V 直流等。在实际应用中要根据具体情况选择。

② 电源模板的输出功率。

在选择电源模板时，其额定输出功率必须大于 CPU 模板、所有 I/O 模板及各种智能模板总的消耗功率，并且要留有 30%左右的余量。当一个电源模板既要为主机单元又要为扩展单元供电时，从主机单元到最远一个扩展单元的线路压降必须小于 0.25V。

③ 扩展单元中的电源模板。

在有的系统中，由于扩展单元中安装有智能模板及一些特殊模板，就要求在扩展单元中安装相应的电源模板。这时相应的电源模板输出功率可按各自的供电范围计算。

④ 电源模板接线。

选定了电源模板后，还要确定电源模板的接线端子和连接方式，以便正确进行系统供电的设计。一般电源模板的输入电压是通过接线端子与供电电源相连的，而输出信号则通过总线插座与可编程控制器 CPU 的总线相连。

（3）一般系统供电电源设计

前面介绍了几种供电系统保护措施和 PLC 电源模板的选择，现在来讨论 PLC 控制部分的供电设计。控制部分供电包括可编程控制器 CPU 工作电源、各种 I/O 模板的控制回路工作电源、各种接口模板和通信智能模板的工作电源。这些工作电源都是由 PLC 的电源模板供电，所以系统供电电源设计就是针对 PLC 电源模板而言的。

图 6-7 给出了由 PLC 组成的典型控制系统的供电设计。这里的典型系统是由一台 PLC 组成，其中包括一个主机单元和一个扩展单元。对于多机系统和包括多个扩展单元的系统，其设计原理和方法是完全一样的，只是在供电容量和供电布线上有所不同。

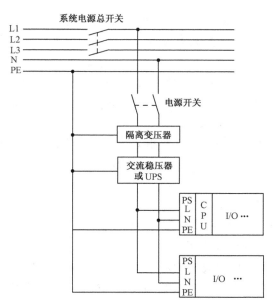

图 6-7　典型控制系统的供电设计

由图 6-7 可以看出，系统总电源为三相交流电源，通过系统电源总开关接入 PLC 系统中。系统电源总开关实现整个电源系统的控制，此开关可以是刀闸式开关也可以是空气开关，可按实际需要选择。PLC 所需电源一般为 220V，可取自三相电源的一相。在多机系统中，如果每个 PLC 都单独供电，则可分别取自不同的相电压，以保证三相电源的平衡。相电压的交流 220V 电源通过电源开关接入隔离变压器（此处的电源开关可选择刀闸式开关或自动开关）。经过隔离变压器后，通过交流稳压器或 UPS 不间断电源为系统供电。在电网电压较稳定的情况下也可以不采用交流稳压器或 UPS 不间断电源。无论怎样，在经费允许的情况下，建议最好采用 UPS 不间断电源或交流稳压器。通过交流稳压器或 UPS 不间断电源，为 PLC 的电源模板供电。为系统控制部分的供电则由电源模板来实现，用户不必再进行设计。

2．I/O 模板供电电源设计

I/O 模板供电电源设计是指系统中传感器、执行机构、各种负载与 I/O 模板之间的供电电源设计。在实际应用中，普遍使用的 I/O 模板基本上是采用 24V 直流供电电源和 220V 交流供电电源。这里主要介绍这两种情况下数字量 I/O 模板的供电设计。

（1）24V 直流 I/O 模板的供电设计

在 PLC 组成的控制系统中，广泛地使用着 24V 直流 I/O 模板。对于工业过程来说，输入信号来自各种接近开关、按钮、拨码开关、接触器的辅助点等；输出信号则控制继电器线圈、接触器线圈，电磁阀线圈、伺服阀线圈、显示灯等。要使系统可靠地工作，I/O 模板和现场传感器、负载之间的供电设计必须安全可靠，这是控制系统能够实现所要完成的控制任务的基础。

图 6-8 给出了 24V 直流 I/O 模板的一般供电设计。图中给出了一个主机单元一个扩展单元中的一块输入和输出模板的情况。对于包括多个单元在内的多个输入/输出模板的情况与此相同。

图 6-8 中，220V 交流电源可来自交流稳压器输出，该电源经 24V 直流稳压电源后为 I/O 模板供电。为防止检测开关和负载的频繁动作影响稳压电源工作，在 24V 直流稳压电源输出端并接一个电解电容。开关 Q1 是控制 DO 模板供电电源的；开关 Q2 是控制 DI 模板供电电源的。I/O 模板供电电源设计比较简单，一般只需要注意以下几点。

① I/O 模板供电电源是指 PLC 与工业过程相连的 I/O 模板和现场直接相连回路的工作电源。它主要是依据现场传感器和执行机构（负载）实际情况而定，这部分工作情况并不影响 PLC 的 CPU 工作。

② 其中 24V 直流稳压电源的容量选择主要是根据输入模板的输入信号为"1"时的输入电流和输出模板的输出信号为"1"时负载的工作电流而定。在计算时应考虑所有输入／输出点同时为"1"的情况，并留有一定余量。

③ 开关 Q1 和 Q2 分别控制输出模板和输入模板供电电源。在系统启动时，应首先启动 PLC 的 CPU，然后再合上开关 Q2 和开关 Q1。当现场输入设备或执行机构发生故障时，可立即关掉开关 Q1 和开关 Q2。

（2）220VACI/O 模板的供电设计

对于实际工业过程，除了 24V 直流模板外，还广泛地使用着 220V 交流 I/O 模板，所以有必要强调一下 220V 交流 I/O 模板的供电设计。

在前面 24V 直流 I/O 模板供电设计的基础上，只要去掉 24V 直流稳压电源，并将图 6-8 中的直流 24V 输入／输出模板换成交流 220V 输入／输出模板，就实现了 220V 交流 I/O 模板的供电设计，如图 6-9 所示。

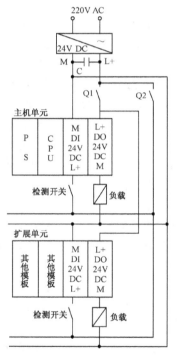

图 6-8　24V 直流 I/O 模板的供电设计

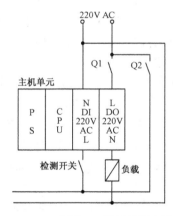

图 6-9　220V 交流 I/O 模板的供电设计

图 6-9 中给出的是在一个主机单元中，输入／输出模板各一块的情况，交流 220V 电源可直接取自整个供电系统的交流稳压器的输出端，对于包括扩展单元的多块输入／输出模板与此完全相同。要注意的是在交流稳压器的设计时要增加相应的容量。

（3）其他 I/O 模板的供电设计

其他 I/O 模板包括模拟量 I/O 模板、各种智能 I/O 模板和各种特殊用途的模板，由于它们各自用途不同，在供电设计上也不完全一样。

对于模拟量输入／输出模板，一般来说模板本身需要工作电源，现场传感器和执行机构有时也需要工作电源。此时只能根据实际情况确定供电方案。

对于各种智能模板和各种特殊用途的模板，只能根据不同用途，按模板本身的技术要求来设计它们的供电系统。

3. PLC 系统的完整供电设计

这里给出一个由 PLC 组成的控制系统的完整供电设计，如图 6-10 所示。由图可知，它包括了前面所介绍的内容，同时增加了上电启动、连锁保护等部分。

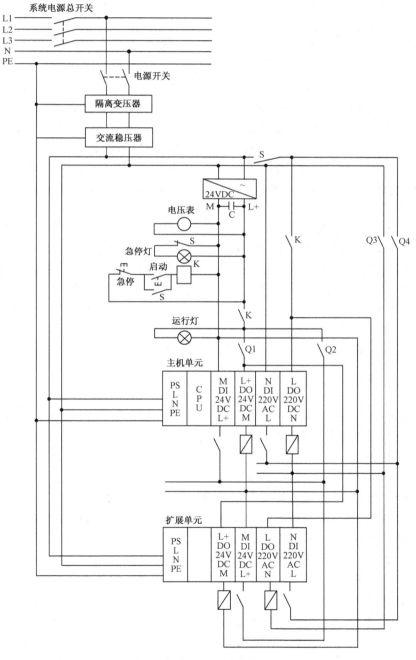

图 6-10　完整的供电系统设计

一个完整的供电系统，其总电源来自三相交流电源，经过系统供电总开关送入系统。PLC组成的控制系统都是以交流 220V 为基本工作电源，所以由三相交流电源引出的相电压并通过电源开关为 PLC 系统供电，电源开关可选择二相刀闸开关。然后通过隔离变压器和交流稳压器或 UPS 电源。通过交流稳压器输出的电源分成两路，一路为 PLC 电源模板供电，另一路为 PLC 输入 / 输出模板和现场检测元件、执行机构供电。

为电源模板供电比较简单，只要将交流稳压器输出端接到 PLC 电源模板的相应端即可。而为输入 / 输出模板供电则比较复杂。对于我国工业现场实际而言，主要有两种电源，24V 直流和 220V 交流。为了系统工作安全可靠，首先要对这两种电路电源实现连锁保护。由图可知，当系统供电总开关和电源开关合闸后，直流 24V 稳压电源工作，此时电压表工作，显示直流 24V 稳压电源输出电压。由于继电器线圈 K 断电，所以其动断触点接通，急停灯亮，指示系统没有为输入模板供电，同时动合触点断开，切断输入 / 输出模板供电回路。系统启动时，首先要按下启动按钮，这时继电器线圈 K 得电，动断触点断开，急停灯灭；动合触点闭合，接通 24V 直流电源和 220V 交流回路，同时运行灯亮，指示系统供电正常。此时输入 / 输出模板是否接通电源，取决于开关 Q1，Q2，Q3 和 Q4，其中 Q1 控制 24V 直流输出模板，Q2 控制 24V 直流输入模板，Q3 控制 220V 交流输出模板，Q4 控制 220V 交流输入模板。

图 6-10 的供电系统可按下述步骤启动：首先接通系统供电总开关和电源开关，接着启动隔离变压器和交流稳压器或 UPS 电源，然后启动 PLC 的电源模板和 CPU 模板，使 PLC 的 CPU进入正常工作状态。在 CPU 正常工作后，启动 24V 直流稳压电源，当电压表显示正常后，按下启动按钮，使继电器动合触点闭合，然后按顺序接通 Q1，Q2，Q3 和 Q4，也可使它们一直处于接通状态，即使系统停车时，也不关断这些开关。这 4 个开关的主要作用是当相应部分出现故障时，关断所对应的开关，这样可保证其他部分持续工作。当系统出现紧急故障时，按下急停按钮，继电器线圈 K 断电，动合触点断开，此时就切断了 PLC 输入 / 输出模板与现场设备的电气连接，以便处理故障。系统停车时，首先按下急停按钮，并关断 24V 直流稳压电源，接着关断 PLC 电源和系统电源总开关。

图 6-10 给出的是典型系统供电设计，在实际应用中可根据需要略做改动。

6.2.2 接地设计

在实际控制系统中，接地是抑制干扰、使系统可靠工作的主要方法。在设计中如能把接地和屏蔽正确地结合起来使用，可以解决大部分干扰问题。

1. 正确的接地方法

接地设计有两个基本目的：消除各电路电流流经公共地线阻抗所产生的噪声电压和避免磁场与电位差的影响，使其不形成地环路，如果接地方式不好就会形成环路，造成噪声耦合。

正确接地是重要而又复杂的问题，理想的情况是一个系统的所有接地点与大地之间阻抗为零，但这是难以做到的。在实际接地中总存在着连接阻抗和分散电容，所以如果接地线不佳或接地点不当，都会影响接地质量。接地的一般要求如下。

① 接地电阻在要求范围内。对于 PLC 组成的控制系统，接地电阻一般应小于 4Ω。

② 要保证足够的机械强度。

③ 要具有耐腐蚀的能力并做防腐处理。

④ 在整个工厂中，PLC 组成的控制系统要单独设计接地。

在上述要求中，后 3 条只要按规定设计、施工就可满足要求，关键是第①条的接地电阻。

外接地线深埋大地的情况如图 6-11 所示。

根据有关资料介绍，当垂直埋设时，接地电阻为

$$R = \frac{\rho}{2\pi l}\left(\ln\frac{l}{r} + \frac{1}{2}\ln\frac{4t+3l}{4t+l}\right) \qquad (6\text{-}1)$$

当水平埋设时，接地电阻为

$$R = \frac{\rho}{2\pi l}\left\{\ln\frac{l}{r} + \ln\left[\frac{l}{4t} + \sqrt{1+\left(\frac{l}{4t}\right)^2}\right]\right\} \qquad (6\text{-}2)$$

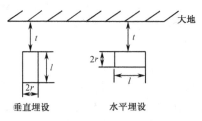

图 6-11　外接地线示意图

如接地棒埋设较深时，两式中 $t \to \infty$，则式（6-1）式（6-2）变为

$$R = \frac{\rho}{4\pi l}\ln\frac{l}{r} \qquad (6\text{-}3)$$

由式（6-3）可见，降低接地电阻主要是增加接地棒长度 l 并同时降低地面的固有电阻 ρ。在埋设接地棒的施工中，如将土、水和盐按 1∶0.2∶（0.2～0.1）的比例混合在接地棒周围，则可降低接地电阻约 1/10。另外，应尽量减少接地导线长度以降低接地电线的阻抗。

2．各种不同接地的处理

除了正确进行接地设计、安装外，还要对各种不同的接地进行正确的接地处理。在 PLC 组成的控制系统中，大致有以下几种地线。

- 数字地。这种地也叫逻辑地，是各种开关量（数字量）信号的零电位。
- 模拟地。这种地是各种模拟量信号的零电位。
- 信号地。这种地通常是指传感器的地。
- 交流地。交流供电电源的地线，这种地通常是产生噪声的地。
- 直流地。直流供电电源的地。
- 屏蔽地（也叫机壳地）。为防止静电感应而设。

以上这些地线如何处理是 PLC 系统设计、安装、调试中的一个重要问题。下面来做一些讨论，并给出不同的处理方法。

① 一点接地和多点接地。一般情况下，高频电路应采用就近多点接地，低频电路应采用一点接地。在低频电路中，布线和元件间的电感并不是什么大问题，然而接地形成的环路对电路的干扰影响很大，因此通常以一点作为接地点。但一点接地不适用于高频，因为高频时，地线上具有电感因而增加了地线阻抗，调试时，在各个接地线之间又产生电感耦合。一般来说，频率在 1MHz 以下，可用一点接地；高于 10MHz 时，采用多点接地；在（1～10）MHz 之间可用一点接地，也可多点接地。根据这一原则，PLC 控制系统一般都采用一点接地。

② 交流地与信号地不能共用。由于在一般电源地线的两点间会有数毫伏，甚至几伏电压。对低电平信号电路来说，这是一个非常严重的干扰，因此必须加以隔离。

③ 浮地与接地的比较。全机浮空即系统各个部分与大地浮置起来，这种方法简单，但整个系统与大地的绝缘电阻不能小于 50MΩ。这种方法具有一定的抗干扰能力，但一旦绝缘下降就会带来干扰。

还有一种方法，就是将机壳接地，其余部分浮空。这种方法抗干扰能力强，安全可靠，但实现起来比较复杂。

由此可见，PLC 系统的接地还是以接入大地为好。

④ 模拟地。模拟地的接法十分重要，为了提高抗共模干扰能力，对于模拟信号可采用屏

蔽浮地技术。对于具体的 PLC 模拟量信号的处理要严格按照操作手册上的要求设计。

⑤ 屏蔽地。在控制系统中，为了减少信号中电容耦合噪声以便准确检测和控制，对信号采用屏蔽措施是十分必要的。根据屏蔽目的不同，屏蔽地的接法也不一样。电场屏蔽解决分布电容问题，一般接大地；电场屏蔽主要避免雷达、电台等高频电磁场辐射干扰，利用低阻、高导流金属材料制成，可接大地。磁屏蔽以防磁铁、电机、变压器、线圈等的磁感应、磁耦合，其屏蔽方法是用高导磁材料使磁路闭合，一般接大地为好。

当信号电路是一点接地时，低频电缆的屏蔽层也应一点接地。如果电缆的屏蔽层接地点有一个以上时，产生噪声电流，形成噪声干扰源。当一个电路有一个不接地的信号源与系统中接地的放大器相连时，输入端的屏蔽应接至放大器的公共端；相反，当接地的信号源与系统中不接地的放大器相连时，放大器的输入端也应接到信号源的公共端。

6.2.3 冗余设计

"冗余"在字典中被定义为"多余的重复"。冗余设计，即在系统中人为地设计有"多余的部分"。冗余配置代表 PLC 适应特殊需要的能力，是高性能 PLC 的体现，其目的是在 PLC 已可靠工作的基础上，再进一步提高其可靠性，减少出故障的概率，减少出故障后修复的时间。

1. 冷备份冗余配置

对容易出故障的模板，多购一套或若干套作为备份，以备一旦正在运行的模板出现故障时能及时更换，从而减少故障后系统修复的时间，减少停工损失。

之所以叫冷备份是因为备份的模板没有安装在设备上，只是放在备份库待用。

冷备份的数量需要考虑，缺乏备份，出了问题一时换不上，将影响生产，造成损失。备份数量太多，甚至无关紧要的也备份，必然造成浪费。特别是 PLC 技术发展很快，旧产品常被新产品所更换，备份过多，不如用新的取代。

备份还要看市场情况，市场上容易买得到的，可少备或不备，否则可适当备份或多备。

另外，还要看单元的特点，易出故障的、负载大的、关键的模板要适当备份，其他的可少备或不备。

2. 热备份冗余配置

热备份是冗余的模板在线工作，只是不参与控制。一旦参与控制的模板出现故障，它可自动接替其工作，系统可不受停机损失。

大型机 PLC 控制系统，所用的模板多，可靠性将有所下降。若用于特别重要的场合，其重要的模板进行热备是必要的。下面介绍双 CPU 热备系统，即双机系统。

双机系统，由两套完全相同的 CPU 模板组成。一个 CPU 工作，完成控制；另一个 CPU 热备，也运行同样的程序，但它的输出是被禁止的。一旦主 CPU 模板出现故障，马上投入备用的 CPU 模板。这一切换过程是用所谓冗余处理单元 RPU 控制的（也有不用 RPU 控制的系统）。这时，出故障的 CPU 模板可进行维修或更换。当然，也可能热备的 CPU 模板先出故障，那就先把故障的热备 CPU 模板进行更换。

3. 表决系统冗余配置

在特别或非常重要的场合，为做到万无一失，可配置成表决系统。多套模板（如 3 套）同时工作，其输出依少数服从多数的原则裁决。这种系统，出现故障的概率几乎可减少到零。当然，这种表决系统是非常昂贵的，也只是对那些非常重要的控制系统才这么做。

6.2.4 安装及接线

一般来说，工业现场的环境都比较恶劣。为保证系统安全可靠地运行，注意工作环境的改善，合理地设计布线在 PLC 系统设计中尤为重要。

1．安装环境

PLC 要求工作环境温度在 0～55℃，空气的相对湿度一般小于 85%（无凝露）。安装时不能把发热量大的元件放在 PLC 下面。PLC 四周通风散热的空间应足够大。开关柜的上部、下部应有通风的百叶窗。如果空气中有较浓的粉尘、腐蚀性气体和盐雾，在温度允许时可以将 PLC 封闭，或者将 PLC 安装在密闭性较好的控制室内，并安装空气净化装置。尽量使 PLC 远离强烈的振动源。可用减振橡胶来减轻柜内和柜外产生振动的影响。

电源是干扰进入 PLC 的主要途径之一。在干扰较强或可靠性要求很高的场合，可以按前面叙述过的采取供电系统的保护措施，加带屏蔽层的隔离变压器，还可以串接 LC 滤波电路。PLC 应远离干扰源，如大功率可控硅装置、高频焊机和大型动力设备等。PLC 不能与高压电器安装在同一个开关柜内。动力部分、控制部分、PLC、I/O 电源应分别配线。在柜内 PLC 应远离动力线（二者之间的距离应大于 200mm）。

2．电缆的敷设施工

电缆的敷设施工包括两部分，一部分是 PLC 本身控制柜内的电缆接线；一部分是控制柜与现场设备之间的电缆连接。

在 PLC 控制柜内的接线应注意以下几点。

① 控制柜内导线，即 PLC 模板端子到控制柜内端子之间的连线应选择软线，以便于柜内连接和布线。

② 模拟信号线与开关量信号线最好在不同的线槽内走线，模拟信号线要采用屏蔽线。

③ 直流信号线、模拟信号线不能与交流电压信号线在同一线槽内走线。

④ 系统供电电源线不能与信号线在同一线槽内走线。

⑤ 控制柜内引入或引出的屏蔽电缆必须接地。

⑥ 控制柜内端子应按开关量信号线、模拟量信号线、通信线和电源线分开设计。若必须采用一个接线端子排时，则要用备用点和接地端子将它们相互隔开。

在控制柜与现场设备之间的电缆连接应注意以下几点。

① 电源电缆、动力电缆和信号电缆进入控制室后，最好分开成对角线的两个通道进入控制柜内，从而保证两种电缆既保持一点距离，又避免了平行敷设。

② 直流信号线、交流信号线和模拟信号线不能共用一根电缆。

③ 信号电缆和电源电缆应避免平行敷设，必须平行敷设时，要保持一定的距离，最小距离应保持 300mm。

④ 不同的信号电缆不要用一个插接件转接。如必须用同一个插接件时，要用备用端子和地线端子把它们隔开，以减少相互干扰。

⑤ 电缆屏蔽处理。在传输电缆两端的接线处，屏蔽层应尽量多地覆盖电缆芯线，同时电缆接地应采用单端接地。为了施工方便，可在控制室集中对电缆屏蔽接地，另一端不接地，把屏蔽层切断包在电缆头内。

6.3 程序设计举例

在这一节中将介绍几个程序设计的实例，提供给读者在应用设计时参考。

6.3.1 机械手控制

1. 工艺过程与控制要求

图 6-12 是这种机械手的动作示意，其过程并不复杂。一共 6 个动作，分 3 组，即上升 / 下降、左移 / 右移和放松 / 夹紧。

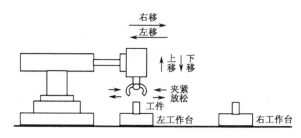

图 6-12 机械手的动作示意图

机械手的全部动作由气缸驱动，而气缸又由相应的电磁阀控制。其中，上升 / 下降和左移 / 右移分别由双线圈的两位电磁阀控制。例如，当下降电磁阀通电时，机械手下降；当下降电磁阀断电时，机械手下降停止。只有当上升电磁阀通电时，机械手才上升；当上升电磁阀断电时，机械手上升停止。同样，左移 / 右移分别由左移电磁阀和右移电磁阀控制。机械手的放松 / 夹紧动作由一个单线圈的两位电磁阀（称为夹紧电磁阀）控制。当该线圈通电时，机械手夹紧；当该线圈断电时，机械手放松。

当机械手右移到位并准备下降时，为了确保安全，必须在右工作台上无工件时才允许机械手下降。也就是说，若上一次搬运到右工作台上的工件尚未搬走，机械手应自动停止下降，用光电开关进行无工件检测。

机械手的动作过程示意如下：

原点 ① → 下降 ② → 夹紧 ③ → 上升 ④ → 右移
└────── 左移 ⑧ ← 上升 ⑦ ← 放松 ⑥ ← 下降 ⑤┘

从原点开始，按下启动按钮，下降电磁阀通电，机械手下降，下降到底时，碰到下限位开关，下降电磁阀断电，下降停止；同时接通夹紧电磁阀，机械手夹紧。夹紧后，上升电磁阀通电，机械手上升。上升到顶时，碰到上限位开关，上升电磁阀断电，上升停止；同时接通右移电磁阀，机械手右移。右移到位时，碰到右限位开关，右移电磁阀断电，右移停止。若此时右工作台上无工件，则光电开关接通，下降电磁阀通电，机械手下降。下降到底时，碰到下限位开关，下降电磁阀断电，下降停止；同时夹紧电磁阀断电，机械手放松。放松后，上升电磁阀通电，机械手上升。上升到顶时，碰到上限位开关，上升电磁阀断电，上升停止；同时接通左移电磁阀，机械手左移。左移到原点时，碰到左限位开关，左移电磁阀断电，左移停止。至此，机械手经过九步动作完成了一个周期的工作。机械手的每次循环动作均从原点开始。

机械手的操作方式分为手动操作方式和自动操作方式。自动操作方式又分为步进、单周期和连续操作方式。

手动操作：就是用按钮操作对机械手的每一步运动单独进行控制。例如，当选择上／下运动时，按下启动按钮，机械手下降；按下停止按钮，机械手上升。当选择左／右运动时，按下启动按钮，机械手右移；按下停止按钮，机械手左移。当选择夹紧／放松运动时，按下启动按钮，机械手夹紧；按下停止按钮，机械手放松。

步进操作：每按一下启动按钮，机械手完成一步动作后自动停止。

单周期操作：机械手从原点开始，按一下启动按钮，机械手自动完成一个周期的动作后停止。

连续操作：机械手从原点开始，按一下启动按钮，机械手的动作将自动地、连续不断地周期性循环。在工作中若按一下停止按钮，机械手将继续完成一个周期的动作后，回到原点自动停止。

2．操作面板布置

操作面板布置如图 6-13 所示。图中用"单操作"表示手动操作方式。按照加载选择开关所选择的位置，用启动／停止按钮配合加载操作。例如，当加载

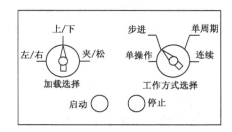

图 6-13　PLC 控制盘面板布置图

选择开关打到"左／右"位置时，按下启动按钮，机械手右行；按下停止按钮，机械手左行。用上述方法，可使机械手停在原点。

步进方式。机械手在原点时，每按下启动按钮一下，向前操作一步。

单周期操作方式。机械手在原点时，按下启动按钮，自动操作一个周期。

连续操作方式。机械手在原点时，按下启动按钮，自动、连续地执行周期性循环。当按下停止按钮，机械手完成当前周期动作后自动回到原点停车。

3．输入／输出端子地址分配

该机械手控制系统所采用的 PLC 是德国西门子公司生产的 S7-200 CPU224。图 6-14 是 S7-200 CPU224 输入／输出端子地址分配图。该机械手控制系统共使用了 14 个输入点，6 个输出点。

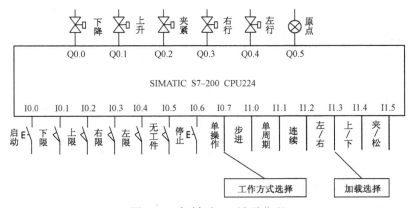

图 6-14　机械手 I/O 端子分配

4．整体程序结构

机械手的整体程序结构如图 6-15 所示。

若选择单操作工作方式，I0.7 断开，接着执行单操作程序。单操作程序可以独立于自动操

作程序，可另行设计。

在单周期工作方式和连续操作方式下，可执行自动操作程序。在步进工作方式，执行步进操作程序，按一下启动按钮执行一个动作，并按规定顺序进行。

在需要自动操作方式时，中间继电器 M1.0 接通。步进工作方式、单操作工作方式和自动操作方式，都用同样的输出继电器。

5. 实现单操作工作的程序

图 6-16 是实现单操作工作的梯形图程序。为避免发生误动作，插入了一些连锁电路。例如，将加载开关扳到"左右"挡，按下启动按钮，机械手向右行；按下停止按钮，机械手向左行。这两个动作只能当机械手处在上限位置时才能执行（即为安全起见，设上限安全连锁保护）。

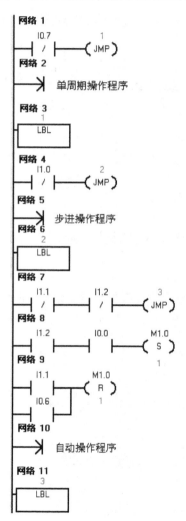

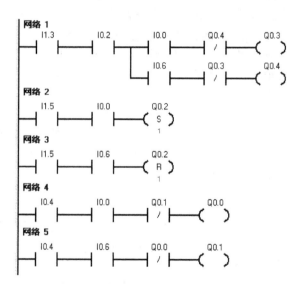

图 6-15　机械手控制系统 PLC 整体程序结构　　　　图 6-16　单操作梯形图及指令表

将加载选择开关扳到"夹 / 松"挡，按启动按钮，执行夹紧动作；按停止按钮，松开。

将加载选择开关扳到"上 / 下"挡，按启动按钮，下降；按停止按钮，上升。

6. 自动操作程序

图 6-17 是机械手自动操作流程图（或称功能图），图 6-18 是与之对应的梯形图。

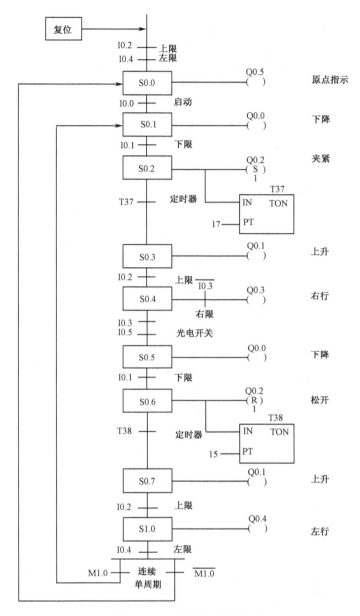

图 6-17 自动操作功能图

PLC 由 STOP 转为 RUN 时，初始脉冲 SM0.1 对状态进行初始复位。当机械手在原点时，将状态继电器 S0.0 置 1，这是第一步。按下启动按钮后，置位状态继电器 S0.1，同时将原工作状态继电器 S0.0 清零，输出继电器 Q0.0 得电，Q0.5 复位，原点指示灯熄灭，执行下降动作。当下降到底碰到下限位开关时，I0.1 接通，将状态继电器 S0.2 置 1，同时将状态继电器 S0.1 清零，输出继电器 Q0.0 复位，Q0.2 置 1，于是机械手停止下降，执行夹紧动作；定时器 T37 开始计时，延时 1.7s 后，接通 T37 动合触点将状态继电器 S0.3 置 1，同时将状态继电器 S0.2 清零，而输出继电器 Q0.1 得电，执行上升动作。由于 Q0.2 已被置 1，夹紧动作继续执行。当上升到上限位时，I0.2 接通，将状态继电器 S0.4 置 1，同时将状态继电器 S0.3 清零，Q0.1 失电，不再上升，而 Q0.3 得电，执行右行动作。当右行至右限位时，I0.3 接通，Q0.3 失电，

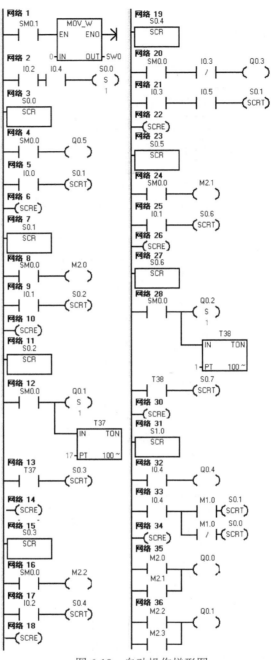

图 6-18　自动操作梯形图

机械手停止右行，若此时 I0.5 接通，则将状态继电器 S0.5 置 1，同时将状态继电器 S0.4 清零，而 Q0.0 再次得电，执行下降动作。当下降到底碰到下限位开关时，I0.1 接通，将状态继电器 S0.6 置 1，同时将状态继电器 S0.5 清零，输出继电器 Q0.0 复位，Q0.2 被复位，于是机械手停止下降，执行松开动作；定时器 T38 开始计时，延时 1.5s 后，接通 T38 动合触点将状态继电器 S0.7 置 1，同时将状态继电器 S0.6 清零，而输出继电器 Q0.1 再次得电，执行上升动作。行至上限位置，I0.2 接通，将状态继电器 S1.0 置 1，同时将状态继电器 S0.7 清零，Q0.1 失电，停止上升，而 Q0.4 得电，执行左移动作。到达左限位，I0.4 接通，将状态继电器 S1.0 清零。

如果此时为连续工作状态，M1.0 置 1，即将状态继电器 S0.1 置 1，重复执行自动程序。若为单周期操作方式，状态继电器 S0.0 置 1，则机械手停在原点。

在运行中，如按停止按钮，机械手的动作执行完当前一个周期后，回到原点自动停止。

在运行中，若 PLC 掉电，机械手动作停止。重新启动时，先用手动操作将机械手移回原点，再按启动按钮，便可重新开始自动操作。

步进动作是指按下启动按钮动作 1 次。步进动作功能图与图 6-17 相似，只是每步动作都需按一下启动按钮，如图 6-19 所示。步进操作所用的输出继电器、定时器与其他操作所用的输出继电器、定时器相同。

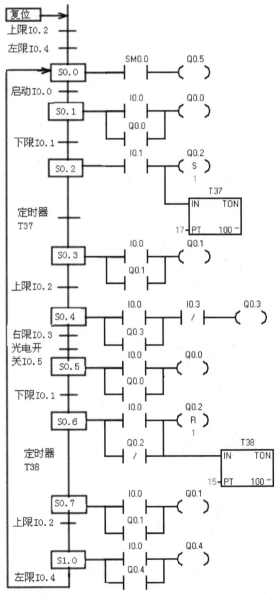

图 6-19　步进操作功能图

6.3.2　3工位旋转工作台控制

1．系统描述

3工位旋转工作台的工作过程如图6-20所示。在工位1完成上料、工位2完成钻孔、工位3完成卸件的操作，3个工位可同时进行操作。

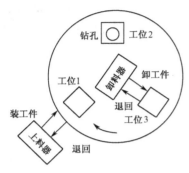

图6-20　工作台示意图

（1）动作特性

工位1：上料器推进，料到位后退回等待。

工位2：将料夹紧后，钻头向下进给钻孔，下钻到位后退回，退回到位后，工件松开，放松完成后等待。

工位3：卸料器向前，将加工完成的工件推出，推出到位后退回，退回到位后等待。

（2）控制要求

通过选择开关可实现自动运行、半自动运行和手动操作。

按下启动按钮后，系统开始运行，如果选择开关处于自动或半自动位置，且可动部分都在原位，则进入自动或半自动运行。3个工位同时进行，全部进行完毕，工作台旋转120°，完成一个工作循环。此时如果选择开关处于自动位置，则自动重复运行，即3个工位同时工作：上料、钻孔和卸料。

自动或半自动工作时，应考虑到3个工位时间不同。

2．制定控制方案

① 用选择开关来决定控制系统的全自动、半自动运行和手动调整方式。

② 手动调整采用按钮点动的控制方式。

③ 系统处于半自动工作方式时，每完成一个工作循环，用启动按钮来控制进入下一次循环。

④ 系统处于全自动运行方式时，可实现自动往复地循环工作。

⑤ 系统采用4台电机：主轴电机、液压电机、冷却电机和工作台旋转电机。除了主轴转动和工作台转动用电机拖动外，其他所有运动都采用液压传动。

⑥ 对于部分与顺序控制和工作循环过程无关的主令部件和控制部件，采用不进入PLC的方法以节省I/O点数。

PLC的输入点数，包括方式选择开关、点动按钮、启动按钮、行程开关和压力继电器的开关，一共22点；输出点包括旋转电机接触器和电磁阀的线圈，共9点。

⑦ 由于点数不多，所以用中小型PLC可实现。可用S7-200 CPU224与扩展模板，或用1台CPU226。

3．系统配置及输入/输出分配表

本例采用一台CPU226实现系统控制。数字量输入使用数字滤波，不使用脉冲捕捉功能。输出表设置为封锁输出方式。

本系统为典型顺序控制，用功能流程图可以很容易地进行程序设计。建立所有现场控制元件与PLC编程元件的地址分配表。输入和输出元件地址分配表分别见表6-1和表6-2。

表 6-1　输入元件地址分配表

控制元件	符号	编程地址	控制元件	符号	编程地址
总停按钮	SB1	不进 PLC	钻头上升按钮	SB7	I1.1
主轴电机开关	SA1	不进 PLC	卸料器推出按钮	SB8	I1.2
液压电机开关	SA2	不进 PLC	卸料器退回按钮	SB9	I1.3
冷却电机开关	SA3	不进 PLC	工作台旋转按钮	SB10	I1.4
手动运行选择	SA4-1	I0.0	送料器推进到位行程开关	SQ1	I1.5
半自动运行选择	SA4-2	I0.1	送料器退回到位行程开关	SQ2	I1.6
全自动运行选择	SA4-3	I0.2	钻头下钻到位行程开关	SQ3	I1.7
半自动运行按钮	SB11	I0.3	钻头上升到位行程开关	SQ4	I2.0
上料器推进按钮	SB2	I0.4	卸料器推出到位行程开关	SQ5	I2.1
上料器退回按钮	SB3	I0.5	卸料器退回到位行程开关	SQ6	I2.2
工件夹紧按钮	SB4	I0.6	工作台旋转到位行程开关	SQ7	I2.3
工件放松按钮	SB5	I0.7	工件夹紧完成压力继电器	SP1	I2.4
钻头下钻控制按钮	SB6	I1.0	工件放松完成压力继电器	SP2	I2.5

表 6-2　输出元件地址分配表

控制元件	符号	编程地址	控制元件	符号	编程地址
主轴电机接触器	KM1	不进 PLC	工件夹紧电磁阀	YV3	Q0.2
液压电机接触器	KM2	不进 PLC	工件放松电磁阀	YV4	Q0.3
冷却电机接触器	KM3	不进 PLC	钻头下钻电磁阀	YV5	Q0.4
旋转电机接触器	KM4	Q1.0	钻头退回电磁阀	YV6	Q0.5
送料推进电磁阀	YV1	Q0.0	卸料推出电磁阀	YV7	Q0.6
送料退回电磁阀	YV2	Q0.1	卸料退回电磁阀	YV8	Q0.7

控制面板布置如图 6-21 所示。

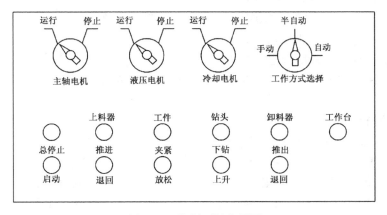

图 6-21　控制面板布置图

4．设计 PLC 外部接线图

根据输入 / 输出元件地址分配表可以设计出 PLC 外部接线图，如图 6-22 所示。

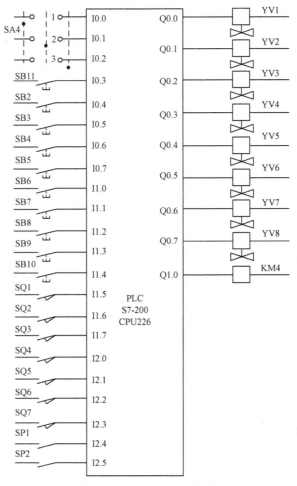

图 6-22　PLC 外部接线图

在实际接线时，请注意以下几个问题。

① 应有电源输入线，通常为 220V，50Hz 交流电源，允许电源电压有一定的浮动范围，并且一定要有保护装置，如熔断器等。

② 输入和输出端子与共用的 COM 端。

③ 输出端的线圈和电磁阀必须加保护电路，如并接阻容吸收回路（或者压敏电阻）或续流二极管。

5．设计功能流程图

根据系统动作特性和控制要求，绘制出功能流程图，如图 6-23 所示。

6．设计梯形图程序

从本系统的功能流程图可以看出，系统可以实现手动、半自动和自动控制。

如果开始时，方式选择开关置于手动方式，则手动调整结束后，回到初始位置，如果满足自动或半自动工作的初始条件，且将方式选择开关切换到自动或半自动位置时，可以完成手动向自动、半自动的切换。

梯形图程序如图 6-24 所示。

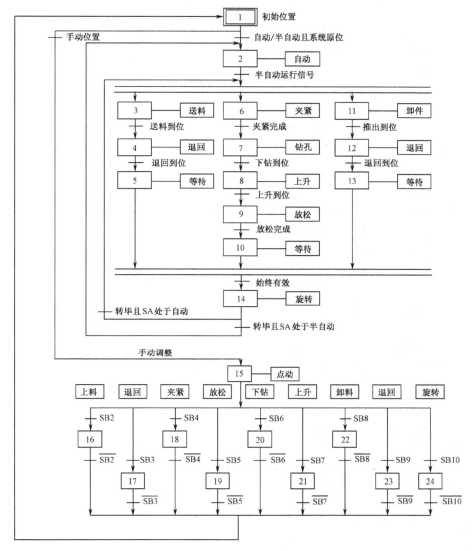

图 6-23　功能流程图

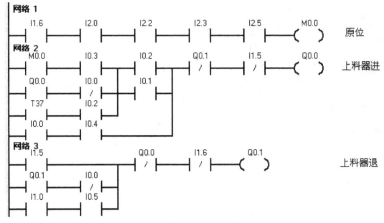

图 6-24　3 工位工作台梯形图程序

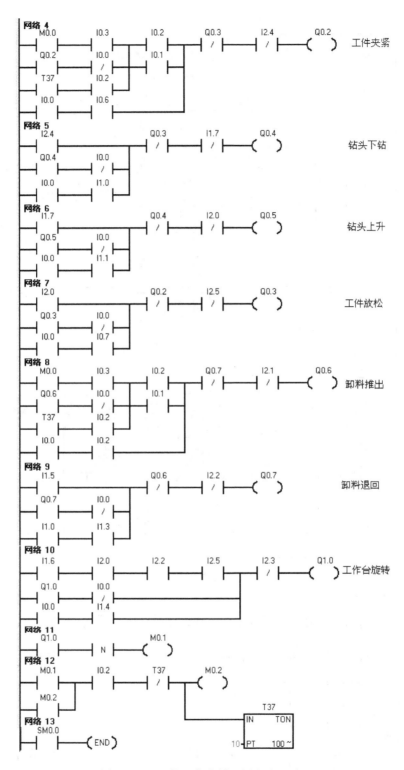

图 6-24 3 工位工作台梯形图程序（续）

当系统工作在自动或半自动工作状态时，一个工作循环完成后，如果选择开关置于半自动位置，可以使被控设备停止工作。

6.3.3　高速输出功能及模拟电位器的应用

1．控制任务

在许多场合下都要用到高速输出功能，例如：数控系统中用于驱动步进电机的驱动模板需要脉冲串信号源；交流调速系统中的驱动模板就需要 PWM 信号源。这些高速输出信号可通过 S7-200 PLC 的高速输出指令：即 PLS 指令来实现，从而使这种实时控制功能的实现演变为填写有关的表格，这比用单板机或单片机以汇编语言来实现更简单，效率更高。

在本例中，采用 S7-200 CPU224 型 PLC，为交流调速控制系统中的驱动模板提供 PWM 信号源。通过手动调节集成在 PLC 上的模拟电位器旋钮来改变脉冲宽度的给定值，在 Q0.0 上输出周期为 60s 的脉冲宽度调制（PWM）信号。要求在改变脉冲宽度时不产生不完整的周期信号，即脉冲宽度的改变必须在当前一个完整的周期结束后，而下一个周期开始前发生。

2．控制要求说明

① 本例将周期值设为 60s，一是为便于理解和观测，二是考虑到大部分场合使用的 PLC 为 AC/DC/Relay 型，而在其上不宜实际进行高速处理（但可用做熟悉有关指令功能）。另外，只需 3 条导线即可完成本试验。注：本例程序将周期值改成很小的数值之后，无须做任何其他的修改，即可用于真正的高速 PWM 信号源。

② CPU224 上有两个集成的模拟量手动调节旋钮。这些旋钮的作用是，在不增加任何硬件的前提下，实现实时在线进行 PID 参数的设定或时间常数设定值的修改。本例用模拟电位器 0 来实现脉宽的在线修改或给定。PLC 将自动地进行模／数转换，并存入特殊继电器 SMB28 中。

③ 要启动高速输出功能 PWM（Q0.0），需先在相应的控制字节 SMB67 中按位填入 0 或 1（也可以利用查表的方法直接获得十六进制的控制字节值），然后将周期值填入 SMW68，再将由模拟电位器 0 输入的值进行适当的调整后作为脉宽送入 SMW70 中。最后执行 PLS 指令。

3．程序设计

根据控制任务设计的主程序梯形图如图 6-25 所示。

4．程序说明

存储器的分配：VW100 存放滤波后的脉宽值（VW98 用于存放比较功能时的暂时变量），VW102 存放滤波计数值，AC3 存放滤波累加值。

① 初始化。包括对 PWM 控制字节的初始化（子程序 0）和用于消除模拟量电位器的低位转换结果的不稳定而进行滤波的计数器和累加器的清零。

② 信号调理。用于对模拟电位器 0 的滤波。在主循环程序中，不断读取 SMB28 的值并进行累加。其后，每隔 100 次，求一次平均值。经放大作用（本例取为 255）后，将此值与当前的周期值 60s 相比较，若超出则取为 60s（60 000ms＝0EA60H），即一直有输出；否则按实际计算值送入 VW100。最后将滤波计数器和累加器清零。

子程序如图 6-26 所示，中断程序如图 6-27 所示。

③ 子程序 0。根据控制要求，首先设置控制字节 SMB67。所设置的功能为：允许 PWM 功能，时基为 1ms，允许刷新装载脉宽和周期。其中，十六进数 0EA60 = 十进制数 60 000，60s 周期值。由于由模拟电位器 0 转换来的值为 8 位二进制数（0～255），故需经过放大。本例中取放大系数为 255（也可以根据实际需要选取其他值）。由于本例的周期数为 60 000，此值已超过有符号的 16 位二进制数的表示范围，故必须借助于双字节的比较指令 LDD＞＝才能与它进行比较。为此，需引入内容为 0 的高位字 VW98。

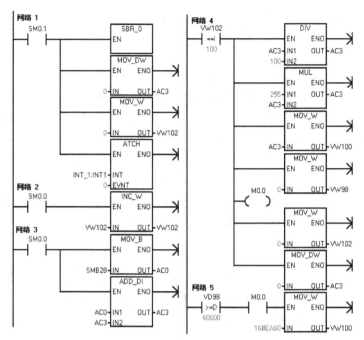

图 6-25 主程序

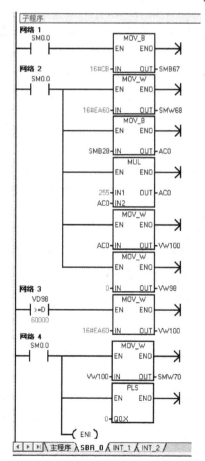

图 6-26 子程序

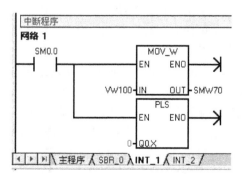

图 6-27 中断程序

④ 中断处理。在初始化程序中，已将子程序 1 赋予中断事件 0（即 I0.0 的上升沿），在子程序 0 也全局开中断（ENI）。那么，随着 PLS 指令的执行，必使 Q0.0 接通或关断，从而触发中断程序 1 的执行。

⑤ 中断程序 1。编制中断程序的原则是越短越好。在此，只有将已准备好的脉宽值写入并刷新这两条指令。

小　　结

PLC 控制系统的应用设计是学习可编程控制器的核心和目的，系统设计是应用设计的关键，程序设计是应用设计的核心。

① PLC 控制系统的设计原则：根据控制任务，在最大限度地满足生产机械或生产工艺对电气控制要求的前提下，运行稳定，安全可靠，经济实用，操作简单，维护方便。

② 根据控制任务的特点，确定 PLC 控制系统的类型。

③ PLC 机型选择的依据：机型统一，配置合理，留有余量。

④ PLC 控制系统的主要设计步骤：明确设计任务，制定设计方案，合理选择机型，可靠性分析和设计，应用软件设计，程序分段调试，交付使用。

⑤ PLC 控制系统可靠性设计包括系统的供电设计，系统的接地设计，系统的冗余设计。还要考虑控制装置的安装和走线是否合理。

⑥ PLC 应用程序的设计方法没有固定的模式和统一的标准，在完成控制任务的前提下，应具有良好的可读性，占用较少的内存。

习　题　6

6-1　简述 PLC 控制系统的类型及特点。

6-2　简述 PLC 控制系统的总体设计原则。

6-3　如何进行 PLC 机型选择？

6-4　简述 PLC 控制系统的一般设计步骤。

6-5　PLC 控制系统的可靠性设计包括哪些内容？

6-6　简述冗余设计的类型及作用。

6-7　简述 PLC 控制系统中的接地线及作用。

6-8　电动葫芦起升机构的动负荷试验，控制要求如下：

（1）可手动上升、下降；

（2）自动运行时，上升 6s→停 9s→下降 6s→停 9s，反复运行 1h，然后发出声光信号，并停止运行。

试设计用 PLC 控制的上述系统。

6-9　要求：按下启动按钮后，能根据图 6-28 所示依次完成下列动作：

（1）A 部件从位置 1 到 2；

（2）B 部件从位置 3 到 4；

（3）A 部件从位置 2 回到 1；

（4）B 部件从位置 4 回到 3。

用 PLC 实现上述要求，画出梯形图。

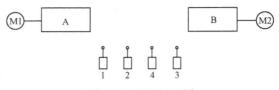

图 6-28 习题 6-9 图

6-10 某电动单梁起重机质量检测系统，要求起重机有升降、进退、左右行 3 个动作机构，整机性能检测试验要求如下：

（1）钩上没有负载时，前进、后退、左行、右行、上升、下降 6 个动作周期运行。

进退机构为：前进 30s，休息 45s，后退 30s，再休息 45s，每个周期 150s；

左右行机构为：进退机构启动 1s 后启动，左行 14s，休息 23s，右行 14s，休息 23s，每个周期 75s；

升降机构为：在进退机构启动 15s 后启动，上升 10s，休息 15s，下降 10s，休息 15s，一个周期为 50s。

（2）逐步加载至 1.1 倍额定负载，重复上述操作。

（3）周期运行时间不少于 1h。

试设计该 PLC 控制程序。

6-11 某送料车如图 6-29 所示，小车由交流异步电动机拖动，电动机正转，小车前进；电动机反转，小车后退。对小车的控制要求如下：

（1）单循环工作方式：按一次送料按钮，小车后退至装料处，10s 后料装满，自动前进至卸料处，15s 后卸料完毕，小车返回到装料处待命。

（2）自动循环工作方式：按一次送料按钮后，上述动作自动循环进行，当按下停止按钮时，小车要完成本次循环后，停在装料处。

试用 PLC 对小车进行控制，画出梯形图。

6-12 试设计一 4 层电梯 PLC 控制系统，要求：

某层楼有呼叫信号时，电梯自动运行到该层后停止；如果同时有二层或三层楼呼叫时，以先后顺序排列，同方向就近楼层优先，电梯运行到就近楼层后，待电梯门关严后，电梯自行启动，运行至下一个楼层。

6-13 试设计一个油循环控制系统如图 6-30 所示，要求：

（1）按下启动按钮 SB1 后，泵 1、泵 2 通电运行，由泵 1 将油从循环槽打入淬火槽，经沉淀槽，再由泵 2 打入循环槽，运行 15min 后，泵 1、泵 2 停。

（2）在泵 1，泵 2 运行期间，如果沉淀槽的水位到达高水位，液位传感器 SL1 接通，此时泵 1 停，泵 2 继续运行 1min。

（3）在泵 1，泵 2 运行期间，如果沉淀槽的水位到达低水位，液位传感器 SL2 由接通变断开，此时泵 2 停，泵 1 继续运行 1min。

（4）当按下停止按钮 SB2 时，泵 1、泵 2 同时停。

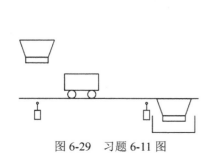

图 6-29 习题 6-11 图

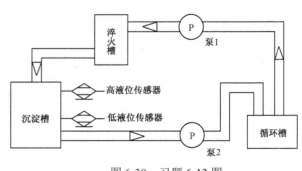

图 6-30 习题 6-13 图

6-14　试设计一个剪板机控制系统，如图 6-31 所示，要求：

（1）初始状态：压钳和剪刀在上限位置，SQ1，SQ2 被压下。

（2）按下启动按钮 SB1，板料右行，至 SQ3 处停止；此时压钳下行，压紧板料后，压力继电器 KA 动作（其动合触点接通），压钳保持压紧，剪刀开始下行。

（3）剪断板料后，SQ4 被压下，压钳和剪刀同时上行，分别碰到 SQ1，SQ2 时停止，回到初始状态。

6-15　试设计一个料车自动循环送料控制系统，如图 6-32 所示，要求：

（1）初始状态：小车在起始位置时，压下 SQ1；

（2）启动：按下启动按钮 SB1，小车在起始位置装料，10s 后向右运动，至 SQ2 处停止，开始下料，5s 后下料结束，小车返回起始位置，再用 10s 的时间装料，然后向右运动到 SQ3 处下料，5s 后再返回到起始位置……完成自动循环送料，直到有复位信号输入。

（提示：可用计数器计下小车经过 SQ2 的次数）

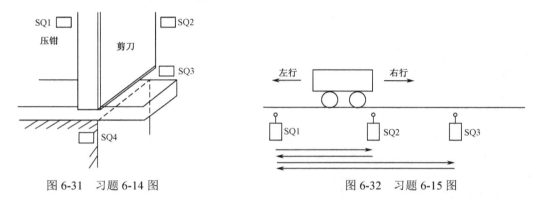

图 6-31　习题 6-14 图　　　　　　　　　　　图 6-32　习题 6-15 图

6-16　试设计一个粉末冶金制品压制机控制系统，如图 6-33 所示，要求如下：

装好粉末后，按下启动按钮 SB1，冲头下行，将粉末压紧后，压力继电器 KA 动作（其动合触点闭合），延时 5s 后，冲头上行，至 SQ1 处停止后，模具下行，至 SQ3 处停止；操作工人取走成品后，按下 SB2 按钮，模具上行至 SQ2 处停止，系统回到初始状态。

可随时按下紧急停止按钮 SB3，使系统停车。

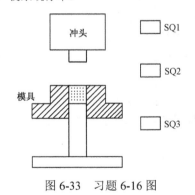

图 6-33　习题 6-16 图

第7章 可编程控制器的网络及通信基础

随着计算机网络技术的快速发展，现代化企业的自动化程度越来越高，自动控制的水平已由传统的单机自动化、单线自动化、集中控制系统发展到多级分布式控制系统。各种自动化网络系统将一个个"自动化孤岛"连成一体，分散风险，降低成本，快速反应，极大地提高了控制系统的可靠性和灵活性。

为了适应自动化网络技术的发展，几乎所有的 PLC 生产厂家都为自己的产品配置了通信和联网的功能，研制开发了自己的 PLC 网络系统。S7-200 系列的 PLC 同样具有通信和组网的功能，它既可以同上位机进行通信，也可以同其他的 PLC 及智能设备进行通信。

本章的主要内容有：
- PLC 的通信及网络基本知识；
- S7-200 的通信及网络；
- S7-200 的通信组态；
- S7-200 的网络通信指令；
- S7-200 的自由口通信；
- S7-200 的 PPI 通信模式；
- S7-200 的 PROFINET 通信模式；
- S7-200 的 MODBUS 通信模式。

本章的重点是掌握 S7-200 的通信组态，通过网络读/写指令和自由口通信指令实现 S7-200 的通信。

7.1 PLC 的通信及网络基本知识

在现代化企业中，自动化控制系统一般可分为 3 级，采用中央计算机的数据管理级为最高级；在生产线上使用计算机或可编程控制器的数据控制级为中间级；直接完成设备或生产线顺序控制的逻辑控制级为最低级。PLC 与 PLC，或者与不同级的计算机进行数据接收和发送是通过数据通信完成的。

数据通信就是数据信息通过适当的传送线路从一台机器传送到另一台机器，这里的机器可以是计算机、PLC，或者是有其他数据通信功能的数字设备。

7.1.1 数据通信基础

1. 数据传送方式

（1）并行通信和串行通信

① 并行通信。并行通信是指所传送数据的各位同时发送或接收。在 PLC 的各个编程元件之间，在 PLC 的主机与扩展模板及近距离智能模板之间，经常采用并行通信的方式。并行通信的特点是数据传送速度快。

并行通信时，一般采用电位信号。一个并行数据有多少个数据位就需要多少条数据传输线，因此并行通信适用于近距离通信。在图 7-1 中，一个 8 位数据 10111101 同时从设备 1 传送到设备 2，需要 8 条数据传输线。

② 串行通信。串行通信是指所传送的数据按顺序一位一位地发送或接收。在 PLC 与计算机之间，在多台 PLC 之间，经常采用串行通信的方式。

串行通信时，仅需要一条或两条传输线，一般采用脉冲信号。因此在长距离传送数据时，数据的不同位分时使用同一条传输线，从低位开始按顺序传送，有多少位数据就需要传送多少次，如图 7-2 所示。

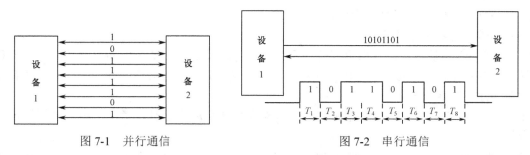

图 7-1　并行通信　　　　　　　　　　　图 7-2　串行通信

串行通信的特点是通信线路简单，成本低，但是传送速度比并行通信慢。近年来，串行通信的传送速度发展很快，可以达到 Mbps 的数量级，在分级分布式控制系统中得到了广泛的应用。

（2）同步传送和异步传送

在串行通信中，一个很重要的问题是使发送端和接收端保持同步，可以采用两种同步技术：同步传送和异步传送。

① 异步传送。异步传送以字符为单位发送数据，将被传送的字符数据编码成一串脉冲，每个字符都用起始位和停止位作为字符的开始标志和结束标志。传送字符的数据格式如图 7-3 所示。

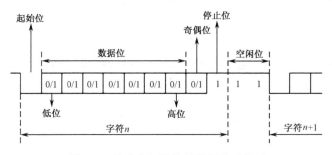

图 7-3　异步串行通信的数据传送格式

每个字符的起始位为 0，然后是数据位（有效数据位可以是 5～8 位），随后是奇偶校验位（根据需要选择），最后是停止位（可以是 1 位或多位），停止位为 1。在图 7-3 中，有效数据位为 7 位，停止位为 1 位。在停止位后可以加空闲位，空闲位为 1，位数不限，空闲位的作用是等待下一个字符的传送。有了空闲位，发送和接收可以连续或间断地进行，而不受时间限制。

异步串行传送的优点是硬件结构简单，缺点是传送效率低，因为每个字符都要加上冗余的起始位和停止位，主要用于中、低速的通信（小于 2000bps）。

进行异步串行传送数据时，要保证发送设备和接收设备有相同的数据传送格式及相同的传输速率。

数据传送时经常用到波特率的指标，如果每秒传送 120 个字符，每个字符为 10 位，则传送的波特率为：120 字符/秒×10 位/字符=1200bps。

然而，波特率与有效数据的传输速率并不一致，如每个字符为 10 位，而真正有效的数据为 7 位，则有效数据的传输速率为：120 字符/秒×7 位/字符=840bps。

② 同步传送。同步传送是以数据块（一组数据）为单位进行数据传送。在数据开始处用同步字符来指示，由定时信号（时钟）来实现发送端同步，一旦检测到与规定的同步字符相符合，就按顺序连续传送数据。由于不需要起始位和停止位，克服了异步传送效率低的缺点，但是所需要的软件及硬件价格是异步传送的 8～12 倍。

（3）基带传送和宽带传送

① 基带传送。基带传送是指数据传送系统对计算机或数字设备产生的电脉冲信号（0 和 1），不进行任何调制直接传送。可以用 3 种方式进行基带传送：直接电平法、曼彻斯特法和差分曼彻斯特法，如图 7-4 所示。

在 PLC 网络中，大多数采用基带传送。只有在传送距离很远时，考虑采用调制解调器进行宽带传送。

② 宽带传送。宽带传送是指数据传送系统对计算机或数字设备产生的信号调制到某一频带上进行传送。可以采用 3 种调制方式：调频、调幅和调相。

2．数据传送方向

串行通信时，在通信线路上按照数据传送的方向可以分为单工、半双工和全双工通信方式。

（1）单工通信方式

单工通信是指数据的传送方向只能是固定方向的传送，而不能反方向传送，发送设备和接收设备都是固定的，如图 7-5（a）所示。

（2）半双工通信方式

半双工通信是指在一条传输线上相互进行通信的 2 台设备，既可以作为发送设备，也可以作为接收设备，数据的传送方向可以在两个方向上传送，但是同一个时刻只能是一个方向传送数据，如图 7-5（b）所示。

（3）全双工通信方式

全双工通信有两条传输线，相互进行通信的两台设备可以同时进行发送和接收数据，如图 7-5（c）所示。

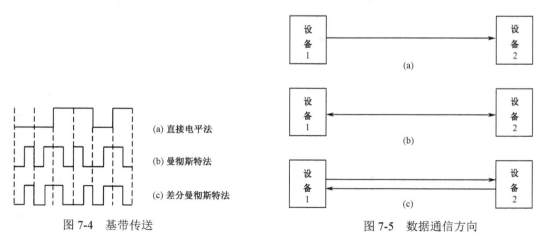

图 7-4 基带传送

图 7-5 数据通信方向

3．数据传送介质

在 PLC 网络中，数据传送的介质主要有双绞线、同轴电缆和光缆，如果传送距离较远，还可以利用电话线，其他介质如电磁波、红外线、微波等应用较少。

（1）双绞线

双绞线是将两根线扭绞在一起，这样可以减少外部电磁波的干扰，如果再加上屏蔽套，则抗干扰能力更好。

双绞线的成本低，安装简单，RS-485 多用双绞线电缆实现通信连接。

（2）同轴电缆

同轴电缆由中心导体、电介质绝缘层、外屏蔽导体及外绝缘层组成。可以用于基带传送，也可以用于宽带传送。

同轴电缆的传输速率高、传输距离远，成本比双绞线高。

（3）光缆

光缆的尺寸小，重量轻，传输速率及传输距离比同轴电缆更好，但是成本高，安装需要专门仪器。

双绞线、同轴电缆及光缆的性能比较见表 7-1。

表 7-1　传送介质性能比较

性能 ＼ 种类	双绞线	同轴电缆	光缆
数据传输速率	9.6kbps～2Mbps	1～450Mbps	10～500Mbps
连接方法	点对点，多点 1.5km 不用中继器	点对点，多点 10km 不用中继器（宽带） 1.3km 不用中继器（基带）	点对点 50km 不用中继器
传送信号	数字、调制信号 纯模拟信号（基带）	数字、调制信号（基带） 数字、声音、图像（宽带）	调制信号（基带） 数字、声音、图像（宽带）
支持网络	星形、环形 小型交换机	总线形	总线形、环形
抗干扰	好	很好	极好

7.1.2　串行通信接口标准

在工业网络中经常采用 RS-232，RS-485 及 RS-422 标准的串行通信接口进行数据通信。

1．RS-232

RS-232 串行通信接口标准是 1969 年由美国电子工业协会 EIA（Electronic Industry Association）公布的串行接口标准，RS（Recommend Standard）是推荐标准，232 是标志号。它既是一种协议标准，也是一种电气标准，它规定了终端和通信设备之间信息交换的方式和功能。PLC 与上位机的通信就是通过 RS-232 完成的。

RS-232 接口采用按位串行的方式单端发送、单端接收，传送距离近（最大传送距离为15m），数据传输速率低（最高传输速率为 20kbps），抗干扰能力差。

2．RS-422

RS-422 接口采用两对平衡差分信号线，以全双工方式传送数据，通信速率可达 10Mbps，最大传送距离为 1200m。抗干扰能力较强，适合远距离传送数据。

3．RS-485

RS-485 接口是 RS-422 的变形，与 RS-422 相比，只有一对平衡差分信号线，以半双工方式传送数据，在远距离高速通信中，以最少的信号线完成通信任务，因此在 PLC 的控制网络中广泛应用。

7.1.3 工业局域网基础

在计算机网络中每个计算机或交换信息的智能设备称为网络的站或节点，根据计算机网络的站间距离分为：

- 全域网——通过卫星通信覆盖世界各地。
- 广域网——又称远程网，站点分布从几千千米至几千米，一般借用公共电话网和电报网进行通信，各种规程限制很严。
- 局域网——地理范围有限，站间距离一般在几十米至几千米，数据通信传输速率高，网络拓扑结构规则。PLC 控制网络采用局域网进行数据通信。

1．工业控制网络结构

工业局域网一般有 3 种结构形式：星形、环形和总线形。

（1）星形网络

星形网络的结构特点是以中央节点为中心，网络中任何两个节点不能直接进行通信，数据传送必须经过中央节点的控制。

上位机（主机）通过点对点的方式与各个现场处理机（从机）进行通信，就是星形网络，如图 7-6（a）所示。

星形网络结构简单，建网容易，便于程序集中开发和资源共享。但是上位机的负荷重，线路利用率低，系统费用高。如果上位机发生故障，整个通信系统将瘫痪。

（2）环形网络

环形网络的结构特点是各个节点通过环路接口首尾相连，形成环形。各个节点均可以请求发送信息，请求批准后，数据沿环路穿越各个环路接口，单向或双向发送，直到接收节点，再返回到发送节点。

环形网络结构简单，安装费用低，某个节点发生故障时，可以自动旁路，系统可靠性高。自动化系统经常采用环形网络。环形网络结构如图 7-6（b）所示。

（3）总线形网络

总线形网络是利用总线连接所有的站点，所有的站点对总线有同等的访问权，其结构如图 7-6（c）所示。

总线形网络结构简单，易于扩充，可靠性高，灵活性好，网络响应速度快，特别适用于工业控制局域网。

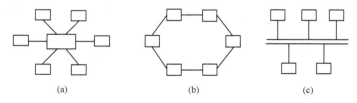

(a)   (b)   (c)

图 7-6 工业控制局域网结构

2．工业控制网络模型

国际标准化组织 ISO（International Organization for Standardization）对工业控制网络确定的模型：企业自动化网络金字塔模型如图 7-7 所示。

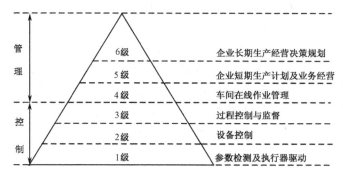

图 7-7　网络金字塔模型

3．通信协议

在进行网络通信时，通信双方必须遵守约定的规程，这些为交换信息而建立的规程称之为通信协议（Protocol）。在 PLC 网络中配置的通信协议可分为两类：通用协议和公司专用协议。

（1）通用协议

国际标准化组织于 1978 年提出了开放系统互连 OSI（Open System Interconnection）的参考模型，它所用的通用协议一般为 7 层，如图 7-8 所示。

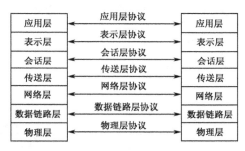

图 7-8　通用协议模型

通用协议模型的最低层为物理层，实际通信就是通过物理层在物理互连媒体上进行的，RS-232，RS-422，RS-485 等均为物理层协议。物理层以上的各层都以物理层为基础，对等层直接可以实现开放系统互连。

常用的通用协议有两种：MAP 协议和 Ethernet 协议。

（2）公司专用协议

公司专用协议一般用于物理层、数据链路层及应用层。使用公司专用协议传送的数据是过程数据和控制命令，信息短，实时性强，传送速度快。

7.2　S7-200 的通信实现

7.2.1　S7-200 的通信概述

S7-200 系列 CPU22X 通信功能可以实现同上位机的通信，也可以实现同其他 PLC 的通信。

1．字符数据格式

S7-200 采用异步串行通信方式，可以在通信组态时设置 10 位或 11 位的数据格式传送字符。

① 10 位字符数据：1 个起始位，8 个数据位，无校验位，1 个停止位。数据传输速率一般为 9600bps。

② 11 位字符数据：1 个起始位，8 个数据位，1 个校验位，1 个停止位。数据传输速率一般为 9600 bps，或者 19 200 bps。

2．网络层次结构

SIEMENS 公司的 S7 系列自动化网络如图 7-9 所示。

S7 系列的网络金字塔模型共分 4 级：最高级为公司管理级，其他依次为工厂及过程管理级，过程监控级，最低级为过程测量及控制级。通过 3 级工业控制总线：工业以太网 ETHERNET、现场总线 PROFIBUS 及执行器级总线 AS-I，将 4 级网络连接起来。

最高级为工业以太网，使用通用协议，传送生产管理信息；中间级是现场总线 PROFIBUS，完成现场、控制和监控的通信；最低级为 AS-I 总线，负责与现场传感器及执行器的通信，也可以是远程 I/O 总线，负责 PLC 主机与分布式 I/O 系统的通信。

3．通信类型及协议

（1）通信类型与连接

在 S7-200 系列 PLC 与上位机的通信网络中，可以把上位机作为主站，或者把人机界面 HMI 作为主站。主站可以对网络中的其他设备发出初始化请求，从站只是响应来自主站的初始化请求，不能对网络中的其他设备发出初始化请求。

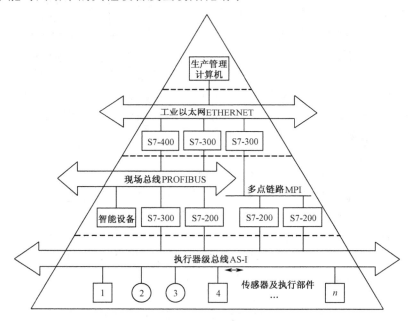

图 7-9　SIEMENS 的 S7 系列网络金字塔模型

主站与从站之间有两种连接方式。

- 单主站：只有一个主站，连接一个或多个从站，如图 7-10 所示。
- 多主站：有两个以上的主站，连接多个从站，如图 7-11 所示。

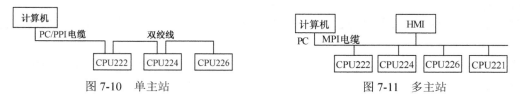

图 7-10　单主站　　　　　　　　　　　图 7-11　多主站

（2）通信协议

S7-200 系列的 PLC 主要用于现场控制，在主站和从站之间的通信一般采用公司专用协议，可以采用 3 个标准化协议和 1 个自由口通信协议。

S7-200 系列的 PLC 还可以采用工业以太网（PROFINET）协议及 MODBUS 协议。

① PPI（Point to Point Interface）协议。

PPI 协议（点对点接口协议）是 SIEMENS 公司专门为 S7-200 系列 PLC 开发的通信协议，是主/从协议，利用 PC/PPI 电缆，将 S7-200 系列的 PLC 与装有 STEP-7 Micro/WIN32 编程软件的计算机连接起来，组成 PC/PPI（单主站）的主/从网络连接，如图 7-12 所示。

在 PC/PPI 网络中，主站可以是其他 PLC 主机（如 S7-300）、编程器或人机界面 HMI（如 TD200）等，网络中所有的 S7-200 都默认为从站。

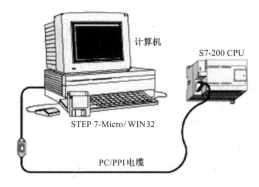

图 7-12　PC/PPI 网络

如果在程序中指定某个 S7-200 为 PPI 主站模式，则在 RUN 工作方式下，可以作为主站，可使用相关的通信指令对其他的 PLC 主机进行读/写操作；与此同时，它还可以作为从站响应主站的请求或查询。

对于任何一个从站，PPI 不限制与其通信的主站的数量，但是在网络中，最多只能有 32 个主站。

② MPI（Multi Point Interface）协议。

MPI 协议（多点接口协议）可以是主／主协议或主／从协议。通过在计算机或编程设备中插入 1 块多点接口卡（MPI 卡，如 CP5611），组成多主站网络。

如果网络中的 PLC 都是 S7-300，由于 S7-300 都默认为网络主站，则可建立主／主网络连接，如果有 S7-200，则可建立主／从网络连接。由于 S7-200 在 MPI 网络都只默认为从站，则只能作为从站，它们相互之间不能进行通信。

MPI 协议总是在两个相互通信的设备之间建立连接，主站根据需要可以在短时间内建立一个连接，也可以无限期地保持连接断开。运行时，另一个主站不能干涉两个设备已经建立的连接。

③ PROFIBUS DP 协议。

PROFIBUS DP 协议用于分布式 I/O（远程 I/O）的高速通信。在 S7-200 中，CPU222、CPU224 和 CPU226 都可以通过增加 EM277 PROFIBUS DP 扩展模板，支持 PROFIBUS DP 网络协议。最高传输速率可达 12Mbps。

PROFIBUS DP 网络通常有 1 个主站和几个 I/O 从站，主站初始化网络，核对网络上的从站设备和组态情况。如果网络中有第 2 个主站，则它只能访问第 1 个主站的各个从站。

PROFIBUS DP 网络结构如图 7-13 所示。

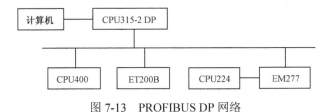

图 7-13　PROFIBUS DP 网络

④ 自由口协议。

自由口协议是指通过编写用户程序来控制 CPU 通信端口的操作模式，可以用自定义的通信协议连接多种智能设备。

自由口通信是 S7-200 系列 PLC 一个非常有特色的功能，它可以使 S7-200 与任何通信协议公开的设备、控制器进行通信，即 S7-200 可以由用户自己定义通信协议（如 ASCII 协议）。波特率最高可达 38.4kbps。

S7-200 自由口通信范围：

● 任何具有串行通信接口的设备，如打印机、变频器、条码阅读器、调制解调器、上位计算机等。

● S7-200 系列 PLC，用于两个 PLC 间的简单数据交换。用户可以通过编程的方法来编制通信协议和交换数据。

● 具有 RS-232 接口的设备也可以用 PC/PPI 电缆连接进行自由口通信。

⑤ 工业以太网协议 PROFINET。

PROFINET 协议由 PROFIBUS 国际组织（PROFIBUS International，PI）推出，是新一代基于工业以太网技术的自动化总线标准。作为一项战略性的技术创新，PROFINET 为自动化通信领域提供了一个完整的网络解决方案，囊括了诸如实时以太网、运动控制、分布式自动化、故障安全及网络安全等当前自动化领域的热点话题，完全兼容工业以太网和现有的现场总线（如 PROFIBUS）技术。

PROFINET 的一个重要特征就是可以同时传递实时数据和标准的 TCP/IP 数据。在其传递 TCP/IP 数据的公共通道中，各种业已验证的 IT 技术都可以使用（如 http、HTML、SNMP、DHCP 和 XML 等）。在使用 PROFINET 时，可以使用这些 IT 标准服务加强对整个网络的管理和维护，节省调试和维护中的成本。

PROFINET 实现了从现场级到管理层的纵向通信集成，一方面，方便管理层获取现场级的数据，另一方面，原本在管理层存在的数据安全性问题也延伸到了现场级。为了保证现场级控制数据的安全，PROFINET 提供了特有的安全机制，通过使用专用的安全模块，可以保护自动化控制系统，使自动化通信网络的安全风险最小化。

S7-200 的 PLC 可以通过以太网模块 CP243-1 及 CP243-1 IT 接入以太网，不仅可以实现与 S7-200/300/400 PLC 系统进行通信，还可以与 PC 应用程序，通过 OPC 进行通信。

⑥ MODBUS 协议。

MODBUS 是由 Modicon 公司在 1979 年发布的，用于工业现场的总线通信协议。

MODBUS 具有以下几个特点：

● 标准、开放，用户可以免费、放心地使用 MODBUS 协议。目前，支持 MODBUS 的厂家超过 400 家，支持 MODBUS 的产品超过 600 种。

● MODBUS 可以支持多种电气接口，如 RS-232、RS-485 等，还可以在各种介质上传送，如双绞线、光纤、无线等。

● MODBUS 的帧格式简单、紧凑，通俗易懂，厂商开发简单，用户使用容易。

4. 通信设备

（1）通信端口

S7-200 系列的 PLC 中，CPU221、CPU222 和 CPU224 有 1 个 RS-485 串行通信端口，定义为端口 0，CPU224XP 及 CPU226 有 2 个 RS-485 端口，分别定义为端口 0 和端口 1。这些通

信口是符合欧洲标准 EN 50170 中 PROFIBUS 标准的 RS-485 兼容 9 针 D 型接口，端口引脚与 PROFIBUS 的名称对应关系见表 7-2，引脚图如图 7-14 所示。

表 7-2 通信端口引脚与 PROFIBUS 名称的对应关系

引脚号	端口 0/端口 1	PROFIBUS 名称
1	逻辑地	屏蔽
2	逻辑地	24V 地
3	RS-485 信号 B	RS-485 信号 B
4	RTS（TTL）	发送申请
5	逻辑地	5V 地
6	+5V 100Ω串联电阻	+5V
7	+24V	+24V
8	RS-485 信号 A	RS-485 信号 A
9	10 位信号选择	不用
外壳	机壳接地	屏蔽

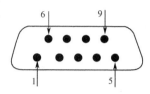

图 7-14 RS-485 引脚图

通信端口的作用：

● PPI 接口，点对点通信，用于编程器 PG 功能，人机界面 HMI 功能（TD200, OP），S7-200 系列 CPU/CPU 通信。

数据传输速率：9.6/19.2/187.5kbps

● 作为 MPI 从站，用于与主站（S7-300/400 CPU, OP, TD，按钮面板）交换数据，在 MPI 网上不能进行 CPU22X 系列的 CPU/CPU 通信。

● 作为具有中断功能的自由口通信方式，用于同其他外部设备进行串行数据交换。

波特率：0.3/0.6/1.2/2.4/4.8/9.6/19.2/38.4kbps

（2）网络连接器

网络连接器用于将多个设备连接到网络中。网络连接器有两种类型，一种是仅提供连接到主机的接口，另一种是在连接器上增加了编程接口。带有编程接口的连接器可以把编程器或操作员面板直接增加到网络中，编程口传递主机信号的同时，为这些设备提供电源，而不需要另加电源。

（3）通信电缆

与 S7-200 通信的电缆主要有网络电缆和 PC/PPI 电缆。

① 网络电缆，PROFIBUS DP 网络使用 RS-485 标准屏蔽双绞线电缆，它允许在一个网络段上最多连接 32 台设备。根据波特率不同，网络段的最大长度可以达到 1200m，见表 7-3。

表 7-3 PROFIBUS DP 网络段中的最大电缆长度

波特率	网络段的最大电缆长度/m
9.6～93.75kbps	1200
187.5kbps	1000
500kbps	400
1～1.5Mbps	200
3～12Mbps	100

② PC/PPI 电缆，S7-200 系列 PLC 主机通过 PC/PPI 电缆连接计算机及其他通信设备，PLC 主机侧是 RS-485 接口，计算机侧是 RS-232 接口，电缆的中部是 RS-485/RS-232 适配器，在适

配器上有 4 个或 5 个 DIP 开关，用于设置波特率、字符数据格式及设备模式，如图 7-15 所示。

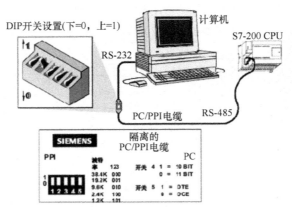

图 7-15　PC/PPI 电缆及开关设置

当数据从 RS-232 传送到 RS-485 时，PC/PPI 电缆是发送模式，当数据从 RS-485 传送到 RS-232 时，PC/PPI 电缆是接收模式。如果在 RS-232 检测到有数据发送时，电缆立即从接收模式切换到发送模式；如果 RS-232 的发送线处于闲置的时间超过电缆切换时间，则电缆又切换到接收模式。

如果在自由口通信时使用了 PC/PPI 电缆，为保证数据从 RS-485 传送到 RS-232，在用户程序中必须考虑从发送模式到接收模式的延迟（电缆切换时间）。

（4）网络中继器

在 PROFIBUS DP 网络中，一个网络段的最大长度是 1200m，用网络中继器可以增加传输距离。一个 PROFIBUS DP 网络中，每个中继器最多可接 32 个设备。最多可以有 9 个中继器，但是网络的最大长度不能超过 9600m。

（5）调制解调器

当计算机（或编程器）距离 PLC 主机很远时，可以用调制解调器进行远距离通信。

7.2.2　通信实现

在实际进行 S7-200 系列 PLC 通信时，主要工作有：建立通信方案，选择通信器件，进行参数组态。

1.　建立通信方案

通信前要根据实际需要建立通信方案，主要考虑的是：

（1）主站与从站之间的连接形式

单主站还是多主站，可通过软件组态进行设置。

在 S7-200 的通信网络中，如果使用了 PPI 电缆，安装了编程软件 STEP 7-Micro/WIN32 的计算机或 SIEMENS 公司提供的编程器（如 PG740），默认设置为主站。如果网络中还有 S7-300 或 .HMI 等，可设置为多主站，否则可设置为单主站，网络中所有的 S7-200 都默认为从站，有时可以在程序中指定某个 S7-200 为 RUN 工作方式下的 PPI 主站模式。

（2）站号

站号是网络中各个站的编号，网络中的每个设备（PC，PLC，HMI 等）都要分配唯一的编号（站地址）。站号 0 是安装编程软件 STEP 7-Micro/WIN32 的计算机或编程器的默认站地址，操作面板（如 TD 200，OP3 和 OP7）的默认为站号 1，与站号 0 相连的第 1 台 PLC 默认为站号 2。一个网络中最多可以有 127 个站地址（站号 0～126）。

（3）实现通信的器件

在 STEP 7-Micro/WIN32 中，支持通信的器件见表 7-4。

表 7-4　STEP 7-Micro/WIN32 支持的通信器件

通信器件	功　能	支持的波特率 / bps	支持的协议
PC/PPI 电缆	PC-PLC 的电缆连接器	9.6k/19.2k	PPI
CP5511	笔记本用 PCMCIA 卡		
CP5611	PCI 卡	9.6k/19.2k/187.5k	PPI，MPI，PROFIBUS
MPI	PG 中集成的 PC ISA 卡		
端口 0	串行通信口 0	9.6k	
端口 1	串行通信口 1	19.2k/187.5k	PPI，MPI，PROFIBUS
EM277 模板	PROFIBUS DP 扩展模板	9.6k～12M	MPI，PROFIBUS

2．进行参数组态

在编程软件 STEP 7-Micro/WIN32 中，对通信硬件参数进行设置，即通信参数组态，涉及通信设置、通信器件的安装/删除、PC/PPI（MPI，MODEM 等）参数设置。

有关通信参数的组态请见本章 7.5 节的说明。

7.3　S7-200 的网络读/写通信

在 SIMATIC S7 的网络中，S7-200 被默认为从站。只有在采用 PPI 通信协议时，如果某些 S7-200 系列的 PLC 在用户程序中允许 PPI 主站模式，这些 PLC 主机可以在 RUN 工作方式下作为主站，这样就可以用网络读/写通信指令读取其他 PLC 主机的数据。

7.3.1　PPI 主站模式设定

在 S7-200 的特殊继电器 SM 中，SMB30（SMB130）是用于设定通信端口 0（通信端口 1）的通信方式。由 SMB30（SMB130）的低 2 位决定通信端口 0（通信端口 1）的通信协议：PPI 从站、自由口、PPI 主站。只要将 SMB30（SMB130）的低 2 位设置为 2#10，就允许该 PLC 主机为 PPI 主站模式，可以执行网络读/写指令。

7.3.2　网络通信指令

在 S7-200 的 PPI 主站模式下，网络通信指令有两条：NETR 和 NETW。

1．网络读指令 NETR（Net Read）

在梯形图中，网络读指令 NETR 以功能框形式编程，指令的名称为：NETR。当允许输入 EN 有效时，初始化通信操作，通过指定的端口 PORT，从远程设备接收数据，并形成数据表 TBL。

NETR 指令最多可以从远程设备上接收 16 字节的信息。

在语句表中，NETR 指令的指令格式为：NETR TBL，PORT

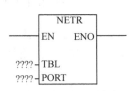

2．网络写指令 NETW（Net Write）

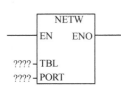

在梯形图中，网络写指令 NETW 以功能框形式编程，指令的名称为：NETW。当允许输入 EN 有效时，初始化通信操作，通过指定的端口 PORT，将数据表 TBL 中的数据发送到远程设备。

NETW 指令最多可以向远程设备发送 16 字节的信息。

在语句表中，NETW 指令的指令格式为：NETW TBL，PORT

在一个应用程序中，使用 NETR 和 NETW 指令的数量不受限制，但是不能同时激活 8 条以上的网络读/写指令（例如，同时激活 6 条 NETR 和 3 条 NETW 指令）。

7.3.3　主站与从站传送数据表的格式

1．数据表格式

在执行网络读/写指令时，PPI 主站与从站间传送数据的数据表（TBL）的格式见表 7-5。

表 7-5　数据表格式

字节偏移地址	字 节 名 称	描　　　述
0	状态字节	反映网络通信指令的执行状态及错误码
1	远程设备地址	被访问的 PLC 从站地址
2		
3	远程设备的数据指针	被访问数据的间接指针
4		指针可以指向 I，Q，M 和 V 数据区
5		
6	数据长度	远程设备被访问的数据长度
7	数据字节 0	
8	数据字节 1	执行 NETR 指令后，存放从远程设备接收的数据
…	……	执行 NETW 指令前，存放要向远程设备发送的数据
22	数据字节 15	

2．状态字节说明

数据表的第 1 个字节为状态字节，各位的意义如下：

MSB　　　　　　　　　　　　　　　　　　　　　　　　　　LSB

D	A	E	O	E1	E2	E3	E4

D 位：操作完成位。　　0：未完成，1：已经完成

A 位：操作排队有效位。0：无效，　1：有效

E 位：错误标志位。　　0：无错误，1：有错误

E1，E2，E3，E4 为错误编码。如果执行指令后，E 位为 1，则由 E1E2E3E4 返回一个错误码。

7.3.4　应用举例

在一条包装机流水线上有 4 台打包机和 1 台分流机，4 台打包机分别由 4 台 CPU221 控制，分流机由 CPU222 控制，在 CPU222 上安装了 HMI（TD200）。包装机把 9 个产品包装到一个纸箱中，分流机控制流水线上的产品输送到各个打包机。

CPU222 用 NETR 指令连续地读取每个打包机的控制字节和包装数量，每当某个打包机包

装完 300 箱时，分流机用 NERW 指令发 1 条信息，复位该打包机的计数器。

网络配置如图 7-16 所示。

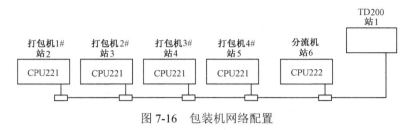

图 7-16　包装机网络配置

在每台打包机的 CPU221（站 2、站 3、站 4 和站 5）中，VB100 存放控制字节，VB101 和 VB102 存放包装完的纸箱数（计数器的当前值）。

VB100 中控制字节的内容为：| F | E | E | E | O | G | B | T |

F 错误指示：F=1，打包机检测到错误

G 黏结剂供应慢：G=1，30min 内必须增加黏结剂

B 包装箱供应慢：B=1，30min 内必须增加包装箱

T 没有可供包装的产品：T=1，无产品

EEE 错误码

在分流机的 CPU222（站 6）中，为了能在 PPI 主站模式接收和发送数据，安排了接收缓冲区和发送缓冲区见表 7-6。

表 7-6　接收缓冲区和发送缓冲区首地址

VB200	站 2 接收缓冲区	VB300	站 2 发送缓冲区
VB210	站 3 接收缓冲区	VB310	站 3 发送缓冲区
VB220	站 4 接收缓冲区	VB320	站 4 发送缓冲区
VB230	站 5 接收缓冲区	VB330	站 5 发送缓冲区

对于打包机#1（站 2），分流机 CPU224（站 6）接收缓冲区和发送缓冲区的数据表格式见表 7-7。

表 7-7　打包机#1 的数据表

	接收缓冲区						发送缓冲区				
VB200	D	A	E	0	错误码	VB300	D	A	E	0	错误码
VB201	2（打包机#1，站号=2）					VB301	2（打包机#1，站号=2）				
VB202						VB302					
VB203	&VB100					VB303	&VB100				
VB204	（指向远程站数据区的指针）					VB304	（指向远程站数据区的指针）				
VB205						VB305					
VB206	3(接收数据长度=3 字节)					VB306	2（发送数据长度=2 字节）				
VB207	存放打包机#1 的控制字节					VB307	0（打包机#1，计数器高位字节清零）				
VB208	存放打包机#1 的计数器高位字节					VB308	0（打包机#1，计数器低位字节清零）				
VB209	存放打包机#1 的计数器低位字节										

对于打包机#2（站 3）、打包机#3（站 4）和打包机#4（站 5），分流机 CPU222（站 6）的接收缓冲区和发送缓冲区的数据表，只有首地址不同，偏移地址与打包机#1 相同。

分流机 CPU222（站 6）对打包机#1 的网络通信程序如图 7-17 所示。

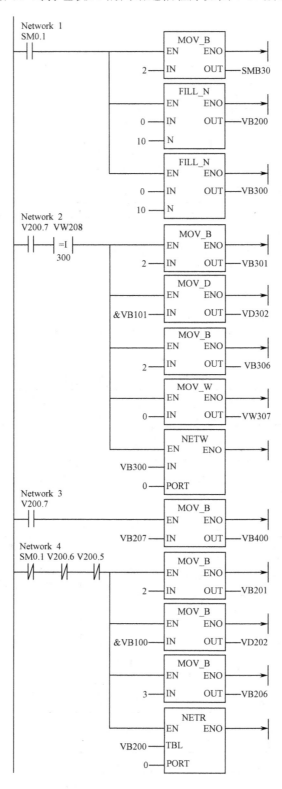

图 7-17　网络通信举例

7.4 S7-200 的自由口通信模式

S7-200 系列 PLC 有一种特殊的通信模式：自由口通信模式。在这种通信模式下，用户可以在自定义的通信协议（可以在用户程序中控制通信参数：选择通信协议、设定波特率、设定校验方式、设定字符的有效数据位）下，通过建立通信中断事件，使用通信指令，控制 PLC 的串行通信口与其他设备进行通信。

只有当 CPU 主机处于 RUN 工作方式下（此时特殊继电器 SM0.7 为 1）时，才允许自由口通信模式。如果选择了自由口通信模式，此时 S7-200 失去了与标准通信装置进行正常通信的功能。当 CPU 主机处于 STOP 工作方式下时，自由口通信模式被禁止，PLC 的通信协议由自由口通信协议自动切换到正常的 PPI 通信协议。

7.4.1 设置自由口通信协议

S7-200 正常的字符数据格式是 1 个起始位，8 个数据位，1 个停止位，即 10 位数据，或者再加上 1 个偶校验位，组成 11 位数据。波特率一般为 9600/19 200bps。

在自由口通信协议下，可以用特殊继电器 SMB30 设置通信端口 0 的通信参数，用 SMB130 设置通信端口 1 的通信参数。控制字节 SMB30 和 SMB130 的描述见表 7-8。

表 7-8　SMB30 和 SMB130 的描述

端口 0	端口 1	描　　述
SMB30 的数据格式	SMB130 的数据格式	7 0 P|P|D|B|B|B|M|M
SM30.6 和 SM30.7 奇偶校验选择	SM130.6 和 SM130.7 奇偶校验选择	PP：00：无奇偶校验 　　　01：偶校验 　　　10：无奇偶校验 　　　11：奇校验
SM30.5 每个字符的有效数据位	SM130.5 每个字符的有效数据位	D：0：8 位有效数据 　　1：7 位有效数据
SM30.2 到 SM30.4 波特率选择	SM130.2 到 SM130.4 波特率选择	BBB：000：38 400bps 　　　001：19 200bps 　　　010：9600bps 　　　011：4800bps 　　　100：2400bps 　　　101：1200bps 　　　110：600bps 　　　111：300bps
SM30.0 和 SM30.1 通信协议选择	SM130.0 和 SM130.1 通信协议选择	MM：00：PPI 从站模式 　　　01：自由口通信模式 　　　10：PPI 主站模式 　　　11：保留（默认为 PPI 从站模式）
每种设置都有 1 个停止位		

为便于快速设置控制字节 SM30 和 SM130 的通信参数，可参照表 7-9 给出的控制字节值。

表 7-9　控制字节值与自由口通信参数参照表

波特率		38.4kbps	19.2kbps	9.6kbps	4.8kbps	2.4kbps	1.2kbps	600bps	300bps
8 字符	无校验	01H	05H	09H	0DH	11H	15H	19H	1DH
	偶检验	41H	45H	49H	4DH	51H	55H	59H	5DH
	奇校验	C1H	C5H	C9H	CDH	D1H	D5H	D9H	DDH
7 字符	无校验	21H	25H	29H	2DH	31H	35H	39H	3DH
	偶检验	61H	65H	69H	6DH	71H	75H	79H	7DH
	奇校验	E1H	E5H	E9H	EDH	F1H	F5H	F9H	FDH

7.4.2　自由口通信时的中断事件

在 S7-200 的中断事件中，与自由口通信有关的中断事件如下。
- 中断事件 8：通信端口 0 单字符接收中断。
- 中断事件 9：通信端口 0 发送完成中断。
- 中断事件 23：通信端口 0 接收完成中断。
- 中断事件 25：通信端口 1 单字符接收中断。
- 中断事件 26：通信端口 1 发送完成中断。
- 中断事件 24：通信端口 1 接收完成中断。

7.4.3　自由口通信指令

在自由口通信模式下，可以用自由口通信指令接收和发送数据。

1．数据接收指令 RCV

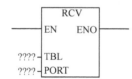

在梯形图中，数据接收指令以功能框的形式表示，指令名称为 RCV。当允许输入 EN 有效时，对通信操作做初始化处理，通过通信端口 PORT（0 或 1）接收远程设备的数据，并将其存放到首地址为 TBL 的数据接收缓冲区。

数据接收缓冲区最多可接收 255 个字符的信息。

在语句表中，数据接收指令的指令格式为：RCV TBL，PORT

可以通过中断的方式接收数据，在接收字符数据时，有如下两种中断事件产生。

（1）利用字符中断控制接收数据

每接收完成 1 个字符，就产生一个中断事件 8（通信端口 0）或中断事件 25（通信端口 1）。特殊继电器 SMB2 作为自由口通信接收缓冲区。接收到的字符存放在特殊继电器 SMB2 中，以便用户程序访问。奇偶校验状态存放在特殊继电器 SMB3 中，如果接收到的字符奇偶校验出现错误，则 SMB3.0 为 1，可利用 SMB3.0 为 1 的信号，将出现错误的字符去掉。

（2）利用接收结束中断控制接收数据

当指定的多个字符接收结束后，产生中断事件 23（通信端口 0）和 24（通信端口 1）。如果有一个中断服务程序连接到接收结束中断事件上，就可以实现相应的操作。

S7-200 在接收信息字符时要用到一些特殊继电器，对通信端口 0 要用到 SMB86～SMB94，对通信端口 1 要用到 SMB186～SMB194。这些特殊继电器的功能见表 7-10。

表 7-10 自由口通信时各个特殊继电器的功能

端口 0	端口 1	功 能 描 述
SMB86	SMB186	接收信息状态字节
SMB87	SMB187	接收信息控制字节
SMB88	SMB188	信息字符的开始
SMB89	SMB189	信息字符的结束
SMW90	SMW190	空闲时间段设定（ms），空闲后收到的第一个字符是新信息的首字符
SMW92	SMW192	内部字符定时器溢出值设定（ms），超时将禁止接收信息
SMB94	SMB194	要接收的最大字符数

SMB86 和 SMB186 称为自由口通信的接收信息状态字节，其功能描述见表 7-11。

表 7-11 接收信息状态字节 SMB86 和 SMB186 功能描述

端口 0	端口 1	功 能 描 述
SMB86 的格式	SMB186 的格式	7 0 N R E 0 0 T C P
SMB86.7	SMB186.7	N=1：用户通过禁止命令结束接收信息操作
SMB86.6	SMB186.6	R=1：因输入参数错误或缺少起始和结束条件引起的接收信息结束
SMB86.5	SMB186.5	E=1：收到结束字符
SMB86.4	SMB186.4	不用
SMB86.3	SMB186.3	不用
SMB86.2	SMB186.2	T=1：因超时引起的接收信息结束
SMB86.1	SMB186.1	C=1：因字符数超长引起的接收信息结束
SMB86.0	SMB186.0	P=1：因奇偶校验错误引起的接收信息结束

SMB87 和 SMB187 是接收信息控制字节，其功能描述见表 7-12。

表 7-12 接收信息控制字节 SMB87 和 SMB187 功能描述

端口 0	端口 1	功 能 描 述
SMB87 的格式	SMB187 的格式	7 0 EN SC EC IL C/M TMR BK 0
SMB87.7	SMB187.7	EN：接收允许。0：禁止接收信息，1：允许接收信息
SMB87.6	SMB187.6	SC：是否用 SMB88 或 SMB188 的值检测起始信息。0：忽略，1：使用
SMB87.5	SMB187.5	EC：是否用 SMB89 或 SMB189 的值检测结束信息。0：忽略，1：使用
SMB87.4	SMB187.4	IL：是否用 SMB90 或 SMB190 的值检测空闲状态。0：忽略，1：使用
SMB87.3	SMB187.3	C/M：定时器定时性质。0：内部字符定时器，1：信息定时器
SMB87.2	SMB187.2	TMR：是否使用 SMB92 或 SMB192 的值终止接收。0：忽略，1：使用
SMB87.1	SMB187.1	BK：是否使用中断条件来检测起始信息。0：忽略，1：使用
SMB87.0	SMB187.0	不用

端口 0	端口 1	功 能 描 述
		定义：起始信息=IL*SC+BK*SC
		结束信息=EC+TMR+最大字符数
		用起始信息编程：
		1.空闲检测： IL=1，SC=0，BK=0，SMW90>0
		2.起始字符检测： IL=0，SC=1，BK=0，SMW90 可以忽略
		3.中断检测： IL=0，SC=1，BK=1，SMW90 可以忽略
		4.对信息响应检测： IL=1，SC=0，BK=0，SMW90=0
		5.对中断和起始字符检测：IL=0，SC=1，MBK=1，SMW90 可以忽略
		6.对空闲和起始字符检测：IL=1，SC=1，BK=0，SMW90>0
		7.对空闲和起始字符检测（非法）：IL=1，SC=1，BK=0，SMW90=0

注意：如果出现超时和奇偶校验错误，则自动结束接收过程。

接收数据缓冲区和发送数据缓冲区的格式见表 7-13。

表 7-13　数据缓冲区格式

接收数据缓冲区	发送数据缓冲区
接收字符数	发送字符数
字符 1	字符 1
字符 2	字符 2
……	……
字符 n	字符 m

2．数据发送指令 XMT

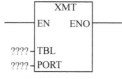

在梯形图中，数据发送指令以功能框的形式编程，指令的名称为 XMT。当允许输入 EN 有效时，对通信操作做初始化处理，通过通信端口 PORT（0 或 1）将数据表首地址 TBL（发送数据缓冲区）中的数据发送到远程设备。

发送数据缓冲区最多可发送 255 个字符的信息。

当发送完成时，将产生中断事件 9（通信端口 0）或中断事件 26（通信端口 1），如果将一个中断服务程序连接到发送完成中断事件上，则可实现相应的操作。

利用特殊继电器 SM4.5 和 SM4.6，可监控通信端口 0 和通信端口 1 的发送空闲状态，当发送空闲时，SM4.5 或 SM4.6 为 1。

在语句表中，数据接收指令的指令格式为：XMT TBL，PORT

7.4.4　自由口通信的简单应用

【例 7-1】　两台 S7-200 PLC 进行单向主从式自由口通信。

通信要求：

① 主机只有发送功能，将 IB0 送到由指针&VB100 指定的发送数据缓冲区，且不断地执行自由口数据发送指令 XMT。

② 从机只有接收功能，通过单字符接收中断事件 8 连接到一个中断服务程序，将接收到的 IB0 通过 SMB2 传送到 QB0，使 QB0 随 IB0 同步变化。

③ 通信参数：9600bps，偶检验，8 位字符。

主机发送程序如图 7-18 所示，从机接收程序如图 7-19 所示，从机接收中断程序如图 7-20 所示。

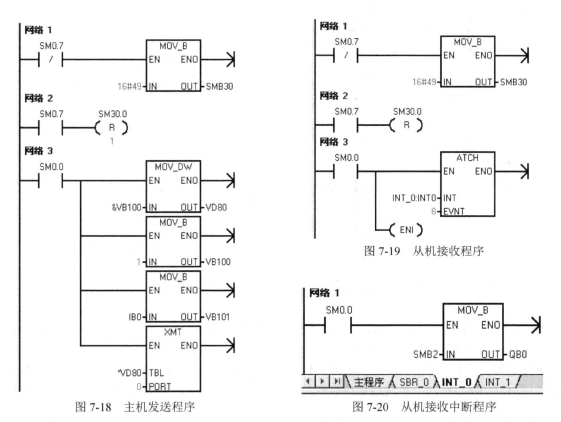

图 7-18 主机发送程序

图 7-19 从机接收程序

图 7-20 从机接收中断程序

【例 7-2】 本地 PLC 与远程 PLC 的自由口通信。

通信要求：

① 本地 PLC CPU224 接收来自远程 PLC CPU222 的 10 个字符，接收完成后，又将信息发送回远程 PLC。

② 本地 PLC 是通过一个外部信号（I0.0）的脉冲控制接收任务的开始；当发送任务完成后用指示灯（Q0.1）显示。

③ 通信参数：9600bps，无奇偶检验，8 位字符。

④ 不设立超时时间，接收和发送使用同一个数据缓冲区，首地址为 VB200。

本地 PLC CPU224 的控制程序如图 7-21 所示，中断控制程序 0 如图 7-22 所示，中断控制程序如图 7-23 所示。

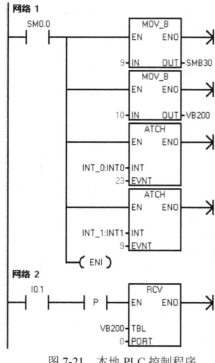

图 7-21　本地 PLC 控制程序

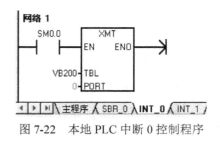

图 7-22　本地 PLC 中断 0 控制程序

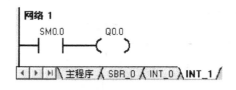

图 7-23　本地 PLC 中断 1 控制程序

7.5　S7-200 的 PPI 通信模式

PPI通信是西门子S7-200 PLC最基本的通信方式,可以实现S7-200与编程器及其他S7-200之间的通信,在工程中是比较常用的通信方式。

PPI 协议是专门为 S7-200 开发的通信协议,S7-200 CPU 的通信口(Port0、Port1)支持PPI 通信协议,S7-200 的一些通信模块也支持 PPI 协议,可以使用编程软件 STEP 7-Micro/WIN对 S7-200 CPU 进行编程和调试。

7.5.1　PPI 通信协议

PPI 是一种主/从站协议,主站和从站在一个令牌环网(Token Ring Network)中。当主站检测到网络上没有堵塞时,将接收令牌,只有拥有令牌的主站才可以向网络上的其他从站发出指令,建立该 PPI 网络,也就是说 PPI 网络只在主站侧编写通信程序就可以了。主站得到令牌后可以向从站发出请求和指令,从站是等到主站设备发送请求或轮询时才作出响应。

1．主站设备

主站设备简称主设备或主站,包括带有 STEP 7 STEP 7-Micro/WIN 的编程设备、HMI 设备(触摸面板、文本显示或操作员面板)。

2．从站设备

从站设备简称从设备或从站,包括 S7-200 CPU、扩展模块(例如 EM277)。

S7-200 CPU 在运行模式下可以作为主站,可以使用"网络读取"(NETR)或"网络写入"(NETW)指令对其他 S7-200 CPU 读取数据或写入数据。S7-200 用作 PPI 主站时,它仍然可以作为从站响应其他主站的请求。

3．PPI 高级协议

PPI 高级协议允许网络设备建立一个设备与设备之间的逻辑连接。对于 PPI 高级协议，每个设备的连接个数是有限制的。所有的 S7-200 CPU 都支持 PPI 和 PPI 高级协议，而 EM277 模块仅仅支持 PPI 高级协议。在 PPI 高级协议下，S7-200 CPU 和 EM277 所支持的连接个数见表 7-14。

表 7-14　S7-200 CPU 和 EM277 所支持的连接个数

模块	波特率/bps	连接数
Port0	9.6k、19.2k 或 187.5k	4
Port1	9.6k、19.2k 或 187.5k	4
EM277	9.6k 到 12M	6（每个模块）

4．PPI 通信协议支持的网络通信服务

① PG/OP 通信：S7-200 是可与 S7-300 或 S7-400 进行通信的所有 HMI 设备的从站设备。

② S7 通信：S7-200 是 S7-300 或 S7-400 的 X_PUT 和 X_GET 指令的从站设备。

③ OPC 通信：PPI 支持 OPC，这使其他任何 OPC 客户机均可访问 S7 中的数据。

7.5.2　PPI 网络组态形式

PPI 基于 PROFIBUS 标准（IEC 61158 和 EN 50170），采用总线形拓扑，可以为 PPI 建立单主站、多主站等多种网络组态形式。

1．单主站 PPI 网络

单主站 PPI 网络通常由带有 STEP 7-Micro/WIN 的 PG/PC 或作为主站设备的 HMI 设备，以及作为从站设备的一个或多个 S7-200 CPU 等组件组成。单主站 PPI 网络原理如图 7-24 所示，图 7-24（a）中 PC 作为主站，图 7-24（b）中 HMI 作为主站。

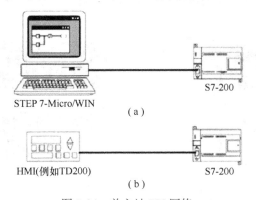

STEP 7-Micro/WIN　　　　（a）　　　　S7-200

HMI(例如TD200)　　　　（b）　　　　S7-200

图 7-24　单主站 PPI 网络

2．多主站 PPI 网络

可以组态一个包含多个主站设备的 PPI 网络，这些设备可以作为从站设备与一个或多个 S7-200 进行通信。每个主站（编程设备/PC 或面板）均可以与网络中的每个从站交换数据。多主站 PPI 网络原理如图 7-25 所示。

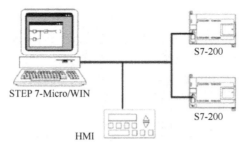

图 7-25 多主站 PPI 网络原理

7.5.3 两台 S7-200 CPU 的 PPI 主从通信

1. 要求

两台 S7-200 PLC（分别为 A 站和 B 站），A 站作为主站，站地址为 2，B 站作为从站，站地址为 3。

① A 站完成设备 A 的启动/停止控制，设备 A 运行后向 B 站发出信号。

② B 站收到设备 A 运行信号后，指示灯 C 以周期 1s 的频率连续闪烁，允许 B 站的设备 B 进行启动/停止控制。设备 B 运行后，指示灯 C 停止闪烁。

③ 设备 B 运行后，向 A 站发出运行信号，A 站的指示灯 D 常亮。

2. 硬件及软件配置

硬件：两台 CPU 226；PC/PPI 编程电缆；PROFIBUS 电缆；安装 STEP 7-Micro/WIN 的计算机。

软件：SIMATIC STEP 7-Micro/WIN V4.0 SP6 及以上版本。

3. 建立硬件连接

在建立 S7-200 CPU 与计算机的连接之前，最好先将 S7-200 CPU 切换到断电状态，并将 S7-200 CPU 前盖内的模式选择开关设置为"STOP"模式，然后再进行硬件连接。PPI 通信硬件连接如图 7-26 所示。

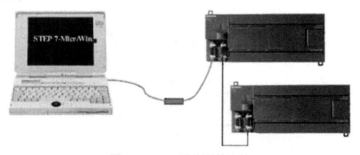

图 7-26 PPI 通信硬件连接

如果计算机没有配置 COM 口，无法使用 PC/PPI 电缆，可以采用 USB/PPI 或 USB/MPI 编程电缆。

4. 为 STEP 7-Micro/WIN 设置通信参数

（1）打开通信参数设置对话框

启动 STEP 7-Micro/WIN 并新建或打开一个项目，单击左侧浏览条上的"通信"图标进入"通信"对话框，如图 7-27 所示。使用该对话框，可以为 STEP 7-Micro/WIN 设置通信参数。

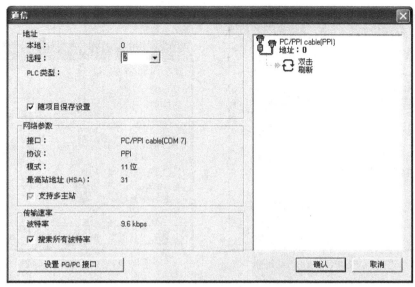

图 7-27   "通信"对话框

其中：

本地地址：是指安装有 STEP 7-Micro/WIN 的**计算机**（又称编程站）的 PPI 地址，即 PC/PPI 电缆的通信地址，默认为 0。

远程地址：是指 S7-200 CPU 的 PPI 接口地址。

数据传输速率：即波特率，可以选择 9.6kbps、19.2kbps 或 187.5kbps，也可以选择搜索所有波特率。

设置 PG/PC 接口按钮：可以设置安装有 STEP 7-Micro/WIN 的 PG/PC 所使用的通信接口参数，此选项需根据实际所用编程电缆或 CP 卡的情况进行设置。

在通信参数设置对话框的右侧显示安装有 STEP 7-Micro/WIN 的计算机将通过 PC/PPI 电缆尝试与 S7-200 CPU 通信，并且 PG/PC 的通信地址是 0。可以双击进行刷新，以搜索目前在线的 S7-200 CPU。

（2）为网络选择通信接口

S7-200 可以支持各种类型的通信网络。单击图 7-27 中的"设置 PG/PC 接口"按钮，系统开始搜索可用接口资源并打开"设置 PG/PC 接口"对话框，PG/PC 接口的设置如图 7-28 所示。

（3）设置 PC/PPI 电缆属性

在图 7-28 中选择"PC/PPI cable(PPI)"接口，然后单击"属性"按钮，打开如图 7-29 所示的 PC/PPI 电缆属性设置对话框。将编程站（主站）的网络地址设为 0，网络超时时间为 1s，波特率为 9.6kbps，最高站点地址为 31。

（4）检查并选择本地连接属性

单击图 7-29 中"本地连接"标签，根据所使用的 PC/PPI 编程电缆选择通信口，如图 7-30 所示。如果所使用的 PC/PPI 电缆为 USB/PPI 多主站编程电缆，则选择计算机的接口为 USB 口。如果所使用的 PC/PPI 电缆为 RS-232/PPI 多主站编程电缆，应根据实际连接的情况，选择计算机的接口为 COM1 或 COM7 口。

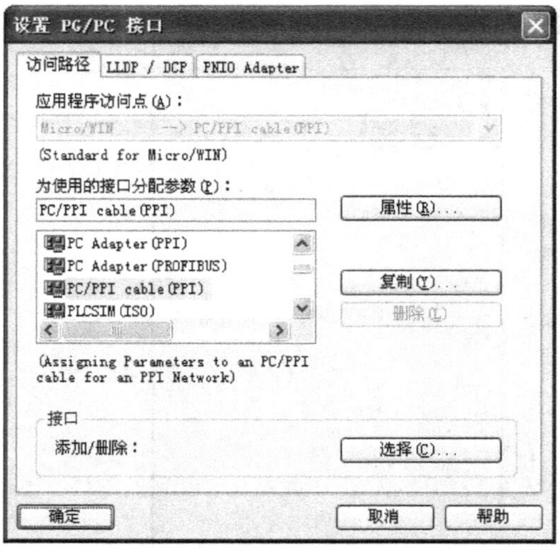

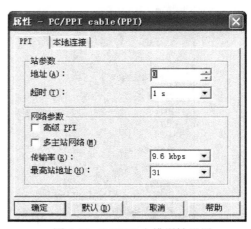

图 7-28　"设置 PG/PC 接口"对话框

图 7-29　PC/PPI 电缆属性设置

图 7-30　检查并选择本地连接属性

设置完成以后，单击"确定"按钮返回图 7-28。再单击"确定"按钮，完成通信接口的设置。

（5）为 S7-200 CPU 从站分配 PPI 网络通信地址

安装有 STEP 7-Micro/WIN 的计算机除了实现程序上传、下载和监控等操作，还可以设置 PPI 网络的通信地址。单击"系统块"，选择"通信端口"，就可以进行 PLC 网络通信地址的设定。由于在硬件连接时已经将 PROFIBUS 通信电缆接到 PLC 的端口 0 上，分别设定从站 1 端口 0 的 PLC 地址为 2，从站 2 端口 0 的 PLC 地址为 3，如图 7-31 所示，确定后的地址及通信参数只有在重新下载后才能生效。

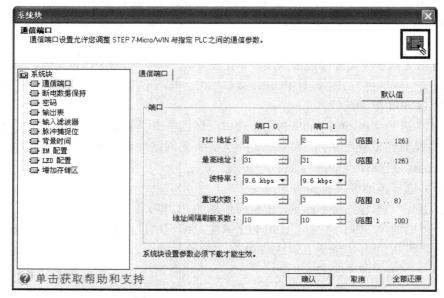

图 7-31　设定 PPI 网络地址及参数

（6）检查刷新 PPI 网络连接

在确保通信连接正确后，在"通信"对话框（见图 7-27）中双击"双击刷新"图标，STEP 7-Micro/WIN 立即搜索并显示与主机相连接的在线 CPU 设备的型号及站点地址，如图 7-32 所示，显示出有 2 个 CPU 226 CN REL 已连接到 PPI 网络上，网络地址分别为 2 和 3，通信速率为 9.6kbps。

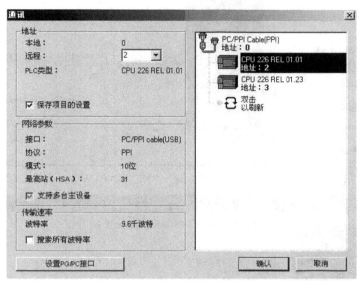

图 7-32　显示网络中 CPU 设备的型号、站地址及通信速率

5．为 A 站 PLC 和 B 站 PLC 分配 I/O 地址

A 站及 B 站的 PLC 的 I/O 地址见表 7-15。

表 7-15　A 站及 B 站的 PLC 的 I/O 地址

A 站		B 站	
设备 A 启动	I0.0	设备 B 启动	I0.0
设备 A 停止	I0.1	设备 B 停止	I0.1
设备 A 运行	Q0.0	设备 B 运行	Q0.0
设备 B 运行（指示灯 D）	Q0.1	设备 A 运行（指示灯 C）	Q0.1

6．利用网络读/写指令向导创建主站通信子程序

在编写主站通信子程序时，可以利用网络读/写指令向导来完成组态，过程如下：

① 在向导中选择网络读/写"NETR/NETW"，如图 7-33 所示。

② 双击"NETR/NETW"，进入"NETR/NETW 指令向导"对话框，如图 7-34 所示。

由于在主站中要进行一次读操作和一次写操作，如图 7-35 所示，在"您希望配置多少项网络读/写操作？"中，配置 2，单击"下一步"按钮。

③ 组态 PLC 的通信端口为端口 0，向导创建的可执行子程序名可以采用系统默认的子程序名 NET_EXR，如图 7-36 所示。

④ A 站组态 NETW。

由于 A 站要向 B 站发送运行信号，1 字节的数据就够了。通过本地 PLC（A 站）的 VB0 发送，远程 PLC（B 站）的 VB0 接收，如图 7-37 所示。

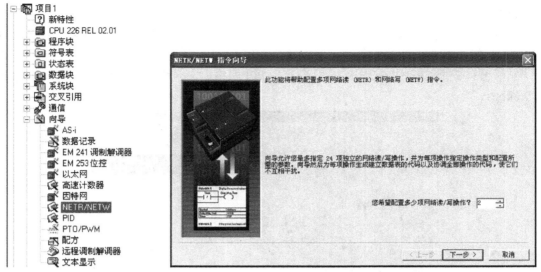

图 7-33 选择网络读/写 NETR/NETW   图 7-34 "NETR/NETW 指令向导"对话框

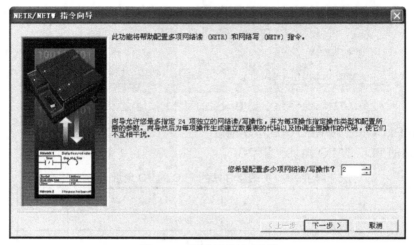

图 7-35 配置网络读/写项

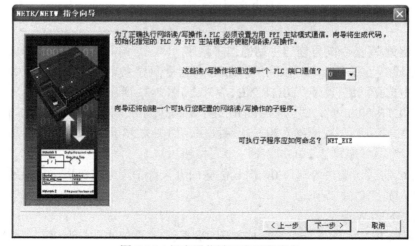

图 7-36 组态通信端口和子程序名

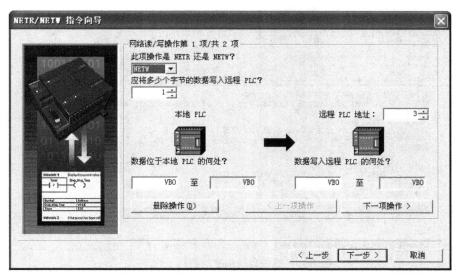

图 7-37 A 站 NETW 组态

⑤ A 站组态 NETR。

由于 A 站要接收来自 B 站的运行信号，1 个字节的数据就够了。通过远程 PLC（B 站）的 VB1 发送，本地 PLC（A 站）的 VB1 接收，如图 7-38 所示。

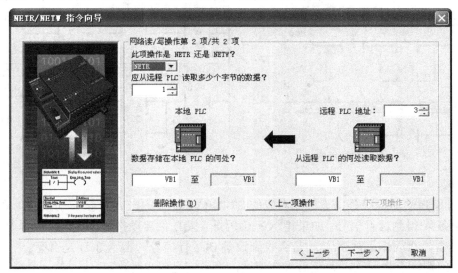

图 7-38 A 站 NETR 组态

⑥ 自动创建网络通信子程序。

由系统自动创建的子程序如图 7-39 所示，可以在主程序中通过 SM0.0 调用。

⑦ B 站的通信组态。

B 站作为 PPI 网络的从站，不必进行通信组态。

7．编写控制程序

A 站的控制程序如图 7-40 所示。

B 站的控制程序如图 7-41 所示。

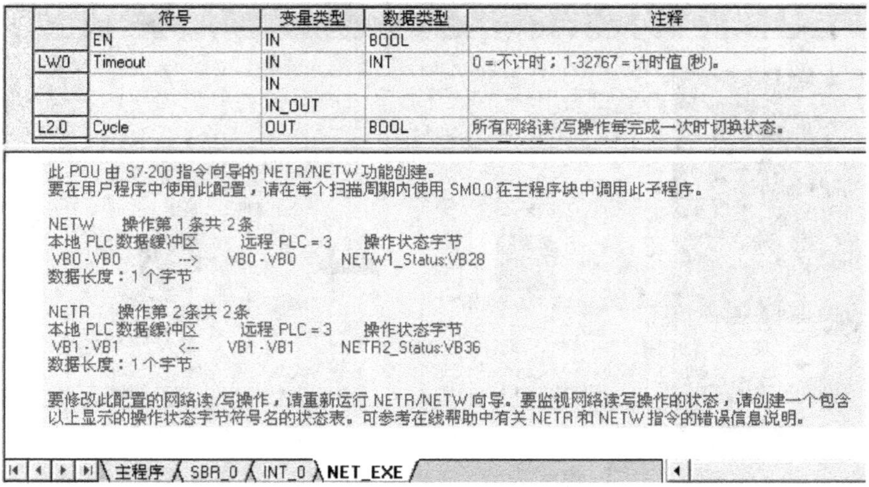

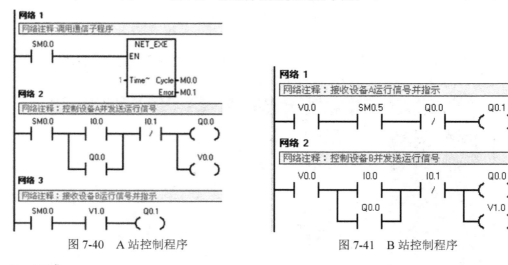

	符号	变量类型	数据类型	注释
	EN	IN	BOOL	
LW0	Timeout	IN	INT	0 = 不计时；1-32767 = 计时值（秒）。
		IN		
		IN_OUT		
L2.0	Cycle	OUT	BOOL	所有网络读/写操作每完成一次时切换状态。

此 POU 由 S7-200 指令向导的 NETR/NETW 功能创建。
要在用户程序中使用此配置，请在每个扫描周期内使用 SM0.0 在主程序块中调用此子程序。

NETW   操作第 1 条共 2 条
本地 PLC 数据缓冲区   远程 PLC = 3   操作状态字节
VB0 - VB0   --->   VB0 - VB0   NETW1_Status:VB28
数据长度：1 个字节

NETR   操作第 2 条共 2 条
本地 PLC 数据缓冲区   远程 PLC = 3   操作状态字节
VB1 - VB1   <---   VB1 - VB1   NETR2_Status:VB36
数据长度：1 个字节

要修改此配置的网络读/写操作，请重新运行 NETR/NETW 向导。要监视网络读/写操作的状态，请创建一个包含
以上显示的操作状态字节符号名的状态表。可参考在线帮助中有关 NETR 和 NETW 指令的错误信息说明。

图 7-39　系统自动创建的通信子程序

图 7-40　A 站控制程序　　　　　　　图 7-41　B 站控制程序

8．调试

将 A 站和 B 站的程序分别下载到对应的 S7-200 CPU 中，在 A 站按启动按钮，观察 B 站是否收到设备 A 得到运行信号。如果指示灯 C 闪烁，按 B 站启动按钮，观察设备 B 是否运行，指示灯 C 是否停止闪烁。观察 A 站是否收到设备 B 运行信号，指示灯 D 是否亮。

如果有问题，查找原因，改正后重新调试，直到满足要求为止。

7.6　S7-200 的 PROFINET 通信模式

随着现场总线技术在工业控制和自动化领域的广泛应用，若干种适用于不同应用领域的现场总线通信协议应运而生，PROFIBUS 和 PROFINET 就是其中的两种。PROFIBUS 总线以其独特的技术特点、严格的认证规范、开放的标准、众多厂商的支持和不断发展的应用行规，成为国际上通用的现场总线标准之一，是应用最广泛的现场总线标准。PROFINET 将成熟的PROFIBUS 现场总线技术的数据交换技术和基于工业以太网的通信技术整合到一起，是一种开放的工业以太网标准。

7.6.1 工业以太网产生背景

工业控制网络的发展使得各个"自动化孤岛"连接起来,实现了在控制级的数据交换。随着企业信息化管理程度的提高,希望将现场控制级的生产数据整合到企业的管理信息系统中,实现资源共享。同时可以在信息管理级上实现对远程现场的服务和维护,从而完成控制自动化、办公自动化和综合自动化。

将广泛用于办公自动化的以太网技术扩展到工业控制领域,就是工业以太网。

PROFINET 实现了从现场控制级到管理层的纵向通信集成。一方面,方便管理层获取现场控制级的数据;另一方面,原本在管理层存在的数据安全性问题也延伸到了现场级。

7.6.2 工业以太网协议

PROFINET(Process Field Net)是由 PROFIBUS 客户、生产商和系统集成联盟协会共同推出的在 PROFIBUS 与以太网之间全开放的通信协议,与 PROFIBUS 无缝连接。

PROFINET 主要包含 3 个方面技术:

- 基于组件对象模型(COM)的分布式自动化系统;
- 规定了与以太网之间开放、透明通信;
- 提供了一个独立于制造商,包括设备层和系统层的系统模型。

7.6.3 PROFINET 实时通信

根据实时响应时间,PROFINET 支持 3 种通信方式。

1. TCP/TP 标准通信

以太网通信广泛使用 TCP/IP 标准,由于 PROFINET 通信是基于工业以太网的通信,同样支持 TCP/IP 标准通信,其响应时间大约为 100ms,对于工厂控制级而言,还是可以满足要求的。

2. 实时通信(RT)

在传感器和执行器之间的数据交换时,响应时间只有 5～10ms,可使用诸如 PROFIBUS-DP 的现场总线技术。而 PROFINET 与 PROFIBUS 的无缝连接,可以满足实时通信的要求。

3. 同步实时通信(IRT)

在伺服运动控制中,对实时通信的响应时间要求更高,在 100 个网络节点情况下,其响应时间要小于 1ms,抖动误差要小于 $1\mu s$。PROFINET 使用同步实时通信技术,依靠西门子同步实时 ASIC 芯片,使所有网络节点通过精确时钟同步,可以达到微秒级的精度。

7.6.4 CP243-1 以太网通信处理器

S7-200 PLC 通过专门为其开发的以太网通信处理器 CP243-1 实现 PROFINET 通信。

1. CP243-1 功能

(1)S7 通信

- 可通过 RJ-45 接口,使用标准 TCP/IP 协议访问以太网。
- 可通过 S7-200 的 I/O 总线与 S7-200 PLC 简单连接。
- 可通过工业以太网和 STEP 7-Micro/WIN 32,实现 S7-200 系统的远程编程、组态和诊断。

- 可最多同 8 个 S7 控制器通信。
- S7 通信服务：XPUT/XGET，既可作为客户机，也可作为服务器。
- S7 通信服务：READ/WRITE，作为服务器。

（2）看门狗定时器

CP243-1 安装 1 个看门狗定时器，每次 CP243-1 启动时，看门狗定时器也启动。一般看门狗定时器的监控时间为 5s，可以增加到 7s。如果设定了监控时间，CP243-1 可自动置位，重新启动 CP243-1，同时向 S7-200CPU 报告错误。

（3）通过预设 MAC 地址进行地址分配

每个 CP243-1 在出厂时都分配了唯一的地址，打印在 CP243-1 的上盖背面。使用 BOOTP 协议，通过预设的 MAC 地址，可以将 IP 地址分配给 CP243-1。

2．CP243-1 通信伙伴

CP243-1 提供 3 种通信关系，可以单独使用，也可以组合使用。

① 连接 STEP 7-Micro/WIN 32，其通信伙伴为 S7-200 CPU。

② 连接其他 SIMATIC S7 系列远程组件，其通信伙伴为 S7-300 CPU/S7-400 CPU。

③ 连接基于 OPC 的 PC/PG 应用程序，其通信伙伴为编程器/PC 与 OPC 服务器。

CP243-1 的通信伙伴如图 7-42 所示。

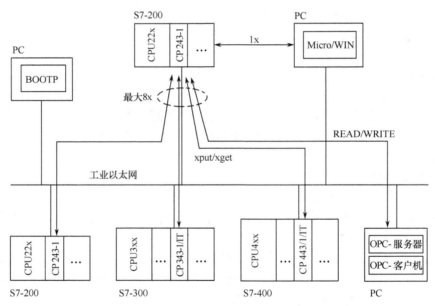

图 7-42　CP243-1 的通信伙伴

3．CP243-1 的连接及 LED 指示

（1）CP243-1 的连接

CP243-1 的前视图及连接说明如图 7-43 所示。

（2）CP243-1 的 LED 指示

CP243-1 的 LED 指示见表 7-16。

图 7-43　CP243-1 的前视图及连接说明

表 7- 16　CP243-1 的 LED 指示

LED	颜色显示状态	说　　明
SF	红色：常亮	系统错误：在出现错误时亮
	红色：闪烁	系统错误：组态错误，且未到 BOOTP 服务器，每秒闪烁 1 次
LINK	绿色：常亮	连接：通过 RJ-45 接口，已经建立以太网连接
RX/TX	绿色：闪烁	通信：数据正在进行接收和发送
RUN	绿色：常亮	运行：CP243-1 准备就绪
CFG	黄色：常亮	组态：STEP 7-Micro/WIN 32 通过 CP243-1 与 S7-200 连接时亮

7.6.5　两台 S7-200 CPU 的 PROFINET 通信

1．要求

两台 S7-200 PLC（分别为 A 站和 B 站），A 站作为服务器，IP 地址为：192.168.1.11，B 站作为客户机，IP 地址为 192.168.1.12。

① A 站完成设备 A 的启动/停止控制，设备 A 运行后向 B 站发出信号。

② B 站收到设备 A 运行信号后，指示灯 C 亮，允许 B 站的设备 B 进行启动/停止控制。设备 B 运行后，指示灯 C 灭。

③ 设备 B 运行后，向 A 站发出运行信号，A 站的指示灯 D 常亮。

④ 设备 A 继续运行 10s 后，同时停止设备 A 和设备 B 的工作，指示灯 D 灭。

2．硬件及软件配置

硬件：2 台 CPU 226；2 台 CP243-1；PC/PPI 编程电缆；工业以太网屏蔽双绞线；安装 STEP 7-Micro/WIN 的计算机。

软件：SIMATIC STEP 7-Micro/WIN 32 V4.0 SP6 及以上版本。

3．硬件连接

硬件连接如图 7-44 所示。

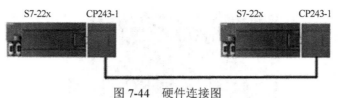

图 7-44 硬件连接图

4. 配置服务器

（1）启动以太网向导

打开 STEP 7-Micro/WIN 32，选择 CPU 类型，另存为"SERVER"。

单击"工具"菜单栏，选择"以太网向导"，打开以太网向导，如图 7-45 所示。

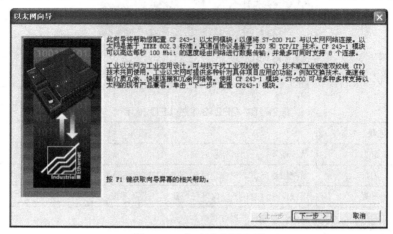

图 7-45 启动以太网向导

（2）指定 CP243-1 模块相对 PLC 的位置

如果 CP243-1 模块安装在 CPU 右边的第一个位置，则为位置 0，如图 7-46 所示；如果 CP243-1 模块安装在 CPU 右边的第二个位置，则为位置 1……以此类推。也可以单击"读取模块"按钮，搜索已安装的 CP243-1 以太网模块。

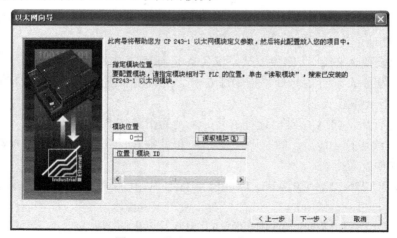

图 7-46 指定 CP243-1 模块位置

（3）选择与 CP243-1 相匹配的版本

根据 CP243-1 所支持的功能，选择与相匹配的版本，如图 7-47 所示。

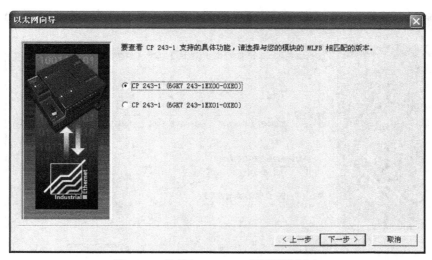

图 7-47 选择与 CP243-1 相匹配的版本

（4）设定 CP243-1 的 IP 地址及连接类型

IP 地址的设定不能与网络中其他的 IP 地址重复，子网掩码采用默认，网关地址与交换机的网关设置一致，模块连接类型可选择自动检测通信，如图 7-48 所示。

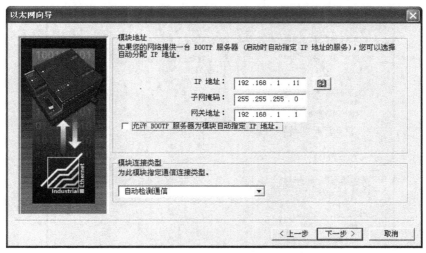

图 7-48 设定 CP243-1 的 IP 地址及连接类型

（5）设置 CP342-1 的模块命令字节及连接数

模块命令字节设定为 2，因为只有 1 个连接，所以配置的连接数为 1，如图 7-49 所示。

（6）设置服务器配置连接

在"连接 0"栏中选择"此为服务器连接"，TSAP（Transport Service Access Point）由 2 个字节组成，第一个字节标识访问的资源，01 是 PG，02 是 OP，03 是 S7 单边（服务器模式），10（hex）及以上是 S7 双边通信。第二个字节是访问点，可能是 CPU 的槽号，CP 的槽号等。 如果 CP 紧挨着 CPU 放置，使用以太网向导将连接 0 设定为服务器连接，本地（CP243-1）TSAP 地址，自动生成，无法修改，默认为 10.00，如图 7-50 所示。如果 CP 与 CPU 隔两个模块放置，连接 1 设定为服务器连接时，本地 TSAP 默认为 11.02。

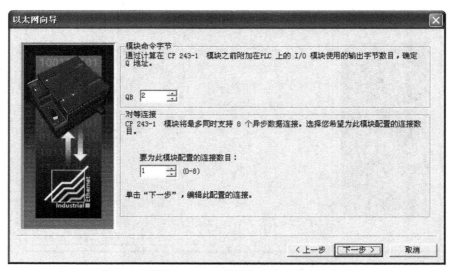

图 7-49　设置 CP342-1 的模块命令字节及连接数

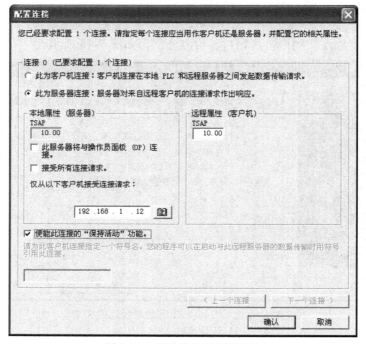

图 7-50　设置服务器配置连接

（7）设置 CRC 保护

选择是否需要 CRC 保护，如果选择了此功能，则 CP243-1 在每次系统重启时，就校验 S7-200 中的组态信息看是否被修改，若被改过，则停止启动，并重新设置 IP 地址。"保持活动时间间隔"栏用于设置检测通信状态的时间间隔。设置 CRC 保护如图 7-51 所示。

（8）选定 CP243-1 组态信息的存放地址

由向导创建的 CP243-1 的组态信息以一定数量的字节格式存储在 V 存储区中。这些地址区间在用户程序中不可再用，一般使用建议地址，如图 7-52 所示。

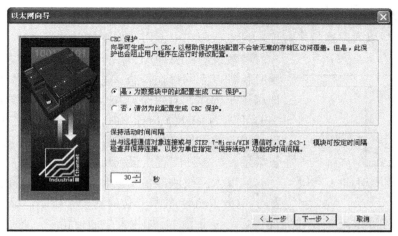

图 7-51　设置 CRC 保护

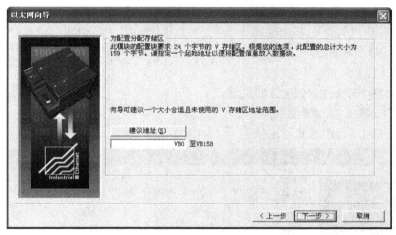

图 7-52　选定 CP243-1 组态信息的存放地址

（9）完成组态配置

单击"下一步"按钮，向导完成 S7-200 服务器端的以太网通信组态，如图 7-53 所示，给出了组态后的信息，单击"完成"按钮保存组态配置。

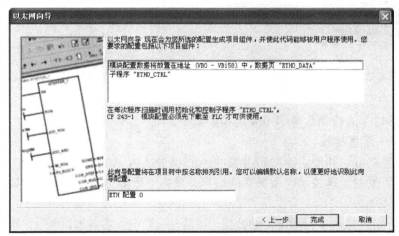

图 7-53　组态配置信息

（10）在程序调用子程序"ETH0_CTRL"

向导自动创建以太网通信子程序，可以在程序中调用，如图7-54所示。

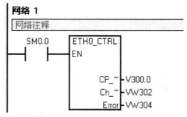

图 7-54　调用子程序 ETH0_CTRL

参数说明：ETH0_CTRL 为初始化和控制子程序，在开始时执行以太网模块检查。应当在每次扫描开始用 SM0.0 调用该子程序，且每个模块仅限使用一次该子程序。每次 CPU 更改为 RUN（运行）时，该指令命令 CP243-1 检查 V 区的组态数据是否存在新配置。如果配置不同或 CRC 保护被禁用，则重新配置重设模块。

当以太网模块准备从其他指令接收命令时，CP_Ready 置 1。Ch_Ready 的每一位对应一个指定，显示该通道的连接状态。例如，当通过连接 0 建立连接后，位 0 置 1。如果发生通信错误，通过 Error 检查通信错误。

5. 配置客户机

S7-200 作为客户机时，组态步骤前 5 步同 S7-200 作为服务器相同，注意在第④步中客户机的地址要设为 192.168.1.12。

① 启动以太网向导。

② 指定 CP243-1 模块相对 PLC 的位置。

③ 选择与 CP243-1 相匹配的版本。

④ 设定 CP243-1 的 IP 地址及连接类型，如图 7-55 所示。

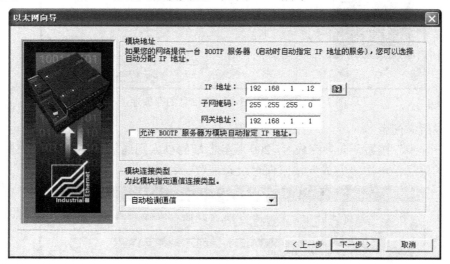

图 7-55　设定客户机的 IP 地址

⑤ 设置 CP342-1 的模块命令字节及连接数。

⑥ 设置客户机配置连接。

选择本机为客户机，并设定连接服务器的地址和 TSAP，如图 7-56 所示。

由于客户机需组态发送或接收服务器的数据，单击"数据传输"按钮后，如图 7-57 所示。

⑦ 定义数据传输。

首先选择客户机是接收来自服务器的数据，还是发送数据到服务器，再设置接收或发送的数据区，如有多个数据传输（最多 32 个，0～31），可再单击"新传输"按钮定义新的数据传输。

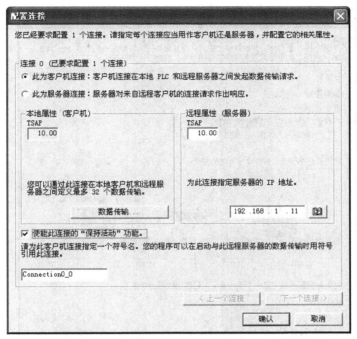

图 7-56　设定服务器的地址和 TSAP

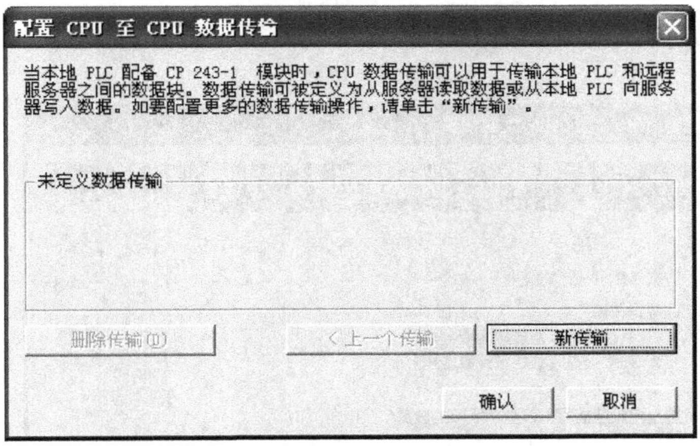

图 7-57　新传输

在本例中，客户机既要接收来自服务器的数据，也要向服务器发送数据，因此要建立两个传输。

传输 1：接收来自服务器的数据，配置如图 7-58 所示。

传输 2：向服务器发送数据，配置如图 7-59 所示。

⑧ 设置 CRC 保护，如图 7-60 所示。

⑨ 选定 CP243-1 组态信息的存放地址。

由向导创建的 CP243-1 的组态信息以一定数量的字节格式存储在 V 存储区。这些地址区间在用户程序中不可再用，一般使用建议地址，如图 7-61 所示。

⑩ 完成组态配置。

单击"下一步"按钮，向导完成 S7-200 客户机端的以太网通信组态，如图 7-62 所示，给出了组态后的信息，单击"完成"按钮保存组态配置。

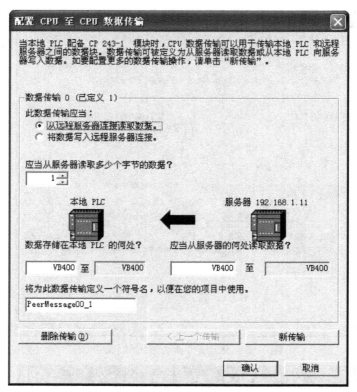

图 7-58 传输 1

图 7-59 传输 2

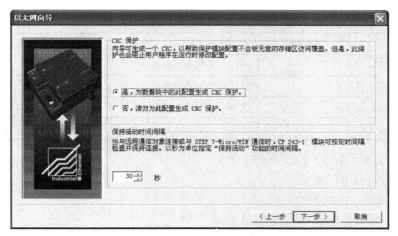

图 7-60　设置 CRC 保护

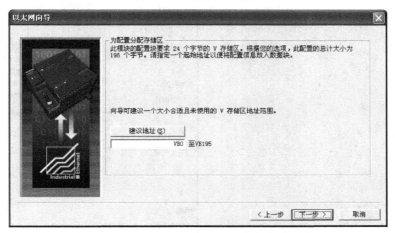

图 7-61　选定 CP243-1 组态信息的存放地址

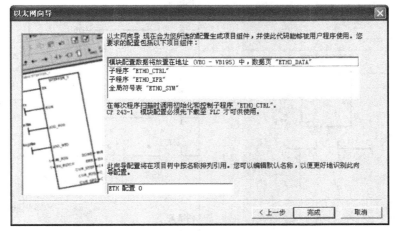

图 7-62　完成客户机的组态设置

6．编写控制程序

（1）为服务器（A 站）PLC 和客户机（B 站）PLC 分配 I/O 地址

服务器及客户机的 PLC 的 I/O 地址见表 7-17。

表 7-17　服务器及客户机的 PLC 的 I/O 地址

服务器		客户机	
设备 A 启动	I0.0	设备 B 启动	I0.0
设备 A 停止	I0.1	设备 B 停止	I0.1
设备 A 运行	Q0.0	设备 B 运行	Q0.0
设备 B 运行（指示灯 D）	Q0.1	设备 A 运行（指示灯 C）	Q0.1

（2）编写服务器（A 站）控制程序

A 站的控制程序如图 7-63 所示。

（3）编写客户机（B 站）控制程序

客户机（B）站的控制程序如图 7-64 所示。

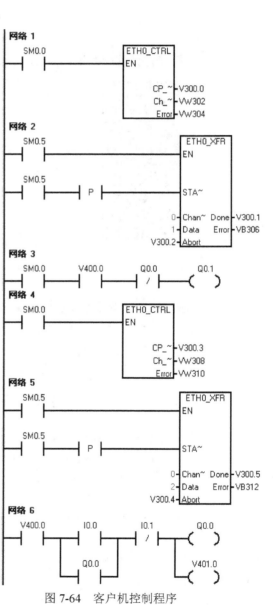

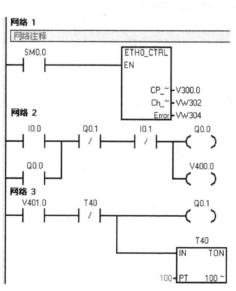

图 7-63　服务器控制程序　　　　　图 7-64　客户机控制程序

7. 调试

将 A 站和 B 站的程序分别下载到对应的 S7-200 CPU 中，在 A 站按启动按钮，观察 B 站是否收到设备 A 得到运行信号。如果指示灯 C 亮，按 B 站启动按钮，观察设备 B 是否运行，指示灯 C 是否灭。观察 A 站是否收到设备 B 运行信号，指示灯 D 是否亮，10s 后设备 A 及设备 B 是否停止工作。

如果有问题，查找原因，改正后重新调试，直到满足要求为止。

7.7　S7-200 的 MODBUS 通信模式

7.7.1　MODBUS 协议简介

MODBUS 是一种通用主从通信协议，通过 MODBUS 协议，可以在控制器之间、控制器经由网络（例如以太网）和其他设备之间可以通信。它已经成为一种通用工业标准（在中国，MODBUS 已经成为国家标准 GB/T19582-2008）。借助于 MODBUS 协议，可以将不同厂商生产的控制设备连成工业网络，进行集中监控。

MODBUS 协议支持传统的 RS-232、RS-485 和以太网设备。许多工业设备包括 PLC、DCS、智能仪表等，都在使用 MODBUS 协议作为它们之间的通信标准。

1. MODBUS 的特点

MODBUS 具有以下几个特点。

① 标准、开放，用户可以免费、放心地使用 MODBUS 协议，不需要交纳许可证费，也不会侵犯知识产权。目前，支持 MODBUS 的厂家超过 400 家，支持 MODBUS 的产品超过 600 种。

② MODBUS 可以支持多种电气接口，如 RS-232、RS-485 等，还可以在各种介质上传送，如双绞线、光纤、无线等。

③ MODBUS 的帧格式简单、紧凑，通俗易懂，用户使用容易，厂商开发简单。

2. MODBUS 的两种传输方式

在标准的 MODBUS 网络通信中，可以设置两种传输模式（ASCII 或 RTU）中的任何一种。用户根据所选择的模式，配置每个控制器的传输模式和串口通信参数（波特率、校验方式等），在一个 MODBUS 网络上的所有设备都必须选择相同的传输模式和串口通信参数。

3. MODBUS 的工作方式

MODBUS 是主/从工作方式，就是主站还是从站的问题，它是在 1 个主站设备与多个从站设备之间进行的通信，既不支持多主站通信，也不支持从站之间的直接通信。

主站设备发起通信（查询），从站设备对主站设备的查询要求进行响应。典型的主站设备是 PC 和智能仪表，典型的从站设备是 PLC。

4. MODBUS 的功能代码及数据类型

MODBUS 中使用的功能代码及数据类型见表 7-18。

表 7-18　MODBUS 中使用的功能代码及数据类型

代码	功能	数据类型
01	读	位
02	读	位
03	读	整型、字符型、状态型、浮点型

代码	功能	数据类型
04	读	整型、状态型、浮点型
05	写	位
06	写	整型、字符型、状态型、浮点型
15	写	位
16	写	整型、状态型、浮点型
17	读	字符型

7.7.2 S7-200 PLC 的 MODBUS 协议库

MODBUS 从站设备协议指令可以配置 S7-200，将其用作 MODBUS RTU 从站，与 MODBUS 主设备通信。

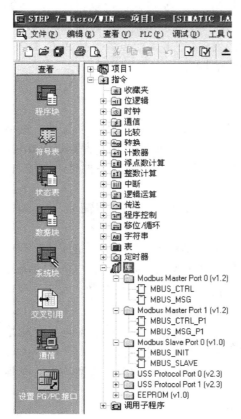

图 7-65 MODBUS 协议库指令

MODBUS 主站设备协议指令可以配置 S7-200，将其用作 MODBUS RTU 主设备，与一个或多个 MODBUS 从站通信。

MODBUS 指令安装在 STEP 7-Micro/WIN 指令树的"协议库"文件夹中。有了这些新指令，就可以将 S7-200 用作 MODBUS 设备。当在程序中加入 MODBUS 指令时，会在项目中自动增加一个或多个相关子程序。

MODBUS 主站设备协议库有两个版本。一个版本使用 CPU 的端口 0，另一个则使用 CPU 的端口 1。端口 1 协议库的 POU 名中带有"_P1"（MBUS_CTRL_P1），表示 POU 使用 CPU 上的端口 1。在其他方面，这两个 MODBUS 主设备协议库完全一致。

MODBUS 从站设备协议库仅支持端口 0 通信。

MODBUS 协议库是附加函数库，并非组态软件 STEP 7-Micro/WIN 的组成部分。如果需要使用 MODBUS RTU 协议，必须先安装"STEP 7-Micro/WIN 32 Toolbox V1.0"（包括库），然后安装运行"STEP 7-Micro/WIN"，这样位于操作树的"库"文件夹中的 MODBUS 协议库指令如图 7-65 所示。

7.7.3 为 MODBUS 分配库存储区

1. MODBUS 主站设备协议库存储区

MODBUS 主站设备协议指令使用 3 个子程序和 1 个中断子程序。

MODBUS 主设备协议指令的变量要求 284 个字节的 V 存储器程序块。该程序块的起始地址由用户指定，专门保留用于 MODBUS 变量。一定要在 V 存储区分配库存储区，不然编译时会出现错误。

分配库存储区的方法是单击"文件"→"库存储区"，在如图 7-66 所示对话框中设置起始字节。

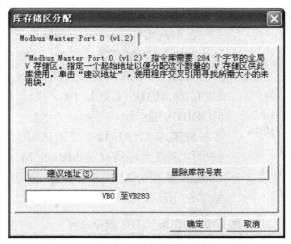

图 7-66　设置主站设备库存储区起始地址

注意：只有在使用了 MODBUS 主站设备协议指令后才能分配库存储区，已经被库存储区占用的地址，不要在编程中使用。

2．MODBUS 从站设备协议库存储区

MODBUS 从站设备协议指令使用 3 个子程序和 2 个中断子程序。

MODBUS 从站设备协议指令的变量要求 780（VB0～VB779）个字节的 V 存储器程序块。该程序块的起始地址由用户指定，专门保留用于 MODBUS 变量，一定要在 V 存储区分配库存储区，设置库存储区的方法同主站设备。

7.7.4　S7-200 PLC 之间的 MODBUS 通信

1．MODBUS 主站设备寻址

MODBUS 地址通常写为包含数据类型和偏移量的 5 个字符的数值。第一个字符决定数据类型，最后 4 个字符在数据类型中选择适当的数值。然后，MODBUS 主设备指令将地址映射至正确的功能，以便发送到从站。MODBUS 主设备指令支持下列 MODBUS 地址：

00001～09999：离散输出（线圈）

10001～19999：离散输入（触点）

30001～39999：输入寄存器（通常是模拟量输入）

40001～49999：保持寄存器

所有 MODBUS 地址均以 1 为基位，表示第一个数据值从地址 1 开始。有效地址范围将取决于从站。不同的从站将支持不同的数据类型和地址范围。

2．MODBUS 从站设备寻址

MODBUS 地址通常写为包含数据类型和偏移量的 5 个字符的数值。第一个字符决定数据类型，最后 4 个字符在数据类型中选择适当的数值。然后，MODBUS 主站设备将地址映射至正确的功能。MODBUS 从站指令支持下列地址：

00001～00128：映射至 Q0.0～Q15.7 的离散输出

10001～10128：映射至 I0.0～I15.7 的离散输入

30001～30032：映射至 AIW0～AIW62 的模拟输入寄存器

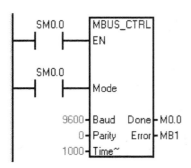

图 7-67 MBUS_CTRL 梯形图指令
的典型应用

40001～4xxxx：映射至 V 存储器的保持寄存器
所有 MODBUS 地址均以 1 为基位。

3. MODBUS 主站设备协议指令

（1）MBUS_CTRL 指令（初始化主设备）

用于 S7-200 端口 0 的 MBUS_CTRL 指令（或用于端口 1 的 MBUS_CTRL_P1 指令）可初始化、监视或禁用 MODBUS 通信。

MBUS_CTRL 指令必须在每次扫描时（包括首次扫描）被调用，以允许监视随 MBUS_MSG 指令启动的任何突出消息的进程。MBUS_CTRL 梯形图指令的典型应用如图 7-67 所示，指令说明见表 7-19。

表 7-19 MBUS_CTRL 指令说明

	数据类型	说　　明
EN	BOOL	使能：必须保证每一扫描周期都被使能（使用 SM0.0）
Mode	BOOL	模式：常为 1，使能 MODBUS 协议功能；为 0 时恢复为系统 PPI 协议并禁用 MODBUS 协议
Baud	DINT	波特率：1200、2400、4800、9600、19200、38400、57600、115200bps，要与从站波特率对应
Parity	BYTE	校验：校验方式选择，0=无校验，1=奇校验，2=偶校验
Timeout	WORD	超时：主站等待从站响应的时间，以毫秒为单位，典型的设置值为 1000ms（1s），允许设置的范围为 1～32 767。注意：这个值必须设置足够大以保证从站有时间响应
Done	BOOL	完成位：初始化完成，此位会自动置 1。可以用该位启动 MBUS_MSG 读/写操作
Error	BYTE	初始化错误代码（只有在 Done 位为 1 时有效）：0=无错误，1=校验选择非法，2=波特率选择非法，3=超时选择非法，4=模式选择无效

在使用 MBUS_MSG 指令之前，必须正确执行 MBUS_CTRL 指令。指令完成后立即设定"完成"位，才能继续执行下一条指令。一般通过 SM0.0 接在 EN 端和 MODE 端，确保每个扫描周期都能使用 MODBUS 协议。

（2）MBUS_MSG 指令

MBUS_MSG 指令（或用于端口 1 的 MBUS_MSG_P1）用于启动对 MODBUS 从站的请求并处理应答。

发送时，MBUS_MSG 梯形图指令的典型应用如图 7-68 所示，指令说明见表 7-20。

S7-200 字节和字寻址与 MODBUS 寄存器格式的对应关系见表 7-21。

4. MODBUS 从站设备协议指令

（1）MBUS_INIT

使用 SM0.1 调用 MBUS_INIT 子程序进行初始化，MBUS_INIT 梯形图指令的典型应用如图 7-69 所示，指令说明见表 7-22。

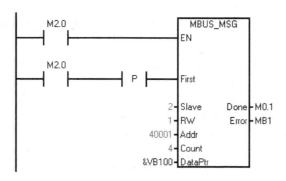

图 7-68　发送时 MBUS_MSG 梯形图指令的典型应用

表 7-20　MBUS_MSG 指令说明

	数据类型	说　　明
EN	BOOL	使能：同一时刻只能有一个读/写功能（即 MBUS_MSG） 注意：建议每一个读/写功能（即 MBUS_MSG）都用上一个 MBUS_MSG 指令的 Done 完成位来激活，以保证所有读/写指令循环进行
First	BOOL	读/写请求位：每一个新的读/写请求必须使用脉冲触发
Slave	BYTE	从站地址：可选择的范围 1～247
RW	BYTE	读/写操作：0＝读，　1＝写 注意：（1）开关量输出和保持寄存器支持读和写功能 　　　　（2）开关量输入和模拟量输入只支持读功能
Addr	DINT	读/写从站的数据地址：选择读/写的数据类型 000001～000xxx－开关量输出 100001～100xxx－开关量输入 300001～300xxx－模拟量输入 400001～400xxx－保持寄存器
Count	WORD	通信的数据个数（位或字的个数） 注意：MODBUS 主站可读/写的最大数据量为 120 个字（是指每一个 MBUS_MSG 指令）
DataPtr	DINT	数据指针：（1）如果是读指令，读回的数据放到这个数据区中 　　　　　（2）如果是写指令，要写出的数据放到这个数据区中
Done	BOOL	读/写功能完成位
Error	BYTE	错误代码只有在 Done 位为 1 时才有效 错误代码：0＝无错误 　　　　　1＝响应校验错误 　　　　　2＝未用 　　　　　3＝接收超时（从站无响应） 　　　　　4＝请求参数错误（slave address，MODBUS address，count，RW） 　　　　　5＝MODBUS/自由口未使能 　　　　　6＝MODBUS 正在忙于其他请求 　　　　　7＝响应错误（响应不是请求的操作） 　　　　　8＝响应 CRC 校验和错误 　　　　　101＝从站不支持请求的功能 　　　　　102＝从站不支持数据地址 　　　　　103＝从站不支持此种数据类型 　　　　　104＝从站设备故障 　　　　　105＝从站接收了信息，但是响应被延迟 　　　　　106＝从站忙，拒绝了该信息 　　　　　107＝从站拒绝了信息 　　　　　108＝从站存储器奇偶错误 常见的错误及其错误代码： （1）如果多个 MBUS_MSG 指令同时使能会造成 6 号错误 （2）从站 delay 参数设的时间过长会造成 3 号错误 （3）从站掉电或不运行，网络故障都会造成 3 号错误

表 7-21　S7-200 字节和字寻址与 MODBUS 保持寄存器地址的对应关系

S7-200 CPU 存储器字节地址		S7-200 CPU 存储器字地址		MODBUS 保持寄存器地址	
地址	十六进制数据	地址	十六进制数据	地址	十六进制数据
VB200	12	VW200	12 34	4001	12 34
VB201	34				
VB202	56	VW202	56 78	4002	56 78
VB203	78				
VB204	9A	VW204	9A BC	4003	9A BC
VB205	BC				

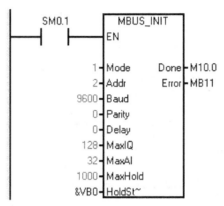

图 7-69　MBUS_INIT 梯形图指令

表 7-22　MBUS_INIT 梯形图指令的说明

	数据类型	说明
EN	BOOL	使能
Mode	BOOL	模式选择，启动/停止 MODBUS，1=启动，0=停止
Address	BOOL	从站地址，MODBUS 从站地址，取值 1~247
Baud	DINT	波特率，可选 1200，2400，4800，9600，19200，38400，57600，115200bps
Parity	BYTE	奇偶校验，0=无校验；1=奇校验；2=偶校验
Delay	DINT	延时，附加字符间延时，默认值为 0
MaxIQ	WORD	最大 I/Q 位，参与通信的最大 I/O 点数，S7-200 的 I/O 映像区为 128/128，默认值为 128
MaxAI	WORD	最大 AI 字数，参与通信的最大 AI 通道数，可为 16 或 32
MaxHold	WORD	最大保持寄存器区，参与通信的 V 存储区字（VW）
HoldStart	DWORD	保持寄存器区起始地址，以&VBx 指定（间接寻址方式）
Done	BOOL	初始化完成标志，成功初始化后置 1
Error	BYTE	初始化错误代码

（2）MBUS_SLAVE 指令

MBUS_SLAVE 梯形图指令的典型应用如图 7-70 所示，指令说明见表 7-23。

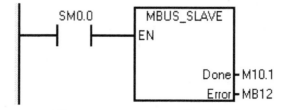

图 7-70　MBUS_SLAVE 梯形图指令

表 7-23　MBUS_SLAVE 指令说明

	数据类型	说　明
EN	BOOL	使能
Done	BOOL	MODBUS 执行，通信中时置 1，无 MODBUS 通信活动时为 0
Error	BYTE	错误代码： 0=无错误 1=内存范围错误 2=非法波特率或奇偶校验 3=非法从属地址 4=非法 MODBUS 参数值 5=保持寄存器与 MODBUS 从属符号重叠 6=收到奇偶校验错误 7=收到 CRC 错误 8=非法功能请求/功能不受支持 9=请求中的非法内存地址 10=从属功能未启用

5．举例

【例 7-3】　某自动化网络由两台 S7-200 PLC 组成，采用 MODBUS 通信协议。主站为 CPU226 CN，从站为 CPU224XP CN，从站的地址为 2。用主站的启动/停止按钮控制从站电动机的运行。

输入/输出地址分配见表 7-24。

主站的控制程序如图 7-71 所示。

从站的控制程序如图 7-72 所示。

表 7-24　输入/输出地址分配

主站地址		从站地址	
启动按钮	I0.0	电动机	Q0.0
停止按钮	I0.1		

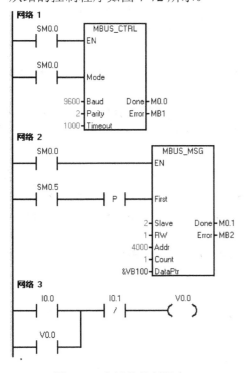

图 7-71　主站的控制程序

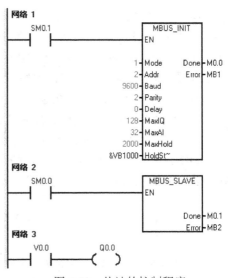

图 7-72　从站的控制程序

6. 分配库存储区

可以利用向导自动分配库存储区，否则在编译时，将出现很多错误。

小　　结

PLC 的通信功能使得 PLC 在现代化企业自动控制网络中的作用得到充分发挥，也使得 PLC 在工厂自动化网络中的作用越来越重要，建立在通信基础上的工厂综合自动化系统已经越来越多地出现在现代化企业中。

本章简要地介绍了计算机通信的基本知识，工业控制网络的基本知识，以及 S7-200 的通信实现。

① 计算机通信的基本方式为并行通信和串行通信。并行通信传送速度快，通信成本高，适用于短距离通信。串行通信适用于远程通信，通信成本低，传送速度慢。

② 串行通信中最简单、最常用的是异步串行通信，绝大多数 PLC 都采用异步串行通信，此时要求相互通信的设备设置相同的字符格式和传送速度。

③ 常用的计算机中的串行通信口有 RS-232，RS-422，RS-485，应根据数据传送距离和传送方向选择相应的通信接口。

④ 工业局域网有 3 种结构形式：星形、环形和总线形。

⑤ SIEMENS 的 S7 系列网络金字塔有 3 级工业控制总线：工业以太网 ETHERNET，现场总线 PROFIBUS，执行器级总线 AS-I。

⑥ 网络设备的连接方式：单主站和多主站。

⑦ S7-200 的通信协议：PPI 协议，MPI 协议，PROFIBUS 协议，自由口协议。

⑧ S7-200 的通信组态方法：确定通信方案，选择通信协议，设置通信参数。

⑨ S7-200 的网络通信指令：网络读 NETR 和网络写 NETW 指令，在主站与从站之间以数据表的格式传送。

⑩ 在 SIMATIC 控制网络中，S7-200 默认为从站。在 RUN 工作方式下，允许 S7-200 为 PPI 主站模式。

⑪ S7-200 的自由口通信模式：在 RUN 工作方式下，通过设置 SMB30（SMB130），使用自由口通信模式，通过设置相应的特殊继电器，进行通信参数的设定，利用建立通信中断事件的连接和自由口接收及发送指令，完成自由口通信。

⑫ PPI 是一种主站-从站协议，主站和从站在一个令牌环网中。当主站检测到网络上没有堵塞时，将接收令牌，只有拥有令牌的主站才可以向网络上的其他从站发出指令，建立该 PPI 网络。

⑬ PROFINET 将成熟的 PROFIBUS 现场总线技术的数据交换技术和基于工业以太网的通信技术整合到一起，是一种开放的工业以太网标准。

⑭ MODBUS 是一种通用主从通信协议，通过 MODBUS 协议，可以在控制器之间、控制器经由网络（例如以太网）和其他设备之间可以通信。

习　题　7

7-1　计算机通信时可以采用哪些数据传送方式？

7-2　比较并行通信和串行通信的优缺点。

7-3 异步串行通信对通信参数有哪些要求？

7-4 在异步串行通信中，数据传输速率为每秒传送 960 个字符，一个字符由 1 个起始位、1 个停止位和 8 个数据位组成，求波特率和有效数据传输速率。

7-5 请进行通信设置，要求如下：

PPI 主站站号为 0，PPI 从站站号为 2，用 PC/PPI 电缆连接到主站计算机的串行通信口 COM1，数据传输速率为 9600bps，传送字符为默认值。

7-6 S7-200 的 PLC 可以采用哪些通信协议？每种通信协议的特点是什么？

7-7 某控制网络如图 7-73 所示，其中 TD200 为主站，在 RUN 工作方式下，允许站 1：S7-200 CPU222 为 PPI 主站模式。

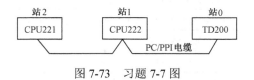

图 7-73　习题 7-7 图

通信要求：

（1）站 1 要对网络中的站 2 的状态字节（存放在 VB100）和计数器当前值（存放在 VW101）进行读/写操作，如果站 2 的计数值达到 100，站 1 将站 2 的计数器清零，重新计数，并使站 1 的指示灯亮 5s。

（2）站 1 的数据接收缓冲区首地址为 VB300，数据发送缓冲区首地址为 VB320。

（3）用网络读/写指令完成通信操作。

7-8 编写一段采用自由口通信完成的本地 PLC 与远程 PLC 通信的梯形图程序，本地 PLC 为 CPU224，远程 PLC 为 CPU221，由一个外部信号脉冲启动本地 PLC 向远程 PLC 发送 50 字节的信息，任务完成后，用指示灯进行显示。通信参数为：波特率 4800bps，每个字符 8 位，无奇偶校验，不设立超时时间。

附录 A　S7-200 的特殊继电器 SM

SMB0：在每个扫描周期的末尾，由 S7-200 CPU 更新 SM0.0～SM0.7，SMB0 的功能说明见表 A-1。

表 A-1　特殊继电器 SMB0

SM 位	功　能　说　明
SM0.0	RUN 监控，PLC 在运行状态时，SM0.0 总为 ON
SM0.1	初始脉冲，PLC 由 STOP 转为 RUN 时，SM0.1 ON 1 个扫描周期
SM0.2	当 RAM 中保存的数据丢失时，SM0.2 ON 1 个扫描周期
SM0.3	PLC 上电进入 RUN 状态时，SM0.3 ON 1 个扫描周期
SM0.4	分时钟脉冲，占空比为 50%，周期为 1 min 的脉冲串
SM0.5	秒时钟脉冲，占空比为 50%，周期为 1s 的脉冲串
SM0.6	扫描时钟，1 个扫描周期为 ON，下一个扫描脉冲为 OFF，交替循环
SM0.7	指示 CPU 上 MODE 开关的位置，0=TERM，1=RUN

SMB1：用于潜在错误提示，可由指令在执行时进行置位或复位，功能说明见表 A-2。

表 A-2　特殊继电器 SMB1

SM 位	功　能　说　明
SM1.0	当执行某些指令的结果为 0 时为 ON
SM1.1	当执行某些指令的结果溢出，或存在非法数值时为 ON
SM1.2	当执行数学运算的结果为负数时为 ON
SM1.3	当试图除以 0 时为 ON
SM1.4	当执行填表 ATT 指令，试图超出表范围时为 ON
SM1.5	当执行 LIFO 或 FIFO 指令时，试图从空表中读数时为 ON
SM1.6	当试图把一个非 BCD 数转换为二进制数时为 ON
SM1.7	当 ASCII 码不能转换为有效的十六进制数时为 ON

SMB2：用于自由口通信接收字符缓冲区，在自由口通信方式下，接收到的每个字符都放在这里，便于梯形图存取。

SMB3：用于自由口通信的奇偶校验，当出现奇偶校验错误时，将 SM3.0 置"1"，SM3.1～SM3.7 保留。

SMB4：用于表示中断队列是否溢出，中断是否允许和发送口是否空闲，功能说明见表 A-3。

表 A-3　特殊继电器 SMB4

SM 位	功能说明	
SM4.0	当通信中断队列溢出时为 ON	队列溢出是指中断发生的频率高于 CPU，或者是禁止全局中断；当队列空时为 OFF，返回主程序
SM4.1	当输入中断队列溢出时为 ON	
SM4.2	当定时中断队列溢出时为 ON	
SM4.3	当运行时，发现编程问题时为 ON	

SM 位	功能说明
4.4	全局中断允许，当允许全局中断时为 ON
SM4.5	当通信端口 0 发送空闲时为 ON
SM4.6	当通信端口 1 发送空闲时为 ON
SM4.7	当发生强置时为 ON

SMB5：用于表示 I/O 系统发生的错误状态，功能说明见表 A-4。

表 A-4　特殊继电器 SMB5

SM 位	功 能 说 明
SM5.0	当有 I/O 错误时为 ON
SM5.1	当 I/O 总线上连接了过多的数字量 I/O 时为 ON
SM5.2	当 I/O 总线上连接了过多的模拟量 I/O 时为 ON
SM5.3	当 I/O 总线上连接了过多的智能 I/O 时为 ON
SM5.4	保留
SM5.5	
SM5.6	
SM5.7	当 DP 总线出现错误时为 ON

SMB6：用于识别 CPU 的类型，功能说明见表 A-5。

表 A-5　特殊继电器 SMB6

SM 位	功 能 说 明
SM6.0	保留
SM6.1	7　　　　　　4　3　　　0
SM6.2	X　X　X　X
SM6.3	
SM6.4	XXXX=0000　　CPU212/CPU222
SM6.5	XXXX=0010　　CPU214/CPU224
SM6.6	XXXX=0110　　CPU221
SM6.7	XXXX=1000　　CPU215 XXXX=1001　　CPU216/CPU226

SMB7：功能预留。

SMB8～SMB21：用于 I/O 扩展模板的类型识别及错误状态寄存。

SMB8～SMB21 是按字节对的形式（相邻 2 字节），对扩展模板 0 到扩展模板 6 的类型和错误类型的识别及寄存。这些字节中的偶数字节用于模板的识别（模板类型、I/O 类型、I/O 点数），奇数字节用于寄存模板的错误状态。

SMB8：扩展模板 0 识别寄存器　　　　　SMB9：扩展模板 0 错误状态寄存器

SMB10：扩展模板 1 识别寄存器　　　　SMB11：扩展模板 1 错误状态寄存器

SMB12：扩展模板 2 识别寄存器　　　　SMB13：扩展模板 2 错误状态寄存器

SMB14：扩展模板 3 识别寄存器　　　　　SMB15：扩展模板 3 错误状态寄存器

SMB16：扩展模板 4 识别寄存器　　　　　SMB17：扩展模板 4 错误状态寄存器

SMB18：扩展模板 5 识别寄存器　　　　　SMB19：扩展模板 5 错误状态寄存器

SMB20：扩展模板 6 识别寄存器　　　　　SMB21：扩展模板 6 错误状态寄存器

模板识别寄存器的功能说明见表 A-6。

表 A-6　特殊继电器 SMB8～SMB21 的偶数字节

位号	7	6	5	4	3	2	1	0
标志符	M	T	T	A	I	I	Q	Q
标志	M=0 模板已插入 M=1 模板未插入	TT=00 一般 I/O 模板 TT=01 保留 TT=10 非 I/O 模板 TT=11 保留		A=0 数字量 I/O A=1 模拟量 I/O	II=00 无输入 II=01 2AI 或 8DO II=10 4AI 或 16DO II=11 8AI 或 32DO		QQ=00 无输出 OO=01 2AO 或 8DO OO=10 4AO 或 16DO QQ=11 8AO 或 32DO	

错误状态寄存器的功能说明见表 A-7。

表 A-7　特殊继电器 SMB8～SMB21 的奇数字节

位号	7	65	4	3	2	1	0
标志符	C	00	b	r	p	f	t
标志	C=0 无错误 C=1 组态错误		b=0 无错误 b=1 总线故障或奇偶错	r=0 无错误 r=1 输出范围错误	p=0 无错误 P=1 没有用户电源错误	f=0 无错误 f=1 熔丝故障	t=0 无错误 t=1 终端错误

SMW22～SMW26：用于提供扫描时间信息，以毫秒计的上次扫描时间、最短扫描时间及最长扫描时间。

SMW22：上次扫描时间。

SMW24：进入 RUN 方式后，所记录的最短的扫描时间。

SMW26：进入 RUN 方式后，所记录的最长的扫描时间。

SMB28 和 SMB29：分别对应模拟电位器 0 和 1 的当前值，数值范围为 0～255。

SMB28：存储模拟电位器 0 的当前输入值。

SMB29：存储模拟电位器 1 的当前输入值。

SMB30 和 SMB130：分别为自由口 0 和 1 的通信控制寄存器，功能说明见表 A-8。

SMB30：自由口 0 的通信控制寄存器。

SMB130：自由口 1 的通信控制寄存器。

SMB31 和 SMW32：用于永久存储器（EEPROM）写控制。

SMB31：存放 EEPROM 的命令字。

SMW32：存放 EEPROM 中数据的地址。

表 A-8　特殊继电器 SMB30 和 SMB130

位号	7　6	5	4　3　2	1　0
标志符	pp	d	bbb(波特率)	mm
标志	pp=00	d=0	bbb=000　38 400	mm=00
	不校验	每字符 8 位数据	bbb=001　19 200	PPI/从站模式
	pp=01	d=1	bbb=010　9600	mm=01
	奇校验	每字符 7 位数据	bbb=011　4800	自由口协议
	pp=10		bbb=100　2400	mm=10
	不校验		bbb=101　1200	PPI 主站模式
	pp=11		bbb=110　600	mm=11
	偶校验		bbb=111　300	保留

SMB34 和 SMB35：用于存储定时中断间隔时间。

SMB34：定义定时中断 0 的时间间隔（5～255ms，以 1ms 为增量）。

SMB35：定义定时中断 1 的时间间隔（5～255ms，以 1ms 为增量）。

SMB36～SMB65：用于监视和控制高速计数器 HSC0，HSC1，HSC2 的操作。

SMB36：高速计数器 HSC0 当前状态寄存器。

　SM36.5　HSC0 当前计数方向位，1 为增计数。

　SM36.6　HSC0 当前值等于设定值位，1 为等于。

　SM36.7　HSC0 当前值大于设定值位，1 为大于。

SMB37：高速计数器 HSC0 控制寄存器。

　SM37.0　HSC0 复位操作控制位，0 为高电平复位有效，1 为低电平复位有效。

　SM37.1　保留。

　SM37.2　HSC0 正交计数器的计数倍率选择，0 为 4 倍速率，1 为 1 倍速率。

　SM37.3　HSC0 的方向控制位，1 为增计数。

　SM37.4　HSC0 的更新方向位，1 为更新。

　SM37.5　HSC0 更新设定值，1 为更新。

　SM37.6　HSC0 更新当前值，1 为更新。

　SM37.7　HSC0 允许位，1 为允许，0 为禁止。

SMD38：高速计数器 HSC0 新的当前值。

SMD42：高速计数器 HSC0 新的设定值。

SMB46：高速计数器 HSC1 当前状态寄存器。

　SM46.5　HSC1 当前计数方向位，1 为增计数。

　SM46.6　HSC1 当前值等于设定值位，1 为等于。

　SM46.7　HSC1 当前值大于设定值位，1 为大于。

SMB47：高速计数器 HSC1 控制寄存器。

　SM47.0　HSC1 复位操作控制位，0 为高电平复位有效，1 为低电平复位有效。

　SM47.1　保留。

　SM47.2　HSC1 正交计数器的计数倍率选择，0 为 4 倍速率，1 为 1 倍速率。

　SM47.3　HSC1 的方向控制位，1 为增计数。

　SM47.4　HSC1 的更新方向位，1 为更新。

SM47.5　HSC1 更新设定值，1 为更新。

SM47.6　HSC1 更新当前值，1 为更新。

SM47.7　HSC1 允许位，1 为允许，0 为禁止。

SMD48：高速计数器 HSC1 新的当前值。

SMD52：高速计数器 HSC1 新的设定值。

SMB56：高速计数器 HSC2 当前状态寄存器。

SM56.5　HSC2 当前计数方向位，1 为增计数。

SM56.6　HSC2 当前值等于设定值位，1 为等于。

SM56.7　HSC2 当前值大于设定值位，1 为大于。

SMB57：高速计数器 HSC2 控制寄存器。

SM57.0　HSC2 复位操作控制位，0 为高电平复位有效，1 为低电平复位有效。

SM57.1　保留。

SM57.2　HSC2 正交计数器的计数倍率选择，0 为 4 倍速率，1 为 1 倍速率。

SM57.3　HSC2 的方向控制位，1 为增计数。

SM57.4　HSC2 的更新方向位，1 为更新。

SM57.5　HSC2 更新设定值，1 为更新。

SM57.6　HSC2 更新当前值，1 为更新。

SM57.7　HSC2 允许位，1 为允许，0 为禁止。

SMD58：高速计数器 HSC2 新的当前值。

SMD62：高速计数器 HSC2 新的设定值。

SMB66～SMB85：用于监视和控制脉冲输出（PTO）和脉冲宽度调制（PWM）功能。

SMB66：PTO0/PWM0 状态寄存器。

SM66.4　PTO0 包络溢出，0 为无溢出，1 为有溢出（由于增量计算错误）。

SM66.5　PTO0 包络因用户命令终止，0 为无错误，1 为由用户命令终止。

SM66.6　PTO0 管道溢出，0 为无溢出，1 为有溢出。

SM66.7　PTO0 空闲位，0 为忙，1 为空闲。

SMB67：PTO0/PWM0 控制寄存器。

SM67.0　PTO0/PWM0 更新周期，1 为写入新周期。

SM67.1　PWM0 更新脉冲宽度，1 为写入新的脉冲宽度。

SM67.2　PTO0 更新脉冲量，1 为写入新的脉冲量。

SM67.3　PTO0/PWM0 基准时间，0 为 $1\mu s$，1 为 1ms。

SM67.4　同步更新 PWM0，0 为异步更新，1 为同步更新。

SM67.5　PTO 操作，0 为单段操作，1 为多段操作。

SM67.6　PTO0/PWM0 模式选择，0 为 PTO，1 为 PWM。

SM67.7　PTO0/PWM0 允许位，0 为禁止，1 为允许。

SMW68：PTO0/PWM0 周期值（2～65 535 倍的时间基准）。

SMW70：PWM0 的脉冲宽度值（0～65 535 倍的时间基准）。

SMD72：PTO0 脉冲计数值（$1～2^{32}-1$）。

SMB76：PTO1/PWM1 状态寄存器。

SM76.4　PTO1 包络溢出，0 为无溢出，1 为有溢出（由于增量计算错误）。

SM76.5　PTO1 包络因用户命令终止，0 为无错误，1 为由用户命令终止。

SM76.6　PTO1 管道溢出，0 为无溢出，1 为有溢出。

SM76.7　PTO1 空闲位，0 为忙，1 为空闲。

SMB77：PTO1/PWM1 控制寄存器。

SM77.0　PTO1/PWM1 更新周期，1 为写入新周期。

SM77.1　PWM1 更新脉冲宽度，1 为写入新的脉冲宽度。

SM77.2　PTO1 更新脉冲量，1 为写入新的脉冲量。

SM77.3　PTO1/PWM1 基准时间，0 为 1μs，1 为 1ms。

SM77.4　同步更新 PWM1，0 为异步更新，1 为同步更新。

SM77.5　PT1 操作，0 为单段操作，1 为多段操作。

SM77.6　PTO1/PWM1 模式选择，0 为 PTO，1 为 PWM。

SM77.7　PTO1/PWM1 允许位，0 为禁止，1 为允许。

SMW78：PTO1/PWM1 周期值（2～65 535 倍的时间基准）。

SMW80：PWM1 的脉冲宽度值（0～65 535 倍的时间基准）。

SMD82：PTO1 脉冲计数值（1～$2^{32}-1$）。

SMB86～SMB94 和 SMB186～SMB194：用于控制和读出接收信息指令的状态。

SMB86：通信口 0 接收信息状态寄存器。

SM86.0　由于奇偶校验错误而终止接收信息，1 为有效。

SM86.1　因为达到最大字符数而终止接收信息，1 为有效。

SM86.2　因为超过规定时间而终止接收，1 为有效。

SM86.5　收到信息的结束符。

SM86.6　因为输入参数错误或缺少起始和结束条件而终止接收信息，1 为有效。

SM86.7　因为用户使用禁止命令而终止接收信息，1 为有效。

SMB87：通信口 0 接收信息控制寄存器。

SM87.1　是否使用中断条件来检测起始信息，1 为使用。

SM87.2　0 为与 SMW92 无关，1 为若超出 SMW92 确定的时间，终止接收信息。

SM87.3　0 为字符间定时器，1 为信息间定时器。

SM87.4　0 为与 SMW90 无关，1 为由 SMW90 中的值来检测空闲状态。

SM87.5　0 为与 SMB89 无关，1 为结束符由 SMW89 设定。

SM87.6　0 为与 SMB88 无关，1 为起始符由 SMB88 设定。

SM87.7　0 为禁止接收信息，1 为允许接收信息。

SMB88：起始符。

SMB89：结束符。

SMW90：空闲时间间隔的 ms 数。

SMW92：字符间 / 信息间定时器超时值（ms 数）。

SMB94：接收字符的最大数（1～255）。

SMB186：通信口 1 接收信息状态寄存器。

SM186.0　由于奇偶校验错误而终止接收信息，1 为有效。

SM186.1　因为达到最大字符数而终止接收信息，1 为有效。

SM186.2　因为超过规定时间而终止接收，1 为有效。

SM186.5　收到信息的结束符。

SM186.6　因为输入参数错误或缺少起始和结束条件而终止接收信息，1 为有效。

SM186.7　因为用户使用禁止命令而终止接收信息，1 为有效。

SMB187：通信口 1 接收信息控制寄存器。

SM187.2　0 为与 SMW192 无关，1 为若超出 SMW192 确定的时间，终止接收信息。

SM187.3　0 为字符间定时器，1 为信息间定时器。

SM187.4　0 为与 SMW190 无关，1 为由 SMW90 中的值来检测空闲状态。

SM187.5　0 为与 SMB189 无关，1 为结束符由 SMW189 设定。

SM187.6　0 为与 SMB188 无关，1 为起始符由 SMB188 设定。

SM187.7　0 为禁止接收信息，1 为允许接收信息。

SMB188：起始符。

SMB189：结束符。

SMW190：空闲时间间隔的毫秒数。

SMW192：字符间／信息间定时器超时值（毫秒数）。

SMB194：接收字符的最大数（1～255）。

SMB98 和 SMB99：用于表示有关扩展模板总线的错误。

当扩展模板总线出现校验错误时，SMW98 每次增加 1。当系统得电时或用户程序写入 0 时，可以进行清零。SMB98 是最高有效字节。

SMB131～SMB165：用于监视和控制高速计数器 HSC3，HSC4，HSC5 的操作。

SMB131～SMB135：保留。

SMB136：HSC3 当前状态寄存器。

SM136.0～SM136.4　保留。

SM136.5　HSC3 当前计数方向状态位，1 为增计数。

SM136.6　HSC3 当前值等于设定值状态位，1 为等于。

SM136.7　HSC3 当前值大于设定值状态位，1 为大于。

SMB137：HSC3 控制寄存器。

SM137.0　HSC3 复位操作控制位，0 为高电平复位有效，1 为低电平复位有效。

SM137.1　保留。

SM137.2　HSC3 正交计数器的计数倍率选择，0 为 4 倍速率，1 为 1 倍速率。

SM137.3　HSC3 的方向控制位，1 为增计数。

SM137.4　HSC3 的更新方向位，1 为更新。

SM137.5　HSC3 更新设定值，1 为更新。

SM137.6　HSC3 更新当前值，1 为更新。

SM137.7　HSC3 允许位，1 为允许，0 为禁止。

SMD138：HSC3 新的当前值。

SMD142：HSC3 新的设定值。

SMB146：HSC4 当前状态寄存器。

SM146.0～SM146.4 保留。

SM146.5　HSC4 当前计数方向状态位，1 为增计数。

SM146.6　HSC4 当前值等于设定值状态位，1 为等于。

SM146.7　HSC4 当前值大于设定值状态位，1 为大于。

SMB147：高速计数器 HSC4 控制寄存器。

SM147.0　HSC4 复位操作控制位，0 为高电平复位有效，1 为低电平复位有效。

SM147.1　保留。

SM147.2　HSC4 正交计数器的计数倍率选择，0 为 4 倍速率，1 为 1 倍速率。

SM147.3　HSC4 的方向控制位，1 为增计数。

SM147.4　HSC4 的更新方向位，1 为更新。

SM147.5　HSC4 更新设定值，1 为更新。

SM147.6　HSC4 更新当前值，1 为更新。

SM147.7　HSC4 允许位，1 为允许，0 为禁止。

SMD148：HSC4 新的当前值。

SMD152：HSC4 新的设定值。

SMB156：HSC5 当前状态寄存器。

SM156.0～SM156.4　保留。

SM156.5　HSC5 当前计数方向状态位，1 为增计数。

SM156.6　HSC5 当前值等于设定值状态位，1 为等于。

SM156.7　HSC5 当前值大于设定值状态位，1 为大于。

SMB157：高速计数器 HSC5 控制寄存器。

SM157.0　HSC5 复位操作控制位，0 为高电平复位有效，1 为低电平复位有效。

SM157.1　保留。

SM157.2　HSC5 正交计数器的计数倍率选择，0 为 4 倍速率，1 为 1 倍速率。

SM157.3　HSC5 的方向控制位，1 为增计数。

SM157.4　HSC5 的更新方向位，1 为更新。

SM157.5　HSC5 更新设定值，1 为更新。

SM157.6　HSC5 更新当前值，1 为更新。

SM157.7　HSC5 允许位，1 为允许，0 为禁止。

SMD158：HSC5 新的当前值。

SMD162：HSC5 新的设定值。

SMB166～SMB194：用于显示包络表的数量、包络表的地址和变量存储器在表中的首地址。

SMB166：PTO0 的包络步当前计数值。

SMB167：保留。

SMB168～SMB169：PTO0 的包络表 V 存储器地址（从 V0 开始的偏移量），SMB168 是地址偏移量的最高有效字节。

SMB170～SMB175：保留。

SMB176：PTO0 的包络步当前计数值。

SMB177：保留。

SMB178～SMB179：PTO1 的包络表 V 存储器地址（从 V0 开始的偏移量），SMB178 是地址偏移量的最高有效字节。

SMB180～SMB194：保留。

SMB195～SMB199：保留。

SMB200～SMB299：用于表示智能模板的状态信息。

附录 B S7-200 的编程软件 STEP 7 - Micro/WIN32

STEP 7-Micro/WIN32 是基于 Windows 平台的应用软件，是 SIEMENS 公司专为 SIMATIC 系列 S7-200 研制开发的编程软件，它可以使用通用的个人计算机作为图形编程器，用于在线（联机）或者离线（脱机）开发用户程序，并可在线实时监控用户程序的执行状态。

B.1 安装编程软件

编程软件存储在一张光盘上，可将其安装在通用的个人计算机上。

1．系统要求

操作系统要求：Windows 95/ 98/ ME/2000/XP 或 Windows 7。

STEP 7-Micro/WIN32 V4.0 有很多版本，如 SP1，SP2，SP3，SP4，SP5，SP6，SP7，SP8，SP9。目前主流的操作系统是 Windows XP 及 Windows 7，可以安装 STEP 7-Micro/WIN32 V4.0 SP9，它支持 Windows XP SP3 及 Windows 7（32 位和 64 位）。

硬件配置要求：目前市场上可以买到的 PC，无论是台式机或者是便携机，其硬件配置都可以满足要求。

通信电缆：PC/PPI 电缆（或使用一个通信处理器卡），用于 PLC 和编程器（个人计算机）的连接。由于目前市场的便携机大多数已经不配置 COM 口，可以用 USB/PPI 电缆。

2．硬件连接

单台 PLC 与个人计算机的连接或通信，只需要一根 PC/PPI 电缆，首先设置 PC/PPI 电缆上的 DIP 开关，DIP 开关的第 1，2，3 位用于设定波特率，第 4，5 位置为 0。再将 PC/PPI 电缆的 PC 端与计算机的 RS232 通信口（COM1 或 COM2）连接，然后将 PPI 端与 PLC 的 RS-485 连接。

3．软件安装

STEP 7-Micro/WIN32 编程软件的安装步骤如下：

① 将存储编程软件的光盘放入光驱。

② 系统自动进入安装向导，按照安装向导完成软件的安装。

③ 或者单击"开始"按钮，选择"运行"，在对话框中键入 X：\setup（X 为光驱盘符）后单击 OK 按钮或按 Enter 键，进入安装向导，按照安装向导完成软件安装。

④ 软件安装结束后，会出现"浏览 Readme 文件"选项，可以选择使用德语、英语、法语、西班牙语和意大利语阅读 Readme 文件。

B.2 软件功能

STEP 7-Micro/WIN32 编辑软件的基本功能是在 Windows 平台编制用户应用程序，它主要完成下列任务。

① 在离线（脱机）方式下创建、编辑和修改用户程序。在离线方式下，计算机不直接与 PLC 联系，可以实现对程序的编辑、编译、调试和系统组态，由于没有联机，所有的程序和参数都存储在计算机的存储器中。

② 在在线（联机）方式下通过联机通信的方式上传和下载用户程序及组态数据，编辑和修改用户程序。可以直接对 PLC 做各种操作。

③ 在编辑程序过程中进行语法检查。为避免用户在编程过程中出现的一些语法错误和数据类型错误，要进行语法检查。使用梯形图编程时，在出现错误的地方自动加红色波浪线。使用语句表编程时，在出现错误

的语句行前自动画上红色叉，且在错误处加上红色波浪线。

④ 提供对用户程序进行文档管理，加密处理等工具功能。

⑤ 设置 PLC 的工作方式和运行参数，进行运行监控和强制操作等。

1．主界面

STEP 7-Micro/WIN32 的主界面如图 B-1 所示。一般可分为以下几个部分：菜单条（含有 8 个主菜单选项），工具条（快捷按钮），引导条（快捷操作窗口），输出和用户窗口（可同时或分别打开 5 个用户窗口）。

2．各部分功能

（1）菜单条

在菜单条中有 8 个主菜单选项。

① 文件（File）。

单击（或对应的快捷键操作）菜单条中的 File 选项，可出现一个下拉菜单，可分别选择文件操作如新建、打开、关闭、保存文件，上传和下载用户程序，打印预览，页面设置等操作。

② 编辑（Edit）。

编辑（Edit）主菜单选项提供一般 Windows 平台下的程序编辑工具。单击（或对应的快捷键操作）菜单条中的 Edit 选项，可出现一个下拉菜单，可分别选择剪切、复制、粘贴程序块或数据块的功能操作，以及查找、替换、插入、删除和快速光标定位的操作。

③ 视图（View）。

视图（View）主菜单选项用于设置 STEP 7-Micro/WIN 32 的开发环境，打开和关闭其他辅助窗口（如引导窗口、指令树窗口、工具条按钮区）。单击（或对应的快捷键操作）菜单条中的 View 选项，可出现一个下拉菜单，用户可根据需要或喜好设置开发环境，执行引导窗口区的选择项，选择编程语言（LAD，STL 或 FBD）的程序编辑器，设置程序编辑器的风格，如字体及功能框的大小。

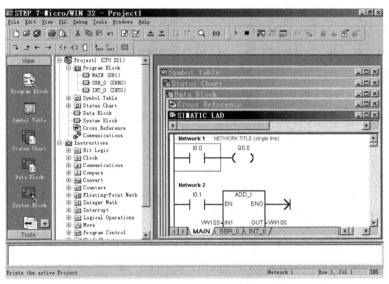

图 B-1　STEP 7-Micro/WIN 32 编程软件外观界面

④ 可编程控制器（PLC）。

可编程控制器（PLC）选项用于进行与 PLC 联机时的操作。单击（或对应的快捷键操作）菜单条中的 PLC 选项，可出现一个下拉菜单，可用于选择 PLC 的类型，PLC 的工作方式，查看 PLC 的信息，PLC 通信设置，清除用户程序和数据，进行在线编译，程序比较等功能。

⑤ 调试（Debug）。

调试（Debug）选项用于联机调试。

⑥ 工具（Tools）。

在工具（Tools）主菜单选项中，可以调用复杂指令向导（包括 PID 指令，NETR/NETW 指令和 HSC 指令），安装文本显示器 TD200，设置用户界面风格（如设置按钮及按钮样式，添加菜单项），在选项子菜单中也可以设置程序编辑器的风格，如字体及功能框的大小。

⑦ 窗口（Windows）。

窗口（Windows）主菜单选项的功能是打开一个或多个窗口，并进行窗口之间的切换。可以选择并设置多个窗口的排放形式（如水平、垂直或层叠）。

⑧ 帮助（Help）。

利用帮助主菜单，可以非常方便地检索各种相关的帮助信息（包括提供网上查询功能）。在软件操作过程中，可随时按 F1 键，显示在线帮助。

（2）工具条

工具条的功能是提供简单的鼠标操作，将最常用的操作以按钮形式安放到工具条。可以用 View\Toolbar 自定义工具条。

（3）引导条

引导条的功能是在编程过程中进行编程窗口的快速切换。切换是由引导条中的按钮控制的，单击任何一个按钮，即可将主窗口切换到该按钮对应的编程窗口。

在引导条中的编程窗口自上而下排列如下。

① 程序块（Program Block）。

单击程序块窗口，可立即切换到梯形图编程窗口。

② 符号表（Symbol Table）。

为了增加程序的可读性，在编程时经常用具有实际意义的符号名称替代编程元件的实际地址，例如，系统启动按钮的输入地址是 I0.0，如果在符号表中，将 I0.0 的地址定义为 start，这样在梯形图中，所有用地址 I0.0 的编程元件，都由 start 替代。在符号表窗口中，还可以附加注释，使程序的可读性进一步增强。

③ 状态图表（Status Chart）。

状态图表窗口用于联机调试时监视所选择变量的状态及当前值。只需要在地址（Address）栏中写入欲监视的变量地址，在数据格式（Format）栏中注明所选择变量的数据类型，就可以在运行时监视这些变量的状态及当前值。

④ 数据块（Data Block）。

在数据块窗口中，可以设置和修改变量寄存器（V）中的一个或多个变量值，要注意变量地址和变量类型及数据范围的匹配。在表 B-1 中说明了数据块窗口的应用。

表 B-1　在数据块窗口设置数据

地　址	数　据	说　明	
VB0	248	将字节型数据 248 分配在 VB0	字节型变量数据范围为 0～255
VB1	249, 250, 251	将字节型数据 249 分配在 VB1	
		将字节型数据 250 分配在 VB2	
		将字节型数据 251 分配在 VB3	

续表

地　　址	数　　据	说　　　明	
VB4	252 253, 254, 255	将字节型数据 252 分配在 VB4 将字节型数据 253 分配在 VB5 将字节型数据 254 分配在 VB6 将字节型数据 255 分配在 VB7	
VW8	256, 257	将字节型数据 256 分配在 VW8～VW9 将字节型数据 257 分配在 VW10～VW11	字节型数据范围为 0～65 535
	65 536	欲将数据 65 536 分配在 VW12，这是错误的，因为 65 536 为双字节型数据	
V12	258 65 536	将字节型数据 258 分配在 VW12～VW13 将双字节型数据 65 536 分配在 VD14～VD17	

⑤ 系统块（System Block）。

系统块窗口主要是用于系统组态，稍后将具体介绍。

⑥ 交叉索引（Cross Reference）。

当用户程序编译完成后，交叉索引窗口提供索引信息有：交叉索引信息、字节使用情况信息和位使用情况信息。

⑦ 通信（Communications）。

通信窗口的功能是建立计算机与 PLC 之间的通信连接及设置通信参数。

a．建立通信连接。

• 单击通信（Communications）图标，或从菜单条中选择视图（View），再选择 Communications，出现通信对话框。

• 在对话框中双击 PC/PPI 电缆的图标，出现 PG/PC 接口的对话框。

• 单击 Properties 按钮，出现接口属性对话框，检查各个参数的设置是否正确，其中波特率的默认值是 9600。

b．建立通信联系。

• 单击通信（Communications）图标，或从菜单条中选择视图（View），再选择 Communications，出现通信对话框，可显示出是否连接了 CPU 主机。

• 在通信对话框中，双击刷新图标，STEP 7-Micro/WIN32 将检查所有已连接的 S7-200 的 CPU 站，并为每个 CPU 主站建立一个 CPU 图标。

• 双击要进行通信的 CPU 站，通过通信对话框可显示所选 CPU 站的通信参数。

• 对所选择的 CPU 站进行组态、上传或下载拥护程序等操作。

c．设置通信参数。

• 单击引导条中的系统块图标，或者从主菜单选择 View 菜单中的（System Block），出现系统块（System Block）图标，此时出现 System Block 对话框。

• 单击对话框中的 Port(s)，检查通信口的参数设置，在确认正确后单击 OK 按钮。

• 如需要修改参数，在系统块中先修改参数，修改结束按 Apple，确认无误后单击 OK 按钮。

• 单击工具条中的下载图标，把修改后的参数下到 PLC 主机。

用指令树窗口或主菜单 View 中的选项也可以完成编程窗口的切换。

（4）指令树

指令树窗口的功能是提供编程时所用到的所有快捷操作命令和 PLC 指令。

3．系统组态

常用的系统组态包括设置数字量输入滤波，模拟量输入滤波，设置脉冲捕捉，配置数字量输出表，定义存储器保持范围，设置 CPU 密码，设置通信参数，设置模拟电位器，设置高速计数器，设置高速脉冲输出等。

（1）设置数字量输入滤波

对于来自工业现场的输入信号的干扰，可以通过对 S7-200 的 CPU 单元上的全部或部分数字量输入点，合理地定义输入信号延迟时间，就可以有效地抑制或消除输入噪声的影响。这就是设置数字量输入滤波器。输入延迟时间的范围为 0.2～12.8ms，系统的默认值是 6.4ms。进入设置数字量输入滤波器窗口，可以在引导条中单击程序块按钮，也可以使用菜单命令 View\System Block，选择 Input Filters 选项，进入设置窗口，如图 B-2 所示。

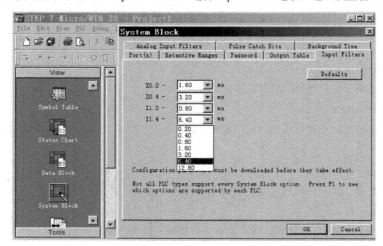

图 B-2　设置数字量输入滤波器窗口

（2）设置模拟量输入滤波（适用机型：CPU222，CPU224，CPU226）

如果输入的模拟量信号是缓慢变化的信号，可以对不同的模拟量输入采用软件滤波的方式。进入设置模拟量输入滤波器窗口的方式可以在引导条中单击程序块按钮，也可以使用菜单命令 View\System Block，选择 Analog Input Filters 选项，进入设置窗口，如图 B-3 所示。有 3 个参数需要设定：选择需要进行数字滤波的模拟量输入地址，设定采样次数和设定死区值。系统默认参数为：选择全部模拟量输入，采样次数为 64（滤波值是 64 次采样的平均值），死区值为 320（如果模拟量输入值与滤波值的差值超过 320，滤波器对最近的模拟量的输入值的变化将是一个阶跃函数）。

（3）设置脉冲捕捉

如果在两次输入采样期间，出现了一个小于一个扫描周期的短暂脉冲，在没有设置脉冲捕捉功能时，CPU就不能捕捉到这个脉冲信号。

设置脉冲捕捉功能的方法是：首先正确设置输入滤波器的延迟时间，使脉冲信号不能被滤除，再使用菜单命令 View\System Block，选择 Pulse Catch Bit，进入设置脉冲捕捉功能窗口，如图 B-4 所示。系统的默认状态为所有的输入点都不设脉冲捕捉功能。

（4）配置数字量输出表

S7-200 在运行过程中可能遇到由 RUN 模式转到 STOP 模式，在已经配置了数字量输出表功能时，就可以将数字量输出表复制到各个输出点，使各个输出点的状态或变为由数字量输出表规定的状态，或者保持转换前的状态。数字量输出表如图 B-5 所示。

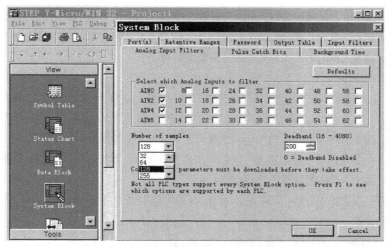

图 B-3　设置模拟量输入滤波器窗口

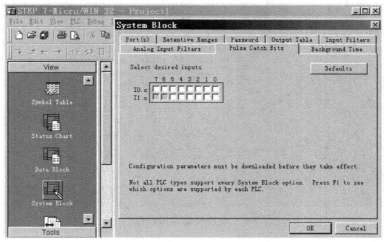

图 B-4　设置脉冲捕捉功能

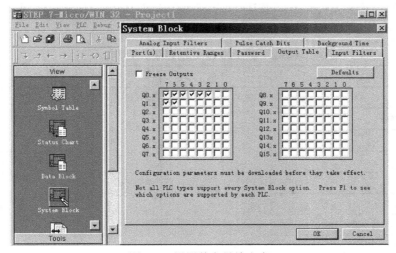

图 B-5　设置数字量输出表

在图 B-5 中，只选择了一部分输出点，当系统由 RUN 模式转换到 STOP 模式时，在表中选择的点就被置为 1 状态，其他点被置为 0 状态。如果选择 Freeze Outputs，则不复制输出表，所有的输出点保持转换前的状态不变。系统的默认设置为所有的输出点都保持转换前的状态。

（5）定义存储器保持范围

在 S7-200 中，可以用编程软件来设置需要保持数据的存储器，以防止出现电源掉电的意外情况时，可能丢失一些重要参数。

当电源掉电时，在存储器 V, M, C 和 T 中，最多可以定义 6 个需要保持的存储器区。对于 M，系统的默认值是 MB0～MB13 不保持；对于定时器 T，只有 TONR 可以保持；对于定时器 T 和计数器 C，只有当前值可以被保持，而定时器位和计数器位是不能保持的。

定义存储器保持范围的操作方法，进入 System Block（系统块）后，单击 Retentive Ranges（可保持范围），进入图 B-6 所示的设置窗口。

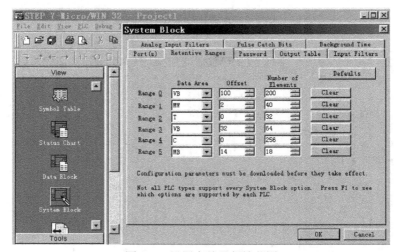

图 B-6　设置存储器保持范围

（6）设置 CPU 密码

CPU 的密码保护的作用是限制某些存取功能。在 S7-200 中，对存取功能提供了 3 个等级的限制，系统的默认状态是 1 级（不受任何限制）。S7-200 CPU 的存取功能限制见表 B-2。

表 B-2　S7-200 CPU 的存取功能限制

任　　务	1 级	2 级	3 级
读/写用户数据	不限制	不限制	不限制
启动、停止、重启			
读/写时钟			
上传程序文件			需要密码
下载程序文件		需要密码	
STL 状态			
删除用户程序、数据及组态			
取值数据或单次/多次扫描			
复制到存储器卡			
在 STOP 模式下写输出			

在设置密码时，可进入 System Block（系统块），单击 Password（密码），出现如图 B-7 所示的窗口，首先选择限制级别，然后输入并确认 CPU 密码。

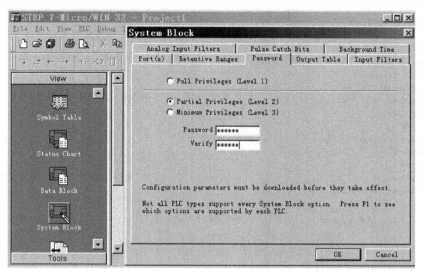

图 B-7　设置 CPU 密码

如果在设置密码后又忘记了密码，无法进行受限制的操作，只有清除 CPU 存储器，重新装入用户程序。

清除 CPU 存储器的方法是：在 STOP 模式下，重新设置 CPU 为厂家出厂设置的默认值（CPU 地址、波特率和时钟除外）。选择菜单命令 PLC\Clear，弹出清除对话框，选择"ALL"选项，再单击"OK"按钮。如果已经设置了密码，则弹出密码授权对话框，输入 Clear，就可以执行全部清除（Clear All）的操作。由于密码是同程序一起存储在存储器卡中，最后还要重写存储器卡，才能从程序中去掉遗忘的密码。

（7）设置模拟电位器

在 S7-200 的 CPU 主机上，有一个（CPU221 和 CPU222）或两个模拟电位器（CPU224 和 CPU226），SMB28 中的数值对应模拟电位器 0 的位置，SMB29 中的数值对应模拟电位器 1 的位置，用小螺丝刀旋转模拟电位器时，SMB28 或 SMB29 中的数值同时也在变化，数值变化范围为 0～255，顺时针旋转，当前值增加，逆时针旋转，当前值减少。可利用模拟电位器更改定时器、计数器的设定值或当前值。在图 B-8 中，就是用模拟电位器 0 作为定时器 T33 的设定值。

对于通信参数的组态，高速计数器和高速脉冲输出的组态，已经在前面的内容中讲过，此处不再重复。

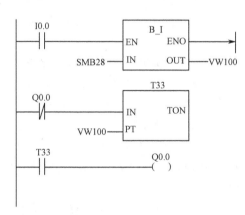

图 B-8　模拟电位器应用

B.3　程序编辑

1．程序文件管理

（1）新建程序文件

编写用户程序的第一步是新建一个程序文件，可以使用菜单命令 File\New，或者单击工具条中的 New 按钮，在主窗口将显示新建的程序文件主程序区。图 B-9 所示为一个新建程序文件的系统默认的初始设置程序

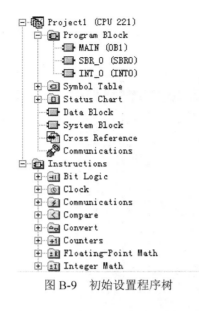

图 B-9 初始设置程序树

树。

在新建的程序文件初始设置中，文件名为 Project1（CPU221），Project1 是系统默认的项目名，CPU221 为系统默认的 PLC 型号。在指令树中可见到引导条中的 7 个相关的块（程序块、符号表、状态图表、数据块、系统块、交叉索引及通信），其中的程序块中包括 1 个主程序 MAIN（OB1），1 个子程序 SBR_0（SBR0），1 个中断服务程序 INT_0（INT0）。

在新建程序文件时，要根据实际情况修改程序文件的初始设置。

① 确定 CPU 主机型号。

假定用户的 CPU 主机型号为 CPU222，可右击 Project1（CPU221）的图标，在弹出的按钮中单击 Type，在对话框中选择实际的 CPU 型号。也可以用菜单命令 PLC\Type 来选择 CPU 型号。

② 程序更名。

任何程序文件的主程序只有一个，主程序的名称一般用默认的 MAIN，不用更改。

如果想更改程序文件名，可使用菜单命令 File\Save 或 File\Save as，在弹出的对话框中输入新的程序文件名。

如果想更改子程序名或中断服务程序名，右击子程序名或中断服务程序名，在弹出的选择按钮中单击 Rename，输入新的程序名。

③ 添加子程序。

如果在程序文件中有多个子程序，可以通过 3 种方法添加子程序。

a．在指令树窗口中，右击 Program Block 图标，在弹出的选择按钮中单击 Insert Subroutine 选项来添加子程序。

b．用菜单命令 Edit\Insert Subroutine 来添加子程序。

c．右击编辑窗口，在弹出的选项中选择 Insert\Subroutine。新生成的子程序根据已有子程序的数目，自动递增编号（SBR_n），可进行更名操作。

④ 添加中断服务程序。

如果在程序文件中有多个中断服务程序，可以通过 3 种方法添加中断服务程序。

a．在指令树窗口中，右击 Program Block 图标，在弹出的选择按钮中单击 Insert Interrupt 选项来添加中断服务程序。

b．用菜单命令 Edit\Insert Interrupt 来添加中断服务程序。

c．右击编辑窗口，在弹出的选项中选择 Insert\Interrupt。新生成的中断服务程序根据已有中断服务程序的数目，自动递增编号（INT_n），可进行更名操作。

⑤ 编辑程序。

在指令树窗口中，双击程序块中的任何一个程序的图标，就可以将选择的程序调到编辑窗口进行编辑。

（2）打开程序文件

建立程序文件后，可以用菜单命令 File\Open，或者用单击工具条中的 Open 按钮，打开一个存储在磁盘中的程序文件。

（3）上传和下载程序文件

在联机方式下，可进行上传或下载程序文件的操作，如图 B-10 和图 B-11 所示。

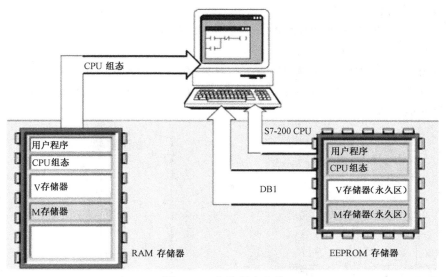

图 B-10　上传程序文件

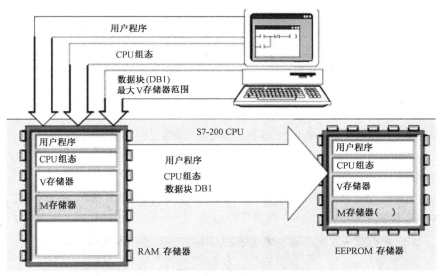

图 B-11　下载程序文件

①　上传程序文件是指将存储在 PLC 主机中的程序文件上传到编程器（计算机）中。可用菜单命令
File\Upload，或者用工具条中的 Upload 按钮来完成上传程序文件的操作。

上传程序文件时，PLC 中的程序和数据上传到计算机中进行程序检查和修改。如果 PLC 的 RAM 中相对
EEPROM 有剩余的数据块，则用户程序和组态配置从 PLC 的 RAM 中上传计算机，存储在 EEPROM 中的永
久数据块将同存储在 RAM 中的剩余的数据块合并，将完整的数据块上传到计算机。

②　下载程序文件是指将存储在编程器（计算机）中的程序文件装入 PLC 主机中。可用菜单命令
File\Download，或者用工具条中的 Download 按钮完成下载程序文件的操作。

下载程序文件时，在计算机中编好的用户程序、数据和 CPU 组态配置参数存储在 PLC 的 RAM 中。为了
永久保存，CPU 主机会自动将这些内容保存到 EEPROM 中。

2. 编辑程序文件

（1）输入编程元件操作

在使用 STEP 7-Micro/WIN 32 编程软件中，一般采用梯形图编程，编程元件有触点、线圈、功能框、标号及连接线，可用两种方法输入编程元件。

① 单击工具条上的一组编程按钮，编程按钮如图 B-12 所示。

② 根据欲输入的指令类别，双击指令树中的该类别的图标，再选择相应的指令，在图 B-13 中，表示在指令树中选择位逻辑指令的情况。

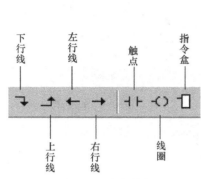

图 B-12　编程按钮

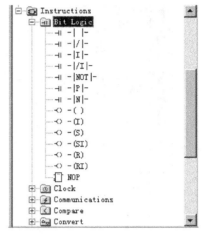

图 B-13　指令树中的位逻辑指令

输入编程元件的步骤：

a. 顺序输入编程元件。

在一个梯级网络 Network 中，从梯级的开始依次输入各个编程元件，每输入一个编程元件，光标自动向右移动一列。

b. 输入操作数。

输入编程元件后，在出现红色"??.?"和"????"的地方，是输入操作数的提示，单击"??.?"或"????"，键入操作数，如图 B-14 所示。

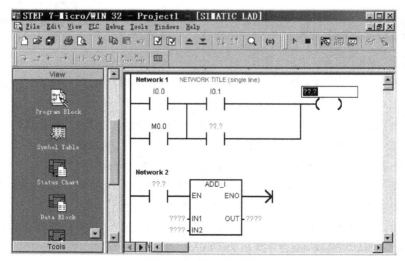

图 B-14　输入操作数

c．任意添加编程元件。

任意添加编程元件的操作非常容易，只要是在光标所在处，就可以输入编程元件，再根据与其他编程元件的逻辑关系，在光标指示框的右侧用连接线连接。

（2）插入和删除操作

插入（或删除）操作是编辑程序时经常要做的操作，可以用两种方法进行插入（或删除）一行、一列、一个梯级、一个子程序或一个中断服务程序的操作。

① 使用快捷键操作。

在编辑区右击要进行插入（或删除）操作的位置，弹出如图 B-15 的下拉菜单，选择 Insert（或 Delete），继续弹出子菜单，单击要插入（或删除）的选项（Row：行，Column：列，Vertical：向下分支，Network：梯级，Interrupt：中断程序，Subroutine：子程序）。

从图 B-15 中可看到，快捷键操作时，还可进行 Cut（剪切）、Copy（复制）的操作。

② 使用菜单命令。

将光标移到要操作的位置，使用菜单命令 Edit\Insert（或 Edit\Delete），完成插入（或删除操作）。

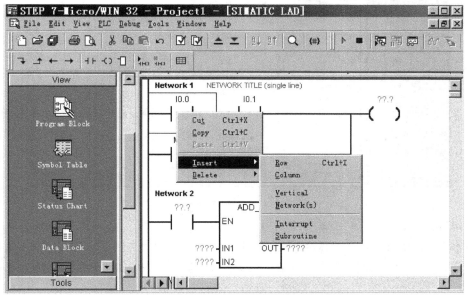

图 B-15　插入或删除操作

（3）块操作

块操作包括块选择、块剪切、块删除、块复制和块粘贴，在对程序大面积移动、复制和删除操作时，使用块操作是非常方便的。具体操作方法与 Word 字处理软件中的块操作方法相同。

（4）使用和编辑符号表

① 使用符号表。

使用符号表的方式有两种，一种是在编程时使用直接地址，然后打开符号表，编写与直接地址对应的符号名称，编译后由软件自动转换名称。另一种是在编程时直接使用符号名称，然后打开符号表，编写与符号名称对应的直接地址，编译后得到相同的结果。

② 编辑符号表。

编辑符号表的方法是单击引导条中的 Symbol Table（符号表）按钮，或者使用菜单命令 View\Symbol Table，进入符号表窗口，如图 B-16 所示。使用符号表编程如图 B-17 所示。

	Name	Address	Comment
1	start	I0.0	start button
2	stop	I0.1	stop button
3	motor	Q0.0	motor coil
4			
5			

\USR1 ∧ POU Symbols /

图 B-16　符号表窗口

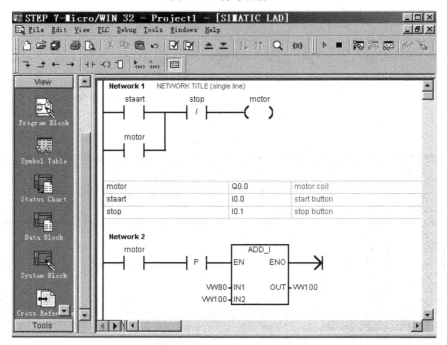

图 B-17　使用符号表编程

（5）使用局部变量表

打开局部变量表的方法是，将光标移到程序编辑区的上边缘后向下拉，则自动显露出局部变量表，如图 B-18 所示。在 Name 栏中写入局部变量名称，在 Data Type 栏中选择变量类型后，系统自动分配局部变量的存储位置。

如果需要在局部变量表中插入（或删除）一个局部变量，可在欲插入（或删除）处，右击变量类型区，在弹出的菜单中选择"插入（或删除）"，再进行相应的选择。

	Name	Var Type	Data Type	Comment
L0.0	in1	TEMP	BOOL	
LB1	in2	TEMP	BYTE	
LW2	in3	TEMP	WORD	
LW4	in4	TEMP	INT	
LD6	in5	TEMP	REAL ▼	
		TEMP		

图 B-18　局部变量表

（6）添加注释

在梯形图编辑器中的 Network n，是每个梯级网络的标志，又是每个梯级网络的标题栏。双击 Network n，弹出如图 B-19 所示的窗口，在 Title 文本框中输入标题，在 Comment 文本框中输入注释。

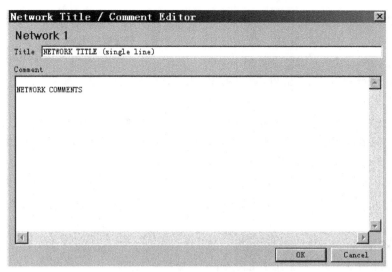

图 B-19　标题和注释对话框

（7）切换编程语言

STEP 7-Micro/WIN32 可方便地进行 3 种编程语言 STL、LAD、FBD 的相互切换。在主菜单 View 选项中，单击 STL、LAD 或 FBD，即可进入对应的编程环境。

（8）程序编译

当程序文件编辑结束后，要进行编译，可在脱机状态下使用菜单命令 PLC\Compile 进行编译。编译结束后，在输出窗口显示编译结果信息。

只有在编译正确时，才能进行下载程序文件操作。

B.4　程序调试及监控

STEP 7-Micro/WIN 32 允许用户在软件环境下，直接进行用户程序调试和监控。

1．选择扫描次数

在联机通信时，选择 PLC 的工作模式为 STOP，使用菜单命令 Debug\Multiple Scans 或 Debug\First Scans，可选择多次扫描或单次扫描。在选择多次扫描时，要指定扫描次数。通过在有限的扫描次数内对用户程序的监控，可以有效地提高用户程序的调试效率。

2．监控状态图表

在程序运行过程中，也可以使用状态图表来监视用户程序的执行情况，并可以对表中的编程元件进行强制操作。

（1）使用状态图表

在引导窗口单击 Status Chart，或使用菜单命令 View\Status Chart，进入状态图表窗口。在状态图表的 Address（地址）栏，键入欲监控的编程元件的直接地址（如 I0.0），如果使用了符号表，则可显示成符号名称。在 Format 栏显示编程元件的数据类型。在 Current Value（当前值）栏中，可读出表中编程元件的状态和当前值（2#0，2#1，+0，−1，+32 761 等）。

（2）强制操作

强制操作是指对状态图表中的变量进行强制赋值操作，例如对 I0.0 强制赋值为 2#1，对 VW10 强制赋值为+1000 等，所有强制操作后改变的值都存到主机的 EEPROM 中。

① 强制操作范围。

- 强制一个或所有的 I/O 位。

- 强制改变最多 16 个 V 或 M 的数据，变量类型可以是字节、字或双字型。

- 当变量类型为偶数字节时，强制改变 AI 或 AQ。

- 对某个输出采取强制操作后，当 PLC 变为 STOP 时，该输出为强制值，而不是设定值。

② 强制一个值。

如果强制一个新值，可在状态图表的 New Value（新值）栏输入新值，然后单击工具条的强制按钮🔒。

如果强制一个已经存在的值，可单击点亮 Current Value（当前值）栏中的值，然后单击工具条的强制按钮🔒。

③ 读所有强制操作。

打开状态图表窗口，单击工具条中的读所有强制按钮🔒，则状态图表中所有被强制的单元格会显示强制符号。

④ 解除一个强制操作。

在当前值栏单击点亮这个值，然后单击工具条中的解除强制按钮🔒。

⑤ 解除所有强制操作。

打开状态图表，单击工具条中的解除所有强制操作按钮🔒。

3．在运行模式下编辑程序

对于 CPU224 和 CPU226，可在运行模式下对用户程序做少量的修改，但在修改后下载到 PLC 时，会立即影响系统的运行。

编辑步骤如下。

① 在 RUN 模式下选择菜单命令 Debug\Program Edit in RUN。如果 PLC 主机中的程序与编程软件窗口中的程序不同，系统会提示用户存盘。

② 屏幕弹出警告信息，单击 Continue（继续），PLC 主机中的用户程序被上传到编程窗口，此时可在运行模式下进行程序编辑。

③ 在程序编译成功后，单击工具条中的下载按钮 ▼。

4．程序监控

STEP 7-Micro/WIM32 所提供的 3 种程序编辑器（LAD、FBD 和 STL）都可以在程序在线运行时监视各个编程元件状态及各个操作数的数值。

（1）使用梯形图编辑器进行程序监控

首先用菜单命令 Tools\Options 打开选项对话框，选择 LAD status 选项，再选择 1 种梯形图显示样式，然后打开梯形图窗口，在工具条中单击 Program status（程序状态）按钮📷。梯形图的显示样式有 3 种。

- 在指令的内部显示地址，在指令的外部显示数据值。

- 在指令的外部既显示地址，又显示数据值。

- 只显示数据值。

由于 STEP 7-Micro/WIN 32 是经过多个扫描周期采集状态值，然后刷新梯形图中各个数据值的状态显示，因此在梯形图中显示所有操作数的值，并不反映程序执行时每个编程元件的实际状态。

（2）使用功能块图编辑器进行程序监控

使用功能块图编辑器进行程序监控的方法与使用梯形图编辑器是相同的，一般功能块图的状态显示也不能反映程序执行时每个编程元件的实际状态。

（3）使用语句表编辑器进行程序监控

首先用菜单命令 Tools\Options 打开选项对话框，选择 STL status 选项，进入设置窗口，如图 B-20 所示。

设置后，在工具条中单击 Program status（程序状态）按钮 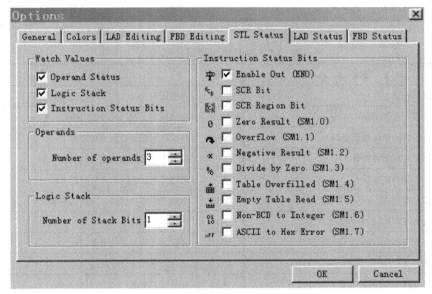，进入程序监视窗口，进行程序监控。如果想把当前的状态数据保留在屏幕上，可单击工具栏中的暂停按钮。

用语句表编辑器进行程序监控时，可通过状态数值的颜色反映指令的执行情况。

- 黑色表示指令正常执行。

- 红色表示指令执行有错误。

- 灰色表示由于逻辑堆栈栈顶值为 0，或者由于使用跳转指令，而没有执行指令。

- 空白表示指令未执行。

用语句表编辑器进行程序监控时，由于 PLC 是按照扫描的方式工作的，扫描的顺序就是语句表的顺序，操作数的显示顺序与指令的执行顺序一致，当指令执行时，可以捕捉到数据值的变化，因此操作数的显示状态可以反映程序运行的实际状态。

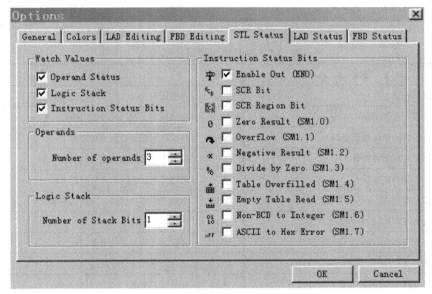

图 B-20　用 STL 监控的设置窗口

附录 C   S7-200 的错误代码

1. 致命错误

致命错误会导致 CPU 无法执行某个功能或所有功能，停止执行用户程序。处理致命错误的目标是使 CPU 进入安全状态，使其对当前出现的错误进行询问并响应。当发生致命错误时，CPU 执行以下任务。

- 进入 STOP 运行模式。
- 点亮致命错误和 STOP LED 指示灯。
- 断开输出。

在 CPU 上可以读到的致命错误代码及描述见表 C-1。

表 C-1   致命错误代码及描述

代码	错 误 描 述	代码	错 误 描 述
0000	无致命错误	000A	存储区卡失灵
0001	用户程序检查错误	000B	存储区卡上用户程序检查错误
0002	编译后的梯形图检查错误	000C	存储区卡配置参数检查错误
0003	扫描看门狗超时错误	000D	存储区卡强制数据检查错误
0004	内部 EEROM 错误	000E	存储区卡默认输出表值检查错误
0005	内部 EEPROM 用户程序检查错误	000F	存储区卡用户数据、DB1 检查错误
0006	内部 EEPROM 配合参数检查错误	0010	内部软件错误
0007	内部 EEPROM 强制数据检查错误	0011	比较触点间接寻址错误
0008	内部 EEPROM 默认输出表检查错误	0012	比较触点非法值错误
0009	内部 EEPROM 用户数据、DB1 检查错误	0013	存储区卡空或 CPU 不识别该卡

2. 程序运行错误

在程序正常运行中，可能会产生非致命错误（如寻址错误），此时 CPU 会产生一个非致命错误代码。非致命错误代码及描述见表 C-2。

表 C-2   非致命错误代码及描述

错 误 代 码	错 误 描 述
0000	无错误
0001	执行 HDEF 之前，HSC 不允许
0002	输入中断分配冲突，已分配给 HSC
0003	到 HSC 的输入分配冲突，已分配给输入中断
0004	在中断程序中企图执行 ENI, DISI 或 HDEF 指令
0005	中断程序中的 HSC 同主程序中的 HSC/PLS 冲突（第一个 HSC/PLS 未执行完之前，又企图执行同编号的第二个 HSC/PLS）
0006	间接寻址错误
0007	TODW（写实时时钟）或 TODR（读实时时钟）错误

错 误 代 码	错 误 描 述
0008	用户子程序嵌套层数超过规定
0009	在程序执行 XMT 或 RCV 时，通信口 0 又执行另一条 XMT 或 RCV 指令
000A	在同一 HSC 执行时，又企图用 HDEF 指令再定义该 HSC
000B	在通信口 1 上同时执行 XMT/RCV 指令
000C	时钟卡不存在
000D	重新定义已经使用的脉冲输出
000E	PTO 个数为 0
0091	范围错误（带地址信息），检查操作数范围
0092	某条指令的计数域错误（带计数信息）
0094	范围错误（带地址信息），写无效存储器
009A	用户中断程序企图转换成自由口通信模式

3．编译规则错误

当下载一个程序时，CPU 将对该程序进行编译，如果 CPU 发现有违反编译规则（如非法指令），CPU 就会停止下载程序，并生成一个非致命编译规则错误代码。非致命编译规则错误的代码及描述见表 C-3。

表 C-3　非致命编译规则错误的代码及描述

错 误 代 码	错 误 描 述
0080	程序太大，无法编译
0081	堆栈溢出，必须把一个网络分成多个网络
0082	非法指令
0083	无 MEND，或主程序中有不允许的指令
0084	保留
0085	无 FOR 指令
0086	无 NEXT 指令
0087	无标号
0088	无 RET，或子程序中有不允许的指令
0089	无 RETI，或中断程序中有不允许的指令
008A	保留
008B	保留
008C	标号重复
008D	非法标号
0090	非法参数
0091	范围错误（带地址信息），检查操作数范围
0092	指令计数域错误（带计数信息），确认最大计数范围
0093	FOR/NEXT 嵌套层数超出范围
0095	无 LSCR（装载 SCR）指令
0096	无 SCRE（SCR 结束）指令，或 SCRE 前有不允许的指令
0097	保留
0098	在运行模式进行非法编辑
0099	隐含程序网络太多

参 考 文 献

[1] 耿文学. 可编程序控制器应用技术手册. 北京：科学技术文献出版社，1996.

[2] 胡学林. 可编程控制器应用技术. 北京：高等教育出版社，2001.

[3] 宋伯生. 可编程序控制器配置·编程·连网. 北京：中国劳动出版社，1998.

[4] 台方. 可编程序控制器应用教程. 北京：中国水利水电出版社，2001.

[5] 陈立定，吴玉香，苏开才. 电气控制与可编程控制器. 广州：华南理工大学出版社，2001.

[6] 殷洪义. 可编程序控制器选择设计与维护. 北京：机械工业出版社，2003.

[7] 吕景泉. 可编程控制器技术教程. 北京：高等教育出版社，2001.

[8] 郭宗仁. 可编程序控制器及其通信网络技术. 北京：人民邮电出版社，1999.

[9] 宋德玉. 可编程控制器原理及应用系统设计技术. 北京：冶金工业出版社，2002.

[10] 廖常初. PLC 编程及应用. 北京：机械工业出版社，2003.

[11] 向晓汉. 西门子 PLC 高级应用实例精解. 北京：机械工业出版社，2010.

[12] 孙海维. SIMATIC 可编程序控制器及应用. 北京：机械工业出版社，2007.